SOLIDWORKS® 公司原版系列培训教程
CSWP 全球专业认证考试培训教程

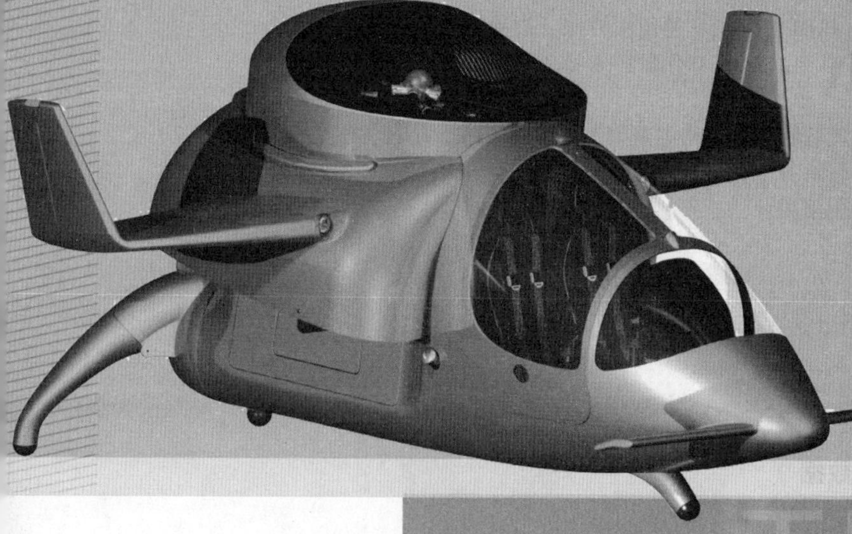

2016版

TRAINING

SOLIDWORKS®
Enterprise PDM 管理教程

[美] DS SOLIDWORKS®公司 著
陈超祥 胡其登 主编
杭州新迪数字工程系统有限公司 编译

机械工业出版社
CHINA MACHINE PRESS

《SOLIDWORKS® Enterprise PDM 管理教程》(2016 版)是根据 DS SOLIDWORKS®公司发布的《SOLIDWORKS® Enterprise PDM 2016 Training Manuals:Administering SOLIDWORKS Enterprise PDM》编译而成的，着重介绍了 SOLIDWORKS® Enterprise PDM 管理工具的使用方法，指导管理员用户通过管理工具配置和管理 PDM 系统。本书有配套练习文件详见“本书使用说明”。

本教程在保留了原版英文教程精华和风格的基础上，按照中国读者的阅读习惯进行编译，配套教学资料齐全，适合企业工程设计人员和大专院校、职业技术院校相关专业师生使用。

图书在版编目（CIP）数据

SOLIDWORKS Enterprise PDM 管理教程：2016 版/美国 DS SOLIDWORKS 公司著；陈超祥，胡其登主编. —2 版. —北京：机械工业出版社，2016. 10

SOLIDWORKS 公司原版系列培训教程　CSWP 全球专业认证考试培训教程

ISBN 978-7-111-55004-4

Ⅰ. ①S…　Ⅱ. ①美…②陈…③胡…　Ⅲ. ①计算机辅助设计-应用软件-教材　Ⅳ. ①TP391. 72

中国版本图书馆 CIP 数据核字（2016）第 233924 号

机械工业出版社（北京市百万庄大街 22 号　邮政编码 100037）
策划编辑：宋亚东　责任编辑：宋亚东　王　良
责任印制：常天培　责任校对：任秀丽
北京京丰印刷厂印刷
2016 年 10 月第 2 版·第 1 次印刷
210mm×285mm·14. 5 印张·420 千字
0 001—4 000 册
标准书号：ISBN 978-7-111-55004-4
定价：59. 80 元

凡购本书，如有缺页、倒页、脱页，由本社发行部调换

电话服务	网络服务
服务咨询热线：010-88361066	机 工 官 网：www. cmpbook. com
读者购书热线：010-68326294	机 工 官 博：weibo. com/cmp1952
010-88379203	金 书 网：www. golden-book. com
封面无防伪标均为盗版	教育服务网：www. cmpedu. com

序

尊敬的中国地区 SOLIDWORKS 用户：

DS SOLIDWORKS®公司很高兴为您提供这套最新的 DS SOLIDWORKS®公司中文原版系列培训教程。我们对中国市场有着长期的承诺，自从 1996 年以来，我们就一直保持与北美地区同步发布 SOLIDWORKS 3D 设计软件的每一个中文版本。

我们感觉到 DS SOLIDWORKS®公司与中国地区用户之间有着一种特殊的关系，因此也有着一份特殊的责任。这种关系是基于我们共同的价值观——创造性、创新性、卓越的技术，以及世界级的竞争能力。这些价值观一部分是由公司的共同创始人之一李向荣（Tommy Li）所建立的。李向荣是一位华裔工程师，他在定义并实施我们公司的关键性突破技术以及在指导我们的组织开发方面起到了很大的作用。

作为一家软件公司，DS SOLIDWORKS®致力于带给用户世界一流水平的 3D 解决方案（包括设计、分析、产品数据管理、文档出版与发布），以帮助设计师和工程师开发出更好的产品。我们很荣幸地看到中国用户的数量在不断增长，大量杰出的工程师每天使用我们的软件来开发高质量、有竞争力的产品。

目前，中国正在经历一个迅猛发展的时期，从制造服务型经济转向创新驱动型经济。为了继续取得成功，中国需要最佳的软件工具。

SOLIDWORKS 2016 是我们最新版本的软件，它在产品设计过程自动化及改进产品质量方面又提高了一步。该版本提供了许多新的功能和更多提高生产率的工具，可帮助机械设计师和工程师开发出更好的产品。

现在，我们提供了这套中文原版培训教程，体现出我们对中国用户长期持续的承诺。这些教程可以有效地帮助您把 SOLIDWORKS 2016 软件在驱动设计创新和工程技术应用方面的强大威力全部释放出来。

我们为 SOLIDWORKS 能够帮助提升中国的产品设计和开发水平而感到自豪。现在您拥有了最好的软件工具以及配套教程，我们期待看到您用这些工具开发出创新的产品。

此致

敬礼！

Gian Paolo Bassi

DS SOLIDWORKS®公司首席执行官

2016 年 1 月

陈超祥　先生　　现任 DS SOLIDWORKS®公司亚太区资深技术总监

陈超祥先生早年毕业于香港理工学院机械工程系，后获英国华威克大学制造信息工程硕士及香港理工大学工业及系统工程博士学位。多年来，陈超祥先生致力于机械设计和CAD技术应用的研究，曾发表技术文章20余篇，拥有多个国际专业组织的专业资格，是中国机械工程学会机械设计分会委员。陈超祥先生曾参与欧洲航天局“猎犬2号”火星探险项目，是取样器4位发明者之一，拥有美国发明专利（US Patent 6，837，312）。

前言

DS SOLIDWORKS®公司是一家专业从事三维机械设计、工程分析、产品数据管理软件研发和销售的国际性公司。SOLIDWORKS软件以其优异的性能、易用性和创新性，极大地提高了机械设计工程师的设计效率和质量，目前已成为主流3D CAD软件市场的标准，在全球拥有超过210万的用户。DS SOLIDWORKS®公司的宗旨是：To help customers design better products and be more successful——让您的设计更精彩。

“SOLIDWORKS®公司原版系列培训教程”是根据DS SOLIDWORKS®公司最新发布的SOLIDWORKS 2016软件的配套英文版培训教程编译而成的，也是CSWP全球专业认证考试培训教程。本套教程是DS SOLIDWORKS®公司唯一正式授权在中国大陆出版的原版培训教程，也是迄今为止出版的最为完整的SOLIDWORKS®公司原版系列培训教程。

本套教程详细介绍了SOLIDWORKS 2016软件和Simulation软件的功能，以及使用该软件进行三维产品设计、工程分析的方法、思路、技巧和步骤。值得一提的是，SOLIDWORKS 2016不仅在功能上进行了600多项改进，更加突出的是它在技术上的巨大进步与创新，从而可以更好地满足工程师的设计需求，带给新老用户更大的实惠！

《SOLIDWORKS® Enterprise PDM管理教程》（2016版）是根据DS SOLIDWORKS®公司发布的《SOLIDWORKS® Enterprise PDM 2016 Training Manuals：Administering SOLIDWORKS Enterprise PDM》编译而成的，着重介绍了SOLIDWORKS PDM管理工具的使用方法，指导管理员用户通过管理工具配置和管理PDM系统。

胡其登　先生　现任 DS SOLIDWORKS®公司大中国区技术总监

胡其登先生毕业于北京航空航天大学，先后获得“计算机辅助设计与制造（CAD/CAM）”专业工学学士、工学硕士学位。毕业后一直从事 3D CAD/CAM/PDM/PLM 技术的研究与实践、软件开发、企业技术培训与支持、制造业企业信息化的深化应用与推广等工作，经验丰富，先后发表技术文章 20 余篇。在引进并消化吸收新技术的同时，注重理论与企业实际相结合。在给数以百计的企业进行技术交流、方案推介和顾问咨询等工作的过程中，对如何将 3D 技术成功应用到中国制造业企业的问题上，形成了自己的独到见解，总结出了推广企业信息化与数字化的最佳实践方法，帮助众多企业从 2D 平滑地过渡到了 3D，并为企业推荐和引进了 PDM/PLM 管理平台。作为系统实施的专家与顾问，在帮助企业成功打造为 3D 数字化企业的实践中，丰富了自身理论与实践的知识体系。

胡其登先生作为中国最早使用 SOLIDWORKS 软件的工程师，酷爱 3D 技术，先后为 SOLIDWORKS 社群培训培养了数以百计的工程师。目前负责 SOLIDWORKS 解决方案在大中国区全渠道的技术培训、支持、实施、服务及推广等全面技术工作。

本套教程在保留了原版教程精华和风格的基础上，按照中国读者的阅读习惯进行编译，使其变得直观、通俗，让初学者易上手，让高手的设计效率和质量更上一层楼！

本套教程由 DS SOLIDWORKS®公司亚太区资深技术总监陈超祥先生和大中国区技术总监胡其登先生共同担任主编，由杭州新迪数字工程系统有限公司副总经理陈志杨负责审校。承担编译、校对和录入工作的有蒋成、黄伟、李明浩、熊康、叶伟、张曦、周忠等杭州新迪数字工程系统有限公司的技术人员。杭州新迪数字工程系统有限公司是 DS SOLIDWORKS®公司的密切合作伙伴，拥有一支完整的软件研发队伍和技术支持队伍，长期承担着 SOLIDWORKS 核心软件研发、客户技术支持、培训教程编译等方面的工作。在此，对参与本套教程编译的工作人员表示诚挚的感谢。

由于时间仓促，书中难免存在疏漏和不足之处，恳请广大读者批评指正。

陈超祥　胡其登

2016 年 1 月

本书使用说明

关于本书

本书的目的是让读者学习如何使用 SOLIDWORKS 机械设计自动化软件来建立零件和装配体的参数化模型，同时介绍如何利用这些零件和装配体来建立相应的工程图。

SOLIDWORKS 2016 是一个功能强大的机械设计软件，而本书章节有限，不可能覆盖软件的每一个细节和各个方面。所以本书将重点给读者讲解应用 SOLIDWORKS 2016 进行工作所必需的基本技术和主要概念。本书作为在线帮助系统的一个有益的补充，不可能完全替代软件自带的在线帮助系统。读者在对 SOLIDWORKS 2016 软件的基本使用技能有了较好的了解之后，就能够参考在线帮助系统获得其他常用命令的信息，进而提高应用水平。

前提条件

读者在学习本书之前，应该具备如下经验：

- 机械设计经验。
- 使用 Windows 操作系统的经验。
- 已经学习了《SOLIDWORKS® PDM 使用教程》（2016 版）。

编写原则

本书是基于过程或任务的方法而设计的培训教程，并不专注于介绍单项特征和软件功能。本书强调的是，完成一项特定任务所遵循的过程和步骤。通过对每一个应用实例的学习来演示这些过程和步骤，读者将学会为完成一项特定设计任务所需采取的方法，以及所需要的命令、选项和菜单。

知识卡片

除了每章的研究实例和练习外，本书还提供了可供读者参考的“知识卡片”。这些“知识卡片”提供了软件使用工具的简单介绍和操作方法，可供读者随时查阅。

使用方法

本书的目的是希望读者在有 SOLIDWORKS 使用经验的教师指导下，在培训课中进行学习，通过教师现场演示本书所提供的实例，学生跟着练习的这种交互式的学习方法，使读者掌握软件的功能。

读者可以使用练习题来应用和练习书中讲解的或教师演示的内容。本书设计的练习题代表了典型的设计和建模情况，读者完全能够在课堂上完成。应该注意到，学生的学习速度是不同的，因此书中所列出的练习题比一般读者能在课堂上完成的要多，这确保了学习最快的读者也有练习可做。

标准、名词术语及单位

SOLIDWORKS 软件支持多种工程图标准，如中国国家标准（GB）、美国国家标准（ANSI）、国际标准（ISO）、德国国家标准（DIN）和日本国家标准（JIS）。本书中的例子和练习基本上采用了中国国家标准（除个别为体现软件多样性的选项外）。为与软件保持一致，本书中一些名词术语、物理量符号、计量单位未与国家标准保持一致，请读者使用时注意。

练习文件

读者可以从网络平台下载本书的练习文件，具体方法是：扫描封底的“机械工人之家”微信公众号，关注后输入“2016PG”即可获取下载地址。

读者也可以从 SOLIDWORKS 官方网站下载，网址是 www. solidworks. com/trainingfilessolidworks，您将会看到一个专门用于下载练习文件的链接。这些练习文件都是有数字签名并且可以自解压的文件包。

Windows® 7

本书所用的屏幕图片是 SOLIDWORKS 2016 运行在 Windows® 7 时制作的。

本书的格式约定

本书使用以下的格式约定：

约　定	含　义	约　定	含　义
【插入】/【凸台】	表示 SOLIDWORKS 软件命令和选项。例如【插入】/【凸台】表示从下拉菜单【插入】中选择【凸台】命令	注意	软件使用时应注意的问题
提示	要点提示	操作步骤 步骤 1 步骤 2 步骤 3	表示课程中实例设计过程的各个步骤
技巧	软件使用技巧		

关于色彩的问题

SOLIDWORKS 2016 英文原版教程是采用彩色印刷的，而我们出版的中文教程则采用黑白印刷，所以本书对英文原版教程中出现的颜色信息做了一定的调整，以便尽可能地方便读者理解书中的内容。

更多 SOLIDWORKS 培训资源

my. solidworks. com 提供更多的 SOLIDWORKS 内容和服务，用户可以在任何时间、任何地点，使用任何设备查看。用户也可以访问 my. solidworks. com/training，按照自己的计划和节奏来学习，以提高 SOLIDWORKS 技能。

用户组网络

SOLIDWORKS 用户组网络（SWUGN）有很多功能。通过访问 swugn. org，用户可以参加当地的会议，了解 SOLIDWORKS 相关工程技术主题的演讲以及更多的 SOLIDWORKS 产品，或者与其他用户通过网络来交流。

目　录

第1章　安装规划

学习目标

- 了解安装 SOLIDWORKS PDM Professional 所需的必要知识
- 学会本教程中的场景设定

1.1　规划 SOLIDWORKS PDM Professional

本教程及其他相关的 SOLIDWORKS PDM Professional 培训教程旨在帮助机械工程师们学习使用该软件。

需要强调的是学习的目的是行之有效地管理数据，而 SOLIDWORKS PDM Professional 只是管理数据的一个工具软件。

当首次接触 SOLIDWORKS PDM Professional 时，可能会问这样的问题：

为什么不直接安装 SOLIDWORKS PDM Professional，将文件全部导入到库内，然后在有需要的时候才去做相应的配置设定工作呢？这样不是更直接更方便吗？

当然，在 SOLIDWORKS PDM Professional 内更换系统参数是很容易的，但问题在于数据流之间的引用关系，库内已有文件的更新或者工作流程的变更等引起的问题都可能会对最终用户造成混淆。

我们的目标是通过事先的规划和测试，对业务有更好的把握，这样当真正决定全面实施 SOLIDWORKS PDM Professional 时，可以得到所预期的结果。

我们的准则是：尽可能一次性把事情做好。

1.2　规划流程

规划主要体现在两个方面：数据管理规划及实施规划。规划的难易繁简程度取决于公司的规模。

1.2.1　数据管理规划

数据管理规划取决于在一定时间内公司如何有效地管理数据。

在数据管理阶段，需要定义 SOLIDWORKS PDM Professional 安装之后文件的管理流程。通过制订这个计划可以了解 SOLIDWORKS PDM Professional 的最终目标及如何更有效地运行。这个规划同时也是 PDM 软件的设计意图。

规划应涵盖 SOLIDWORKS PDM Professional 内包含的所有工作流程及规则，根据公司规模的不同，可能需要做一些流程图及相应的文字说明等辅助性的工作。

1. 数据类型和元数据　根据文件类型的不同，进行文件类型的管理和元数据的储存。元数据以文件属性或参数的形式储存，可在库内通过搜索元数据来检出文件。对元数据的需求限定了数据卡的输入。

2. 工作流程 工作流程用于控制库内文件的处理过程。工作流程与版本管理有关。在做数据管理规划时，这两部分通常作为一个整体考虑。

在进行流程规划时，首先需要考虑清楚如何处理不同状态的不同文件类型，在状态之间进行文件提交时对文件进行何种动作，以及这些动作如何与修订版策略或其他元数据进行正确关联。另外还需要考虑谁有权在状态之间进行提交以及采用什么形式的自动处理（通知或输出 XML 文件等）。流程图是一个很有用的工具，可以使流程规划变得非常方便。

3. 修订版方案 修订版方案与工作流程的关系非常紧密。应考虑：文件应该采用何种形式的修订版号和递增方案。

4. 用户、组和权限 在 SOLIDWORKS 中有四种不同类型的用户：

（1）系统管理员 可以设置和维护库。

（2）SOLIDWORKS 用户（Editors） 可以通过 SOLIDWORKS（或其他 CAD 软件）或者 Windows 资源管理器访问库，可以检入检出任何类型的文件。

（3）Contributors 可以创建、检入和检出除 CAD 类型文件之外的其他类型的文件。

（4）Viewers 对库只能进行只读访问。

通常，组是用来区分在一个公司内不同权限的组织架构。通过组的设置，管理用户变得非常简单，只需要将用户增加到组或者移出组即可。所有的组都设置了相应的权限，用户被赋予相应的组的权限。

5. 文件夹结构和元数据 文件夹结构决定文件在库中的组织形式。可以根据企业的内部标准，制订相应的文件模板及项目文件夹结构模板。元数据可储存项目或产品的详细信息。当需要标准的文件夹结构时，可以通过定义模板来确保内部文件夹结构的标准。

除了标准文件夹，一些特殊的文件夹也需要考虑，如：

（1）标准件库文件夹：标准件库文件夹用来存放标准件，该文件夹可由专门的某个用户或组来管理，但可被所有用户使用。

（2）用户或组工作区：每个用户可以有一个独立的工作区，用于存放尚未移动到任何一个正式文件夹的文件。

6. 标准件和 Toolbox 需要考虑是否对 Toolbox 和标准件进行修订版管理，以及是否需要将之检入到库。

1.2.2 实施规划

当制订了一份数据管理计划后，需要制订一份实施计划，以确定数据管理流程转变的实现步骤（从当前数据管理流程转变到新的数据管理计划中所定义的数据管理流程）。

以下几个方面需要慎重考虑：承载数据库、存档服务器以及可选的 Web 和索引服务器的软硬件环境。

1. SOLIDWORKS PDM Professional 服务器 SOLIDWORKS PDM Professional 服务器放在哪？服务器有多大的存储空间及内存是多少？磁盘需要保证有足够的空间存放所有的文件，包含文件所有的一个预期合理的版本数量。

当前软件版本的软硬件需求可以在以下链接中找到：http：//www. solidworks. com/sw/support/PDM-SystemRequirements. html。

2. 软件安装 如何安装 SOLIDWORKS PDM Professional？在导入数据之前，如何测试网络连接和安装？

3. 库管理员 谁将被指定为 PDM 系统管理员？需要根据相应的规章制度，明确相关责任人的工作职责及安全制度。可以指定一位管理员负责整个系统的运作及维护，其他管理员只负责某一部分的工作，如添加或删除用户等。

考虑到主管理员可能有事需要离开的情况，至少要指定另一位管理员可以临时接替他的工作。

从 CAD 用户组中挑选一名作为管理员，因为他们更熟悉于通过流程处理文档的发布过程。

4. 备份和还原计划　谁来负责库的日常维护工作（包括但不限于数据库和文件存档的备份、升级以及新客户端安装等）？

5. 培训　谁负责为用户及管理员提供培训？如何对新员工进行这方面的技能培训？

6. 数据清理　如何有效地对同名文件，或者将版本号作为文件名的一部分进行保存的文件进行移除？是否需要修改文件属性值或者如何在 SOLIDWORKS PDM Professional 内映射属性值？

7. 数据导入　什么类型的数据需要导入？以什么顺序导入到库？是否所有旧文件都需要导入到库？如果需要，是一次性导入还是有需要的时候分批次导入？

8. 数据迁移　如果数据来源于其他 PDM 系统，如何提取所有的文档和元数据为新的库做准备？

9. 项目交接　当库已准备好并测试完毕，对于新系统项目交接的计划是什么？是分阶段执行还是全部立刻执行？

10. 约束　一旦完成文件的导入，文件库实施完成并正常运作，如何避免用户再回退到旧有的工作模式？

1.3　练习纲要

在开始安装 SOLIDWORKS PDM Professional 之前，对整个安装过程进行整体的考虑是非常有必要的。在决定安装之前，需要明确客户公司的一些基本情况及想要采用什么样的数据管理制度。

在正式安装软件之前，最好预先准备好相关的信息并在纸上写下相应的安装步骤。在接下来介绍的如何安装 SOLIDWORKS PDM Professional 系统中所提及的相关信息是完全虚构的，只是基于课程编写的需要。

1. 公司信息　ACME 公司是一家专注于户外烹饪烤架设计及生产的公司，他们主要使用 SOLIDWORKS 软件，但也有一些文件是基于 DraftSight 图纸格式。

他们所面临的最大问题在于：

（1）控制文件访问。

（2）保持设计版本跟踪。

（3）监控设计流程中的文件状态。

2. 项目文件夹　ACME 公司想用如图 1-1 所示的文件夹结构来管理文件，每个项目采用同样的方式组织文件。主项目文件夹包含项目编号和客户名称，在每个项目包含的子文件夹中放入项目相关的文件。

3. 文件类型　ACME 公司管理的文档类型如下：

（1）CAD 文件：SOLIDWORKS 零件（. sldprt）、装配体（. sldasm）、工程图（. slddrw）以及 DraftSight（. dwg）文件。

（2）装配体结构：SOLIDWORKS Composer（. smg）文件。

（3）技术说明书：Microsoft Office Word（. doc）文件，文件名称包含“SPEC”前缀。

（4）技术变更说明（ECO）：Microsoft Office Excel（. xlsx）文件，文件名称包含“ECO”前缀，放置在根目录 ECO 文件夹下。

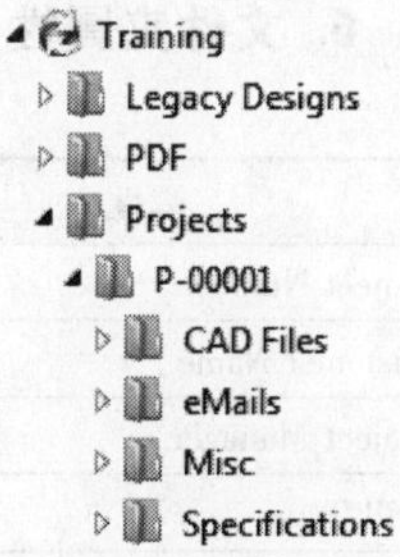

图 1-1　文件夹结构

（5）电子邮件函件：Microsoft Exchange email（. msg）消息。

（6）其他档案：除技术说明书之外的 Microsoft Office Excel（. xls）文件、Powerpoint（. ppt）和 Word（. doc）文件。

（7）PDF 文件：PDF 文件在图纸文件审批时自动被创建，且放在根目录下的 PDF 文件夹内。

4. 文档审批流程和修订版策略 ACME 公司专门针对 CAD 文档制订了审批流程和修订版方案，同样对 ECO 文档也有相应的审批流程。他们没有（或者是不想）针对装配体结构、电子邮件消息或其他档案等制订审批流程和修订版方案。

（1）CAD 文件审批流程（CAD Files）

ACME 公司对 CAD 文件采用字母修订版号，如图 1-2 所示，当文档被批准并发布（如 Released 状态）时，字母递增。修订版格式如下：A，B，C 等。

（2）ECO 流程（图 1-3）

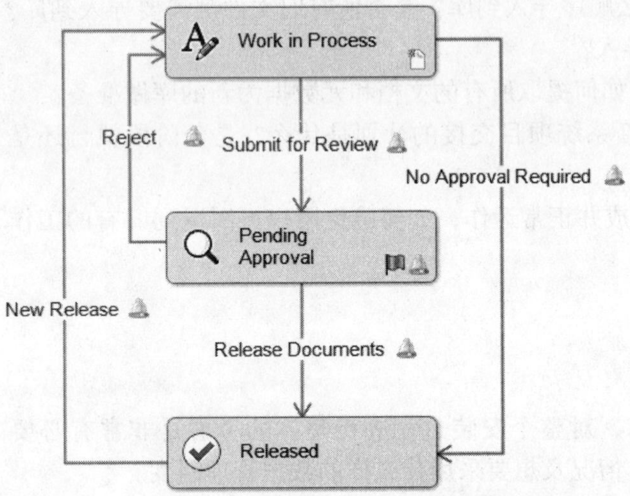

图 1-2 CAD 文件审批流程

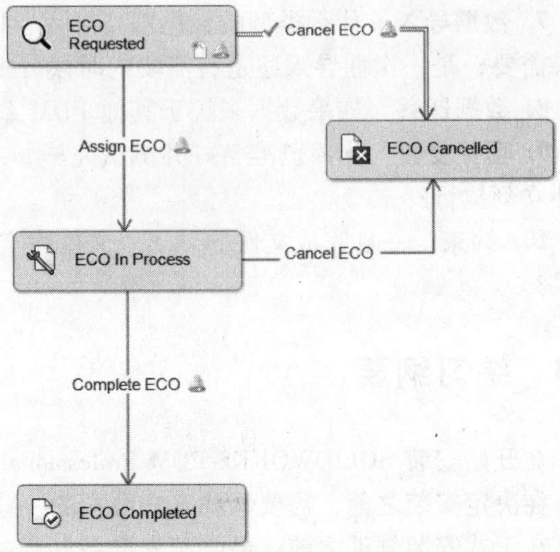

图 1-3 ECO 流程

5. 文件编号 ACME 公司希望在对每个文档进行修订版管理时，系统自动产生唯一的文件编号。文件编号采用前缀“DOC－”加上 8 位数字的格式。另外，ACME 公司希望针对以下文档自动产生唯一的编号：

（1）SOLIDWORKS 零件、SOLIDWORKS 装配体、SOLIDWORKS 工程图及 DraftSight 文件　采用前缀“CAD－”加上一个唯一的 8 位数字的格式。

（2）ECO（Excel 文档）　采用前缀“ECO －”加上一个唯一的 8 位数字的格式。所有 ECO 文档存放在根目录 ECO 文件夹下。

（3）技术说明书（Excel 文档）　采用前缀“SPEC－”加上一个唯一的 8 位数字的格式。所有的技术说明书文档存放在项目文件夹下的 Specification 文件夹中。

6. 文件夹属性 ACME 公司需要用特定的属性字段记录项目的相关信息，见表 1-1。

表 1-1 项目文件夹

属性	类型	说　明
Project Number	文本	唯一的项目编号，采用前缀“P－”加上 5 位数字的格式
Customer Name	文本	客户名称，采用可编辑下拉式列表控件或者可手动输入
Project Manager	文本	项目经理，从用户列表中选取
Grill Type	文本	Grill 类型，从预定义列表中选取
Grill Size	文本	Grill 大小，从 Grill 类型关联的预定义列表中选取
Start Date	文本	项目开始日期
Target Date	文本	项目结束日期
OEM Unit	是／否	采用复选框标志
Comment	文本	评论区

7. 文件属性 ACME 公司需要为每个文件指定特定的属性，为 CAD 文件添加附加属性。记录文件属性，见表 1-2。

表 1-2 所有文件类型

分类	属性	类型	说明
所有文本类型（除 ECO、电子邮件及图片）	Document Number	文本	唯一的文件编号，采用前缀“DOC-”加上 8 位数字的格式
	Comments	文本	评论区
CAD 文件	Project Number	文本	从项目文件夹中继承的值
	Grill Type	文本	从项目文件夹中继承的值
	Drawing Number	文本	唯一的项目编号，采用前缀“CAD-”加上 8 位数字的格式
	Description	文本	存储描述信息的文本属性，有可能从文件中提取
	Material	文本	存储材料信息的文本属性，有可能从文件中提取
	Weight	文本	存储质量信息的文本属性，有可能从文件中提取
	Finish	文本	存储完成信息的文本属性，有可能从文件中提取
	Revision	文本	存储修订版号的文本属性（通过工作流程自动产生）
	File Type	文本	选择文件类型：Manufactured、Reference、Purchased（如果选择 Purchased，会显示 Vendor 属性，并可以从列表中选取供应商）
	Drawing Type	文本	选择文件类型：Assembly、Layout、Weldment、Weldment Detail、Detail、Schematic
	Proprietary	是/否	采用复选框标志
	RoHS Compliant	是/否	采用复选框标志
	Drawn By	文本	从用户列表中选取用户名，并记录当前日期
	Engineer	文本	从用户列表中选取用户名，并记录当前日期
	Checked By	文本	从用户列表中选取用户名，并记录当前日期
	Approved By	文本	从用户列表中选取用户名，并记录当前日期
ECO 文件	ECO Number	文本	唯一的 ECO 编号，采用前缀“ECO-”加上 8 位数字的格式
	Title	文本	存储标题信息的文本属性，有可能从文件中提取
	Subject	文本	存储主题信息的文本属性，有可能从文件中提取
	Keywords	文本	存储关键字信息的文本属性
	Created By	文本	从用户列表中选取用户名，并记录当前日期
	Approved	文本	流程状态更改时，从用户列表中选取用户名，并记录当前日期
	Disposition	文本	选择意向类型：Use Inventory、Scrap、ReWork
	Special Notes	文本	说明文本属性
	ECO Description	文本	ECO 描述文本属性
技术说明文件	Specification Number	文本	唯一的技术说明书编号，采用前缀“SPEC-”加上 8 位数字的格式
	Title	文本	储存标题的文本属性，有可能从文件中提取
	Subject	文本	存储主题的文本属性，有可能从文件中提取
	Keywords	文本	从用户列表中选取用户名
	Created By	文本	从用户列表中选取用户名，并记录当前日期
	Project Number	文本	从项目文件夹中继承的值
	Grill Type	文本	从项目文件夹中继承的值

8. 用户和组 在部门组的权限控制下，用户对 ACME 公司的文件库进行访问。ACME 公司包含以下组：

（1）Management。

（2）Engineering。

（3）Manufacturing。

9. 通知 在 ACME 公司的工作流程中，当文档到达特定的工作流程状态时，某些组或用户必须被通知，见表 1-3。

表 1-3 通知

工作流程	状态	组或用户
CAD 文件	Pending Approval	从 Management 组选取用户 如果文档处于 Pending Approval 状态 3 天，将重新发送通知给 Management 组
	Released	Engineering 组 Manufacturing 组
	Work in Process	如果选取 Rejected： 从 Management 组选择用户 如果选取 New Release： Management 组 从 Engineering 组选取用户
ECO	ECO in Process	Management 组 从 Engineering 组选取用户 Manufacturing 组
	ECO Cancelled	Management 组 从 Engineering 组选取用户 Manufacturing 组 需要 ECO-Managers 组中的两个用户同意
	ECO Completed	Management 组 Engineering 组 Manufacturing 组

1.4 安装流程

安装 SOLIDWORKS PDM Professional 步骤如下：

（1）安装 SQL Server。

（2）安装存档服务器和数据库服务器。

（3）安装 SOLIDWORKS PDM Professional 客户端软件。

（4）定义所需要的元数据。

（5）建立需要的工作流程。

（6）建立需要的数据卡。

（7）定义用户与组。

（8）设置需要的权限。

（9）转移需要的数据。

SOLIDWORKS PDM Professional 网络结构如图 1-4 所示。

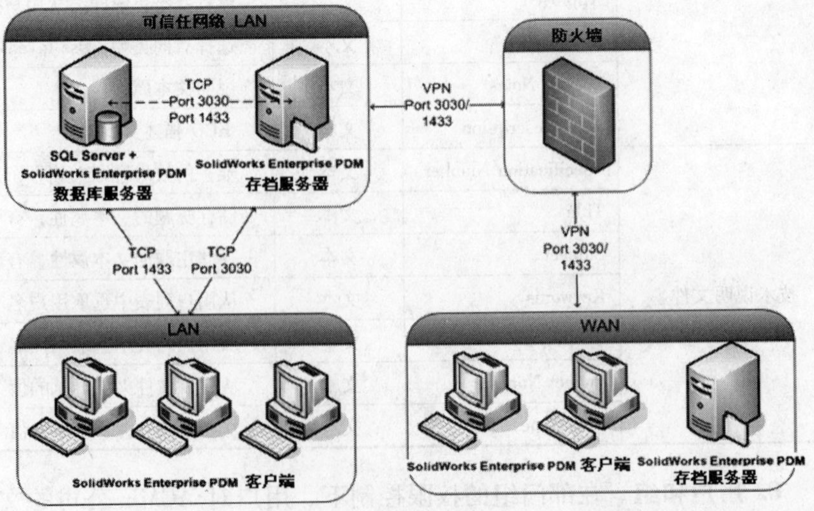

图 1-4 SOLIDWORKS PDM Professional 网络结构

1.4.1　SQL Server

关于如何安装 SQL Server 可参照 SOLIDWORKS PDM Professional 安装光盘内的“Installation Guide”，SQL Server 应在培训课程开始前预先安装完成。

1.4.2　数据库

关于如何安装 SOLIDWORKS PDM Professional 数据库服务器和存档服务器也请参照“Installation Guide”，在培训课程开始前正确安装在服务器上。

1.4.3　SOLIDWORKS PDM Professional 客户端

关于如何安装 SOLIDWORKS PDM Professional 客户端软件请参照“Installation Guide”，在培训课程开始前安装在所有的计算机上并能正常使用。

计算机成功安装客户端后，可创建本地库视图作为用户工作时的缓存区。用户使用 SOLIDWORKS PDM Professional 客户端访问并管理库。

提示

确保客户端和服务器的防火墙没有禁止 TCP1433、1434 和 3030 端口。SQL Server 利用 TCP 1433 和 1434 端口与 SOLIDWORKS PDM Professional 客户端和服务器进行连接。存档服务器利用 TCP3030 端口与数据库服务器和客户端进行连接。

第 2 章 管 理 工 具

学习目标

- 启动 SOLIDWORKS PDM Professional 管理工具
- 管理工具主要部分的功能
- 添加一个新的 SOLIDWORKS PDM Professional 库
- 生成一个 SOLIDWORKS PDM Professional 库的当地视图

2.1 SOLIDWORKS PDM Professional 管理工具

所有在 SOLIDWORKS PDM Professional 文件库内的管理工作都是通过 SOLIDWORKS PDM Professional 管理工具来完成，如图 2-1 所示。

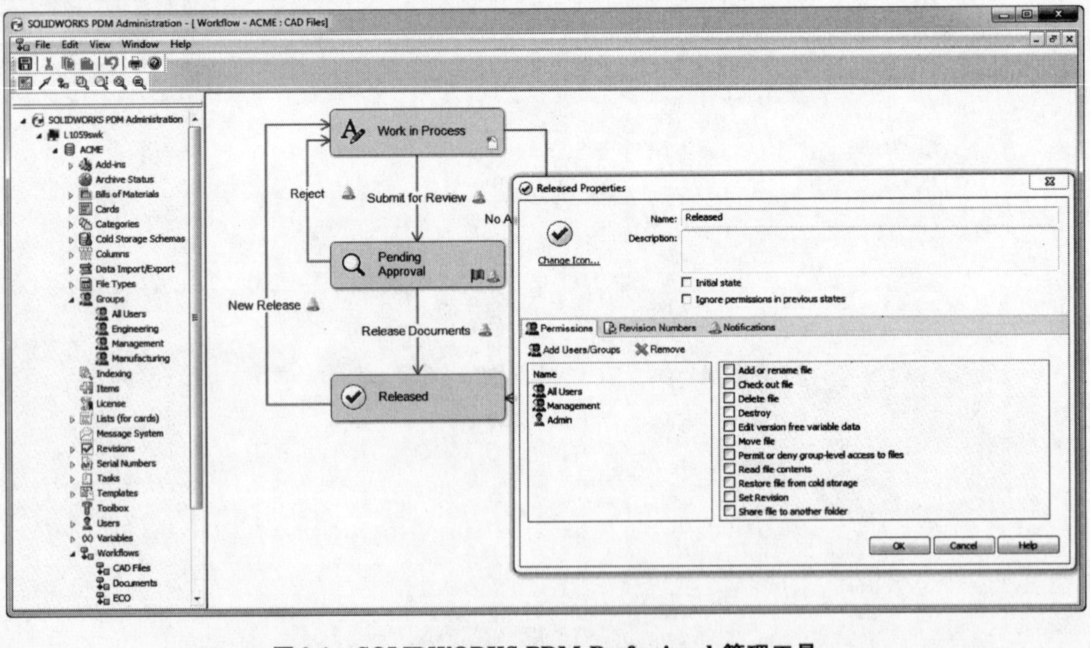

图 2-1 SOLIDWORKS PDM Professional 管理工具

在每一个 SOLIDWORKS PDM Professional 客户端的计算机上都会安装管理工具软件，可以管理存储在一个或所有与之关联的存档服务器上的文件库。

2.1.1 启动管理工具

可从任何 SOLIDWORKS PDM Professional 客户端的计算机上启动 SOLIDWORKS PDM Professional 管理工具。

知识卡片	
管理工具	• 在一个文件库的当地视图内，选择【工具】/【PDM 管理】。 • 单击【开始】/【所有程序】/【SOLIDWORKS PDM】/【管理】。

提示：启动管理工具需要用户有与管理工作相对应的权限。例如，如果【可以更新列】的权限没有给出，那么【列】和【材料明细表】的节点则不能展开。

2.1.2 本地设置

使用管理工具，用户可以通过展开【本地设置】节点来修改本地客户端设置，如图 2-2 所示。

图 2-2　本地设置

2.1.3 组策略

双击【组策略】图标可以打开本地机的【组策略】编辑器，可以在本地系统内修改或添加 SOLIDWORKS PDM Professional 策略。利用活动目录、压缩存档文件、启动备份服务器等，组策略可以分发至文件库视图。更多的关于策略方面的内容可以参考安装指南。

知识卡片	
日志文件	在【日志文件】内详细记载着 SOLIDWORKS PDM Professional 客户端中的任何问题信息。
操作方法	可以选择以下任何方式打开日志文件（图 2-3）： • 双击【日志文件】。 • 右键单击【日志文件】，然后选择【打开】。 • 在管理工具的下拉菜单中选择【查看】/【本地日志文件】。

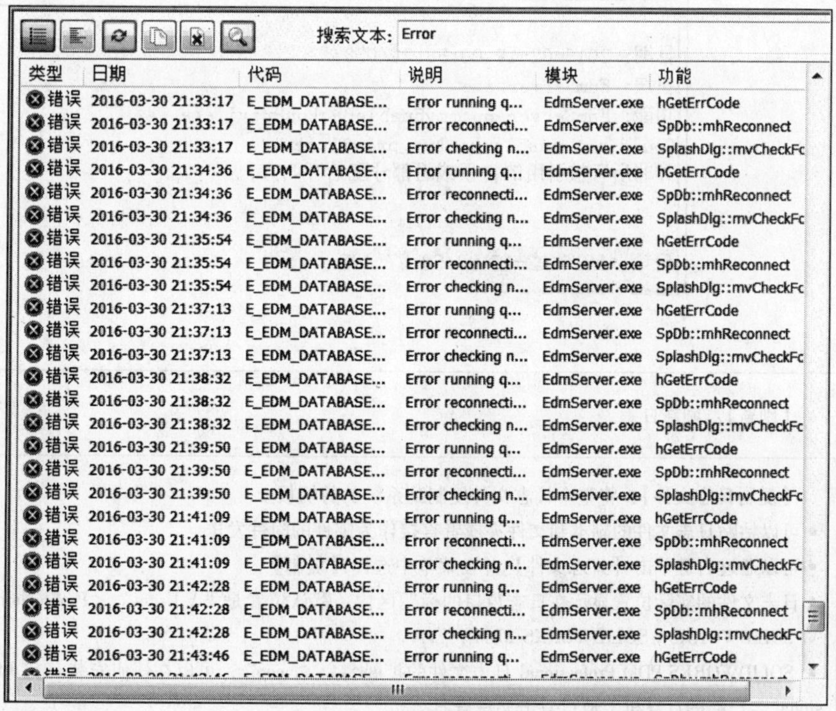

图 2-3　日志文件

日志文件按钮及说明见表 2-1。

表 2-1　日志文件按钮及说明

按钮	说　明
	【显示摘要】：显示所有日志条目的简要说明。双击一条日志弹出该日志事件的详细说明 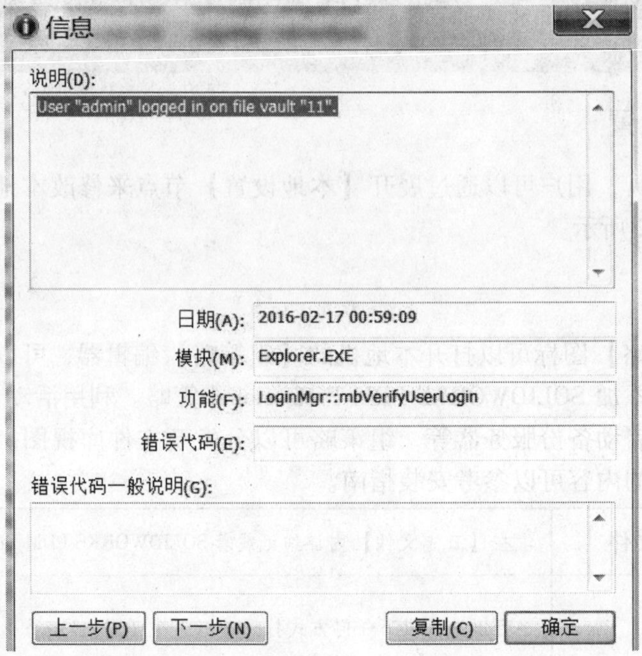
	【显示完整日志】：以文本方式显示所有日志文件 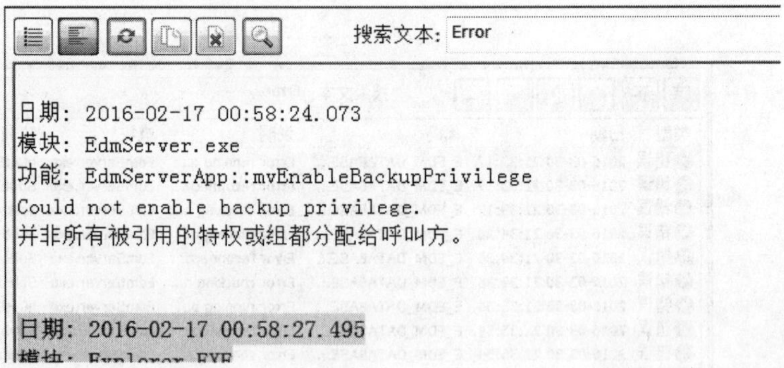
	【刷新】：刷新日志
	【复制日志文件】：将整个日志文件复制到系统的剪切板上 ● 可以粘贴日志文件的副本到文件夹或者直接作为邮件的附件发送 ● 可以通过右键单击【日志文件】并在菜单中选择【复制】 ● 日志文件的实际位置显示在日志窗口的标题区内（默认位置是"\ Users \ <ProfileName> \ AppData \ Local \ SOLIDWORKS \ SOLIDWORKS PDM \ "） ● SOLIDWORKS PDM Professional 日志文件的扩展名为". cog"，可以在任何安装有 SOLIDWORKS PDM Professional 客户端的计算机上通过双击文件查看

（续）

按钮	说　明
	【倒空日志】：清空并删除日志文件，同时会生成一个新的空白日志文件
	【查找下一个】：在日志内转到下一个日志条目

2.1.4　设置

【设置】选项可以打开或关闭自动登录和定义使用哪个程序来处理。zip 文件和额外的搜索目录作为外部参考。

2.1.5　新建一个 SOLIDWORKS PDM Professional 文件库

SOLIDWORKS PDM Professional 文件库内储存着所有由 SOLIDWORKS PDM Professional 管理的文件和信息。用户向 SOLIDWORKS PDM Professional 添加一个新文件，文件会在当地文件库视图上显示出来。当地视图是一个工作目录，用于暂时放用户的中间过程文件。文件库视图与存档服务器和数据库服务器实时通讯。存档服务器是文件库内所有文件的存储位置，所有文件的全部信息都记录在数据库服务器内。文件和文件信息只能通过安装有 SOLIDWORKS PDM Professional 客户端的计算机来访问，并且只有当用户拥有适当授权时才能获准登录到文件库。

2.2　学习实例：新建一个文件库

下面开始为 ACME 公司新建一个文件库。

操作步骤

步骤 1　准备工作

确认已完成 SOLIDWORKS PDM 存档服务器、SOLIDWORKS PDM 数据库服务器的安装，并且至少有一台计算机上装有 SOLIDWORKS PDM Professional 客户端软件。

步骤 2　登录

登录安装有 SOLIDWORKS PDM Professional 客户端的系统并打开 SOLIDWORKS PDM 管理工具。单击【开始】/【所有程序】/【SOLIDWORKS PDM】/【管理】。

步骤 3　添加服务器

如果需要添加的存档服务器没有在管理树上列出，必须要先与之正确连接，如图 2-4 所示。

在菜单中选择【文件】/【添加服务器】。

步骤 4　选择一个服务器

在添加服务器对话框内会列出所有网络上的 SOLIDWORKS PDM Professional 存档服务器。选择一个需要添加的服务器名并单击【确定】，如图 2-5 所示。

提示

如果服务器名没有在列表中找到，则需要手工方式添加。

如果 Windows 客户端安装有防火墙软件，存档服务器可能无法在服务器名的下拉菜单中列出。具体内容可参考安装指南中的“在 Windows 激活广播”。

如果客户端电脑中已经安装存档服务器，则服务器名已经在下拉菜单中。

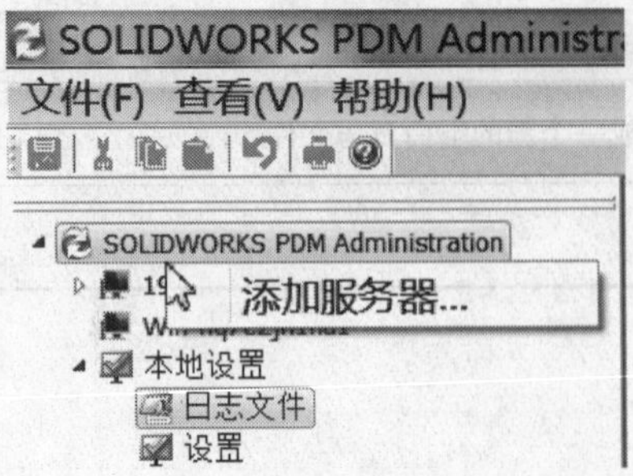

图 2-4　添加服务器

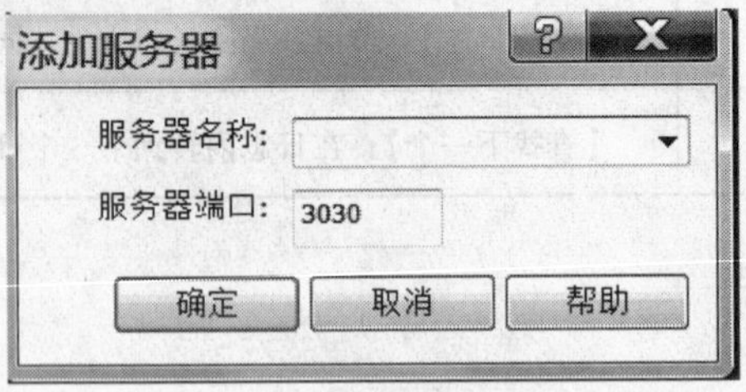

图 2-5　选择服务器

步骤 5　检查端口

确认输入正确的与服务器通讯的 TCP 端口，默认配置下，存档服务器使用端口号为 3030。单击【确定】。

步骤 6　登录

当登录窗口出现时，需要输入存档服务器所在机器上的 Windows 系统用户名及密码，才能登录到存档服务器，如图 2-6 所示。

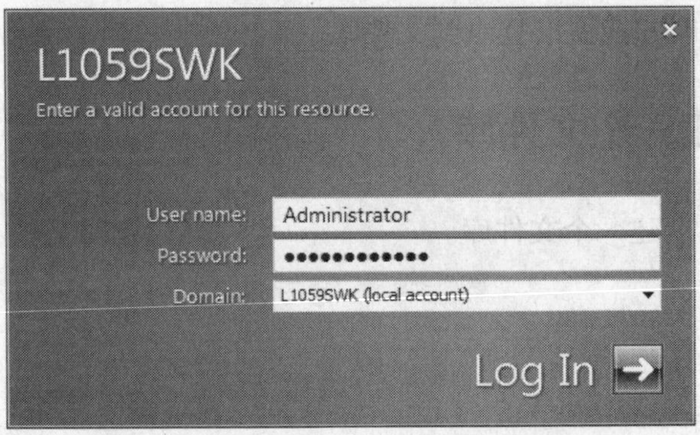

图 2-6　登录窗口

提示

登录需要满足以下几个条件：

- 在存档服务器内的“安全”选项设置中，在【附加访问】（或者管理员访问）列表内，至少应指定 1 个或 1 个以上的 Windows 用户（存档服务器所在机器的本地管理员用户自动添加在此列表内）。
- 如果使用存档服务器上的本地用户，那么在“域”列表内选择本地机器名（本地账户）。
- 如果使用域用户，在域下拉列表内选择需要连接的域。如果域名没有在列表内出现，可以手工输入域名。
- 如果无法连接到存档服务器，请检查存档服务器是否启动并且确保 TCP 端口（存档服务器默认情况下使用 TCP3030 端口）没有被禁用。

步骤 7　生成新库

在管理树内，右键单击一个存档服务器图标，然后选择【生成新库】，如图 2-7 所示。

步骤 8　登录

在弹出的登录窗口内，需要输入存档服务器所在机器上的 Windows 系统用户名及密码，并且该用户在存档服务器内被授权可以生成新库，如图 2-8 所示。

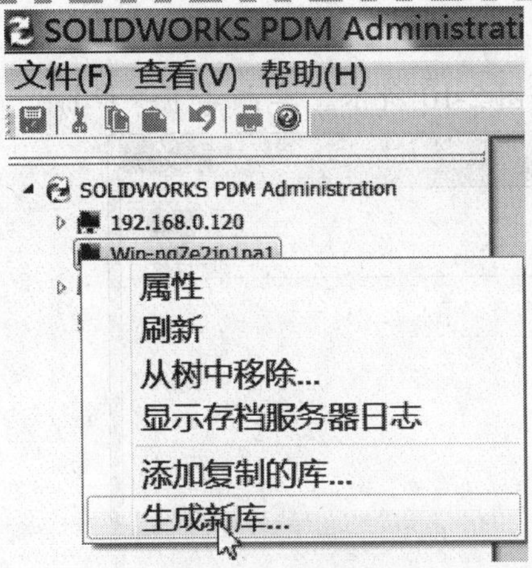

图 2-7　生成新库

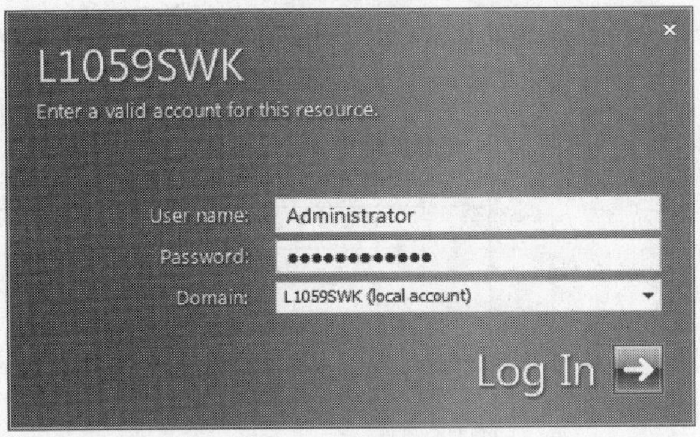

图 2-8　登录窗口

提示

如果连接到存档服务器时所使用的用户账号同时有在存档服务器内生成新库的权限，则登录窗口将不会出现。

- 所输入的 Windows 用户必须在存档服务器的【工具】/【默认设置】/【安全】选项内的【管理员访问】列表内（通常情况下，存档服务器所在机器的本地管理员用户账号会自动添加到该列表内）。
- 如果使用的是存档服务器使用机器的一个本地用户账号，则在域名列表处选择该机器名（本地账号）。
- 如果使用域用户，在域下拉列表内选择需要连接的域，如果域名没有在列表中出现，可以手工输入域名。
- 如果无法连接到存档服务器，请检查存档服务器是否启动并且，确保 TCP 端口（存档服务器默认情况下使用 TCP3030 端口）没有被禁用。

步骤 9　生成新库向导

启动新库生成向导，单击【下一步】，如图 2-9 所示。

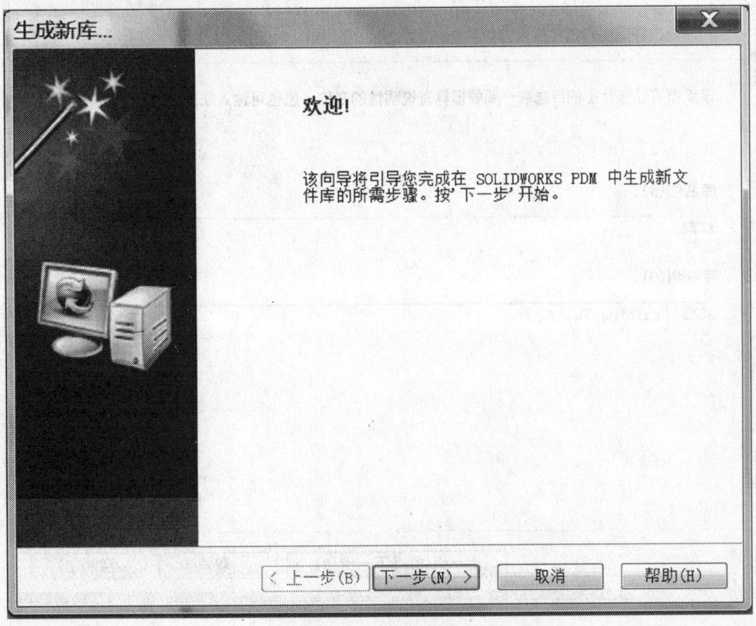

图 2-9　生成新库

步骤 10　选择库类型

选择 SOLIDWORKS PDM Professional 库类型，如图 2-10 所示。单击【下一步】。

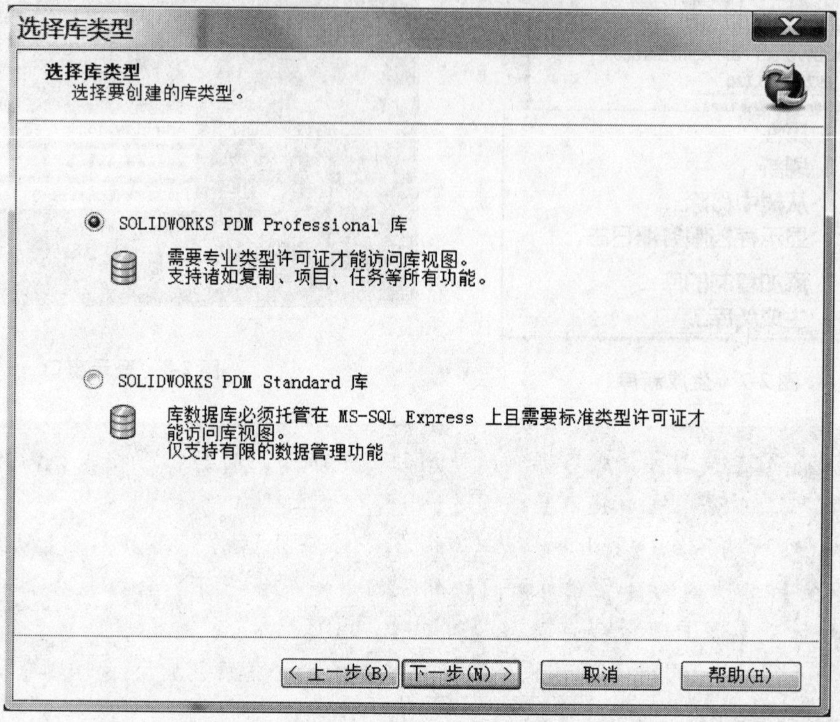

图 2-10　选择库类型

步骤 11　输入库名

输入"ACME"作为新文件库的名字，输入"ACME Training Vault"作为新文件库的说明。该文件库名称会显示在所有与之相关的 SOLIDWORKS PDM Professional 客户端机器上，如图 2-11 所示。单击【下一步】。

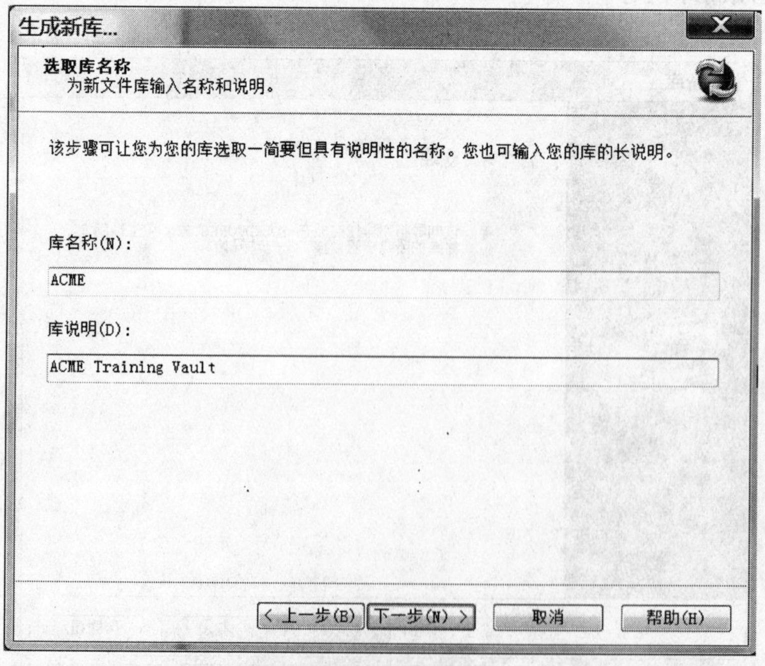

图 2-11　输入库名

提示

确认输入了正确的文件库名，这个名称在安装完成后将无法被修改。

步骤 12 选择一个服务器

选择使用存档服务器内的一个库根文件夹用于将来存放新添加的文件库文件。一般而言，存档服务器只有一个名为“档案”的库根文件夹，而且默认处于被选中状态。该存档服务器上的任何已有 SOLIDWORKS PDM Professional 文件库都会列在右侧的【现有库】栏内，如图 2-12 所示。

单击【下一步】。

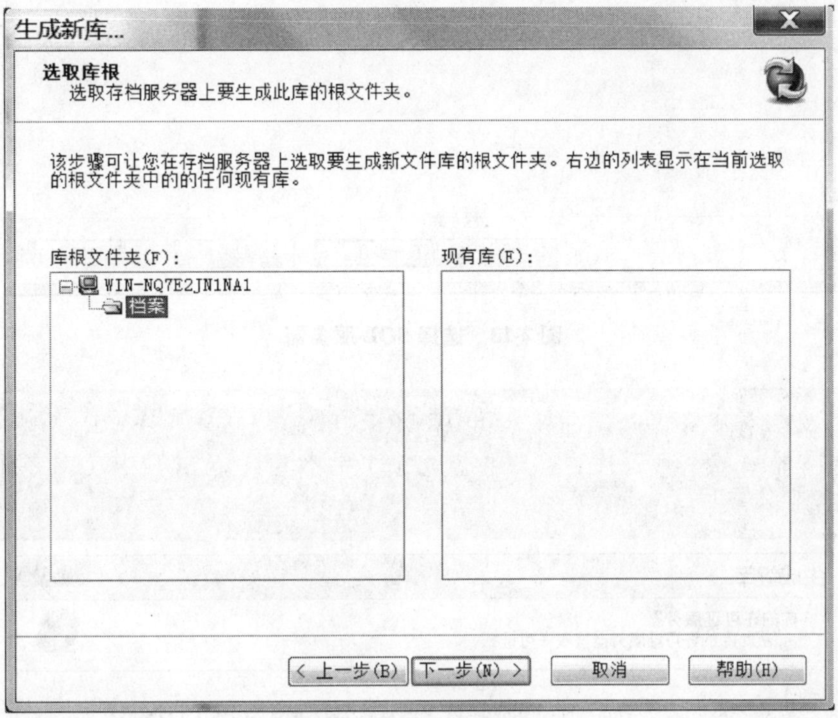

图 2-12 选择服务器

步骤 13 选择 SQL 服务器

在下拉列表内选择作为数据库主机的 SQL 服务器。如果目标服务器没有在列表中列出，可以手工添加该服务器名。如果在安装 SQL 服务器时指定了一个具体的实例名，并且希望使用该实例，则可以在此输入“服务器名称\ 实例名”。

可以选择使用默认的数据库名字，也可以使用其他名称。文件库的数据库负责记录文件信息及对文件本身进行的任何操作方面的信息。

提示

如果 SQL 服务器安装在同一机器上，可以采用默认值 (local)。单击【下一步】，如图 2-13 所示。

步骤 14 选择许可证服务器

任何现有的许可证服务器都会在此对话框中列出。如果没有许可证服务器存在，可以通过单击【添加】来添加一个许可证服务器。

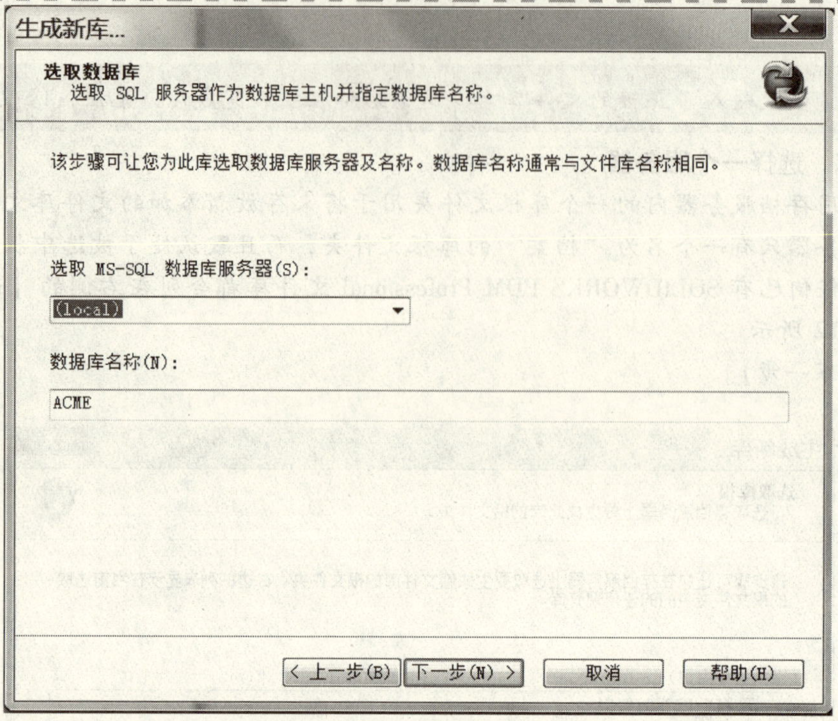

图 2-13　选择 SQL 服务器

提示

许可证服务器必须包含 SOLIDWORKS PDM 许可证。许可证类型必须匹配库类型。在此案例中，许可证服务器包含了一个有效的 SOLIDWORKS PDM Professional 许可证，如图 2-14 所示。

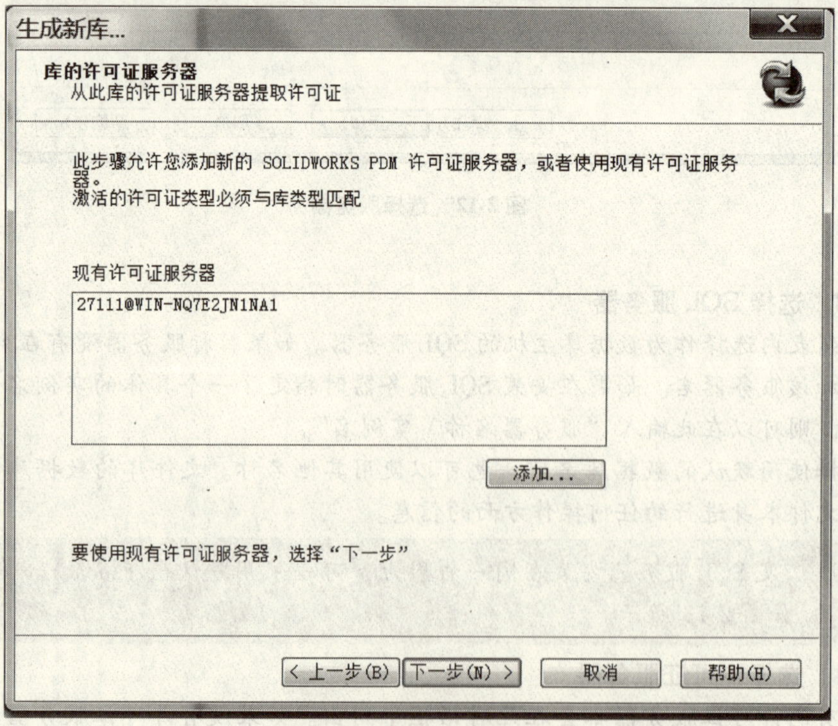

图 2-14　选译许可证服务器

单击【下一步】。

步骤 15 登录 SQL 服务器

这时会使用存储在存档服务器内的默认登录信息来登录到指定的存档服务器（参考存档服务器安装部分）。

提示

● 如果连接到 SQL 服务器时所使用的默认账号是一个合法用户，并且在该 SQL 服务器内有管理员权限（默认情况下使用用户“sa”），则安装向导会转到下一步。这个用户必须是有足够的授权可以生成一个新文件库的数据库。

● 如果默认的 SQL 用户是一个合法用户，但在 SQL 服务器内的权限非常有限，则会弹出另一个对话框，要求输入其他有相应管理员权限的可以生成一个新文件库数据库的 SQL 用户名和密码（例如，可以使用“sysadmin”用户，作用等同于用户“sa”），如图 2-15 所示。

图 2-15 登录 SQL 服务器

● 如果默认的 SQL 用户不属于需要连接的 SQL 服务器，则会弹出一个登陆对话框。这时必须要输入一个有相应管理员权限的可以生成一个新文件库数据库的 SQL 用户名和密码。可以在 SQL 安装设置内指定哪些用户有权生成一个新的文件库。

步骤 16 选择语言和日期格式

选择语言和默认的日期格式来创建文件库，如图 2-16 所示。

单击【下一步】。

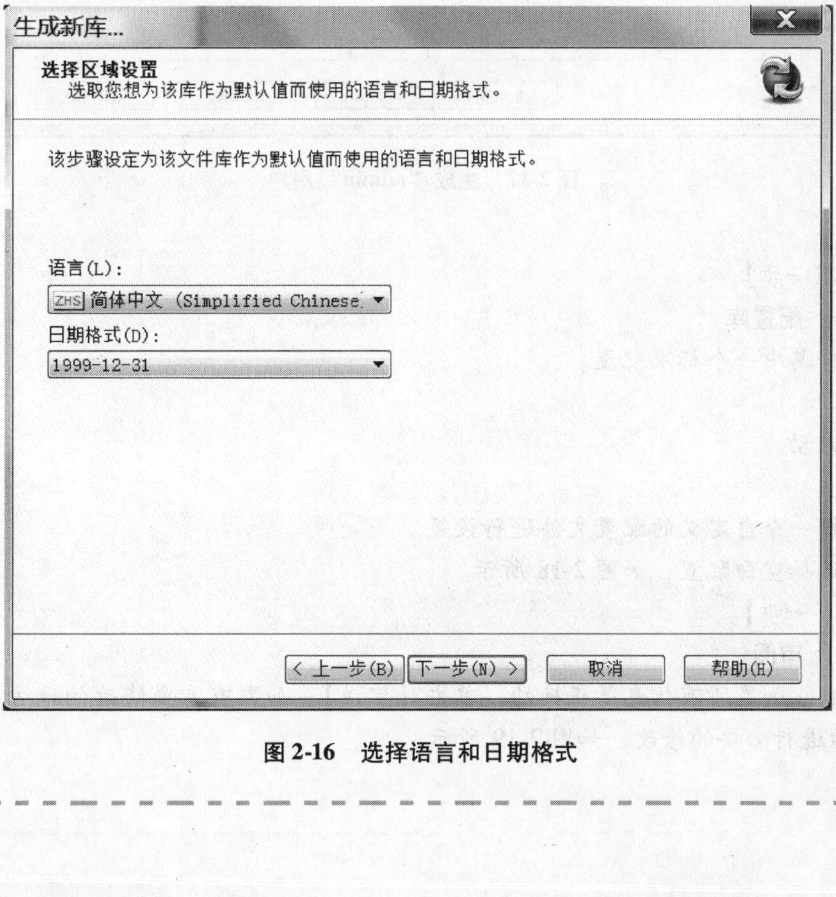

图 2-16 选择语言和日期格式

步骤 17　admin 用户登录设置

admin 用户是内置的 SOLIDWORKS PDM Professional 管理员用户，而且是一个新生成的文件库中唯一存在的用户账号。在这一步可以更改生成新文件库中“admin”用户的密码。如果没有选取为此存档服务器使用默认“admin”密码则可以输入一个合适的密码作为“admin”用户登录文件库。

默认的“admin”用户密码是在安装存档服务器时设置的。也可以在存档服务器设置工具内更改或设置，如图 2-17 所示。

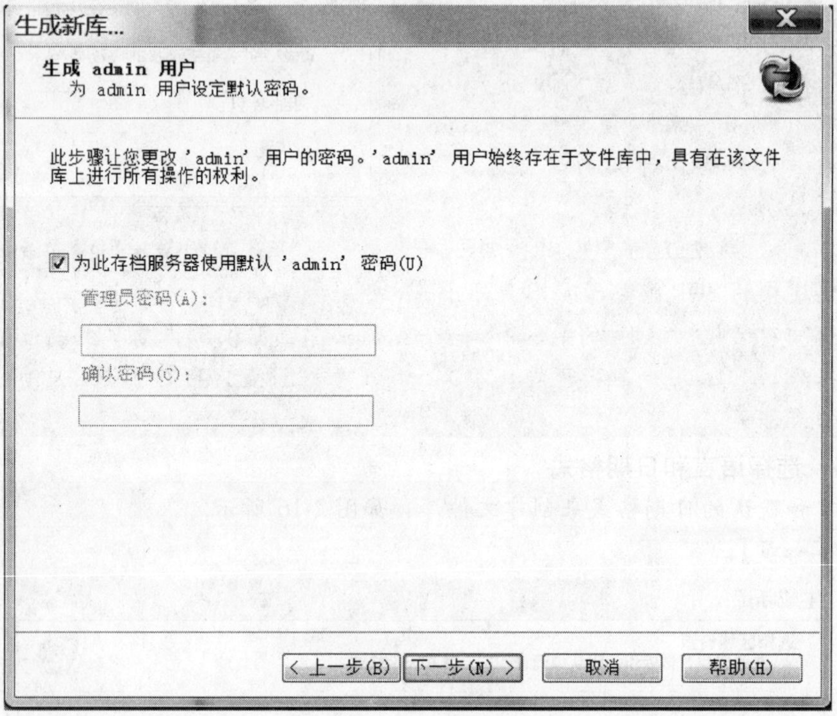

图 2-17　生成“admin”用户

单击【下一步】。

步骤 18　配置库

可以选择其中一个标准配置。

- 空白。
- 快速启动。
- 默认。

或者选择一个自定义的配置文件进行设置。

为新库选择空白配置，如图 2-18 所示。

单击【下一步】。

步骤 19　审阅

审阅信息。如果所有信息是正确的，单击【完成】。如果有需要修改的地方，单击【上一步】，然后进行必要的修改，如图 2-19 所示。

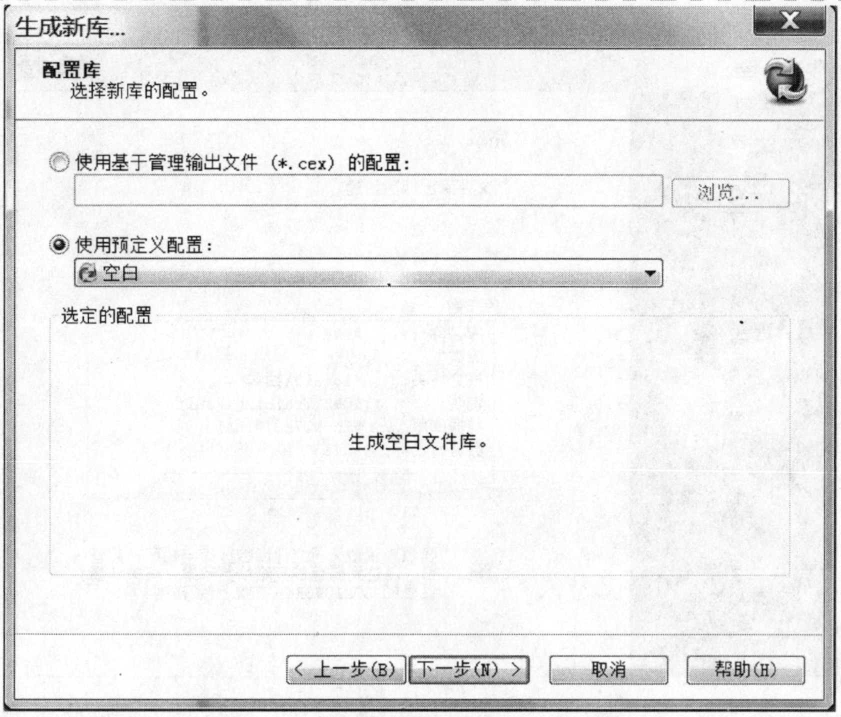

图 2-18 配置库

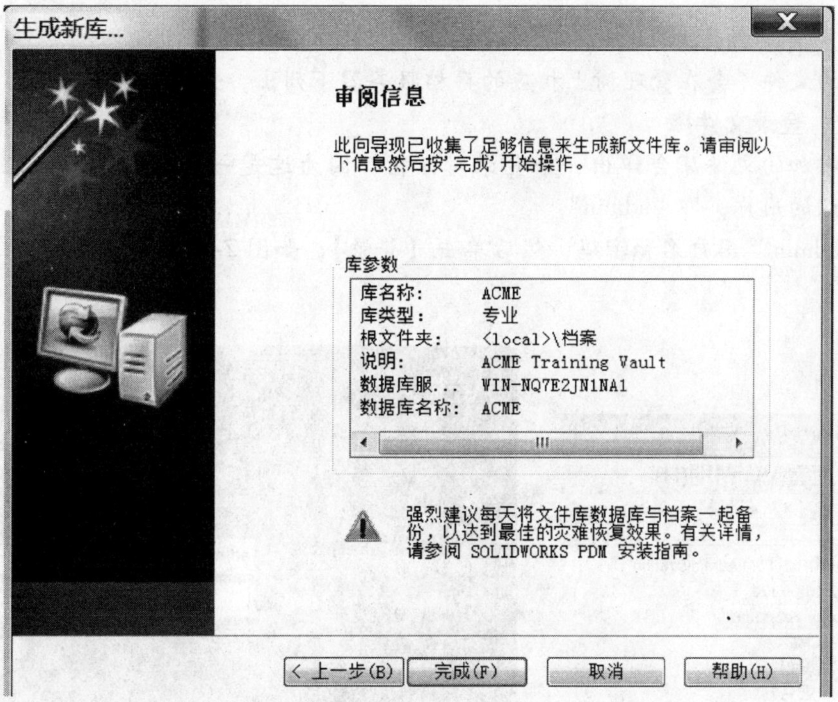

图 2-19 审阅

步骤 20 完成安装向导

成功完成文件库的安装后，单击【完成】，退出此向导，如图 2-20 所示。

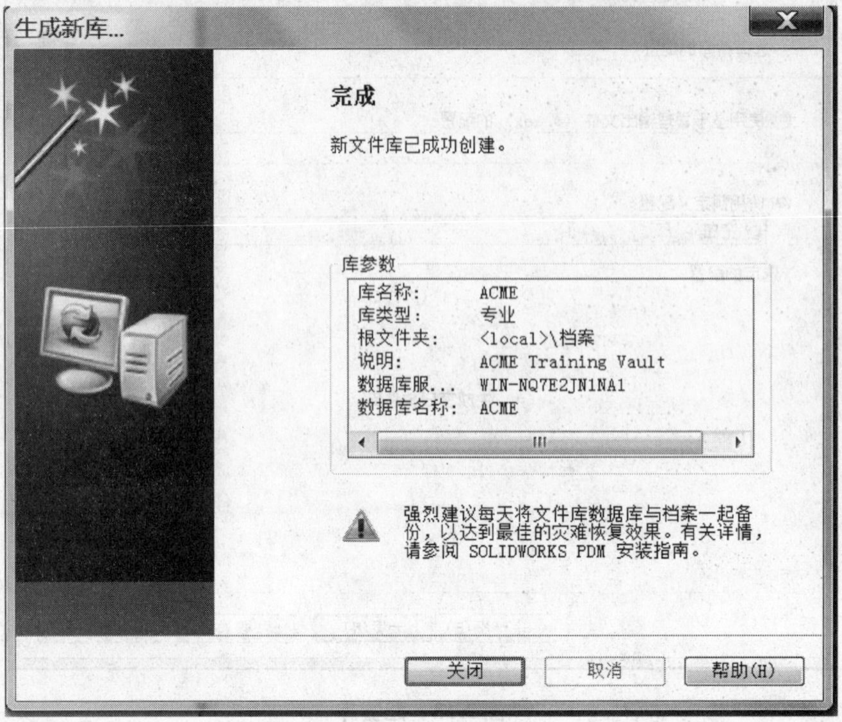

图 2-20　完成安装向导

步骤 21　生成新库

新生成的文件库会在管理树上相应的存档服务器下列出，如图 2-21 所示。

步骤 22　登录文件库

展开新添加的文件库会弹出一个登录对话框，因为这是一个全新生成的文件库，所以只有一个默认的用户，即“admin”。

输入“admin”用户名和密码，然后单击【登录】，如图 2-22 所示。

图 2-21　生成新库

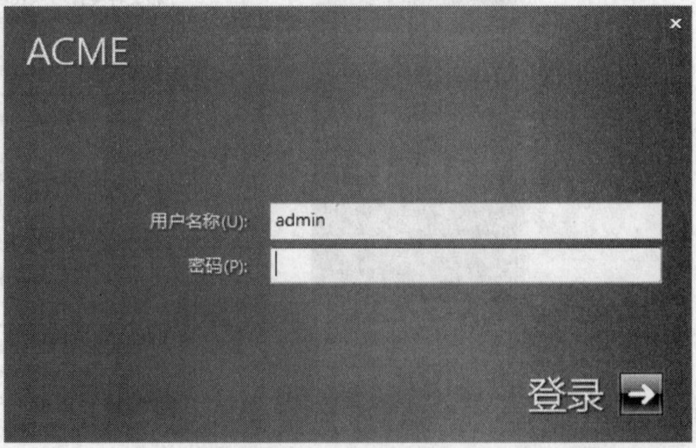

图 2-22　登录文件库

步骤23　查看管理界面

登录后，关于库内的所有管理项目都会列出。这时可以对库进行定置，还可以与任何其他的 SOLIDWORKS PDM Professional 客户端系统进行关联，如图 2-23 所示。

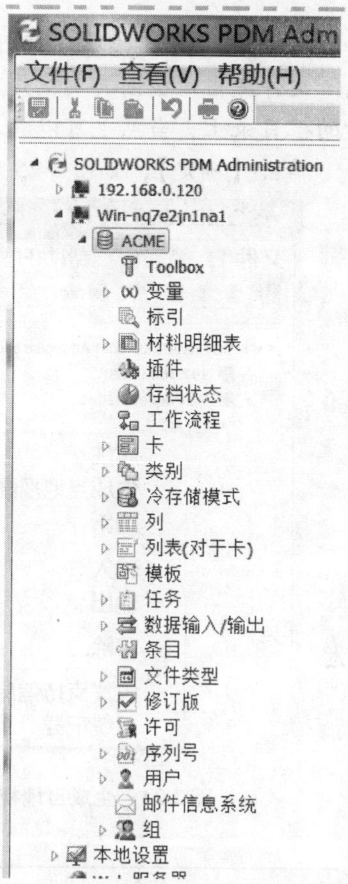

图 2-23　管理界面

2.3　生成文件库的当地视图

在 SOLIDWORKS PDM Professional 中，所以用户都可以通过一个当地视图来管理文件库的文件（当地视图也被称为工作目录或本地缓存）。每个文件库都需要通过 SOLIDWORKS PDM Professional 管理工具在每台客户端机器上生成当地视图。可以用几种不同的方式生成文件库的当地视图。

知识卡片	生成当地视图	• 从管理工具中，选取库并右键单击【生成当地视图】。 • 单击【开始】/【所有程序】/【SOLIDWORKS PDM Professional】/【视图设置】。

2.3.1　生成一个当地视图

通过 SOLIDWORKS PDM Professional 管理工具来生成一个当地视图。

操作步骤

步骤1　生成一个当地视图

在管理树上右键单击一个文件库，然后选择【生成当地视图】，如图 2-24 所示。

步骤 2　选择当地库视图的位置

文件库当地视图其实就是在本地硬盘上新生成一个文件夹。建议该文件夹放在当地硬盘的根目录上，当然也可以放在任何一个指定的文件夹内。

单击【确定】，如图 2-25 所示。

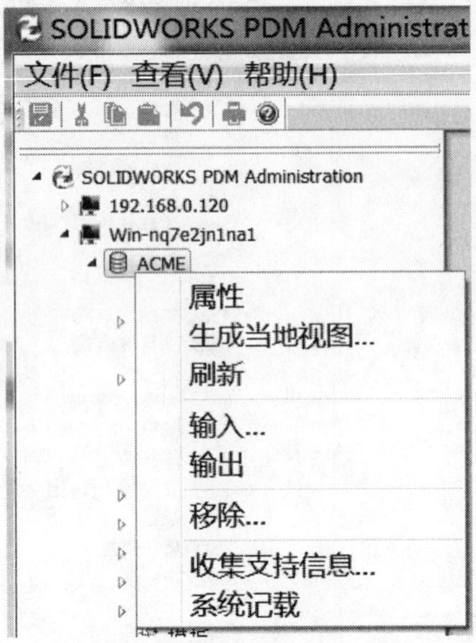

图 2-24　生成当地视图

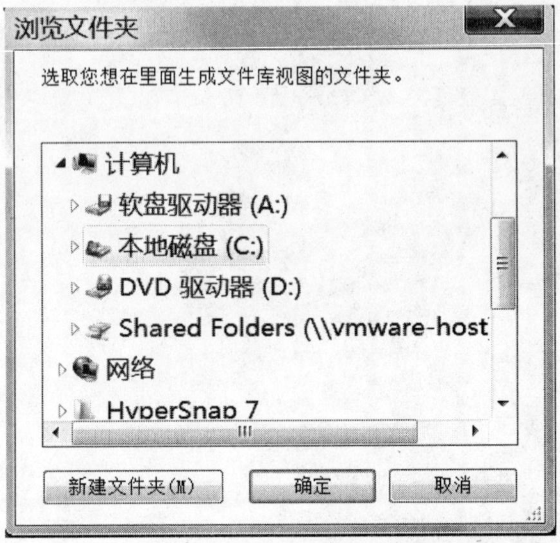

图 2-25　选择文件库当地视图的位置

知识卡片　根文件夹	由于 Windows 限制文件完整路径的字符数，所以最好使用本地驱动器的根文件夹。例如放在桌面上的库视图： C：\ Users \ UserName \ Desktop \ ，添加到此文件库库视图的完整路径的字符数有 21 个。

2.3.2　共享库视图

可以共享一个文件库当地视图，以便被该计算机上的所有用户访问，这也是一般情况下的默认选项；也可以在生成文件库视图时，设定只属于当前用户（例如在服务器的终端机上或者是 Citrix 环境下）。

步骤 3　生成共享库的当地视图

单击【是】，可以生成一个共享的当地视图，可以让所有本地上的用户共同访问，如图 2-26 所示。

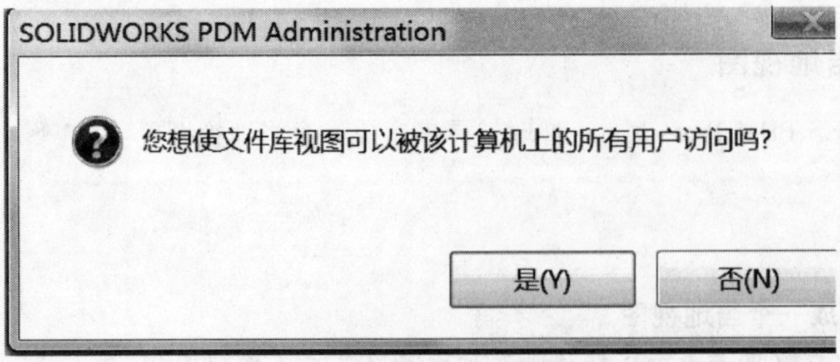

图 2-26　生成共享库的当地视图

步骤4 登录文件库

弹出一个登录窗口。因为这是一个全新的文件库，所以唯一的可用用户是“admin”。输入“admin”用户名及密码然后单击【登录】，如图2-27所示。

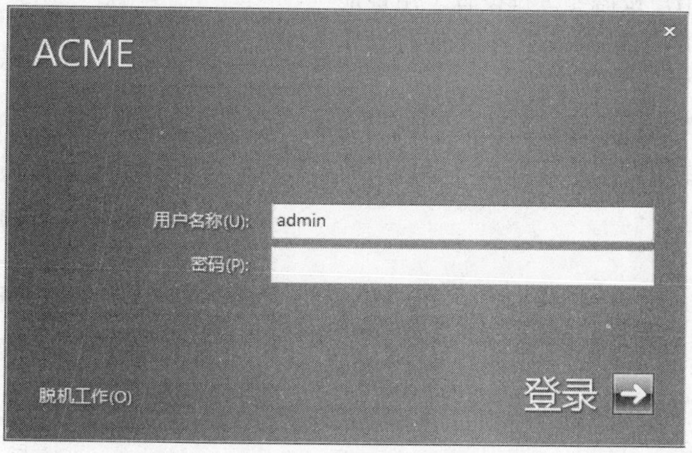

图2-27 登录文件库

步骤5 当地库视图

这样就完成了一个新当地视图的添加。完成这一步后，会弹出一个系统浏览器窗口，可以从该窗口登录到文件库，如图2-28所示。

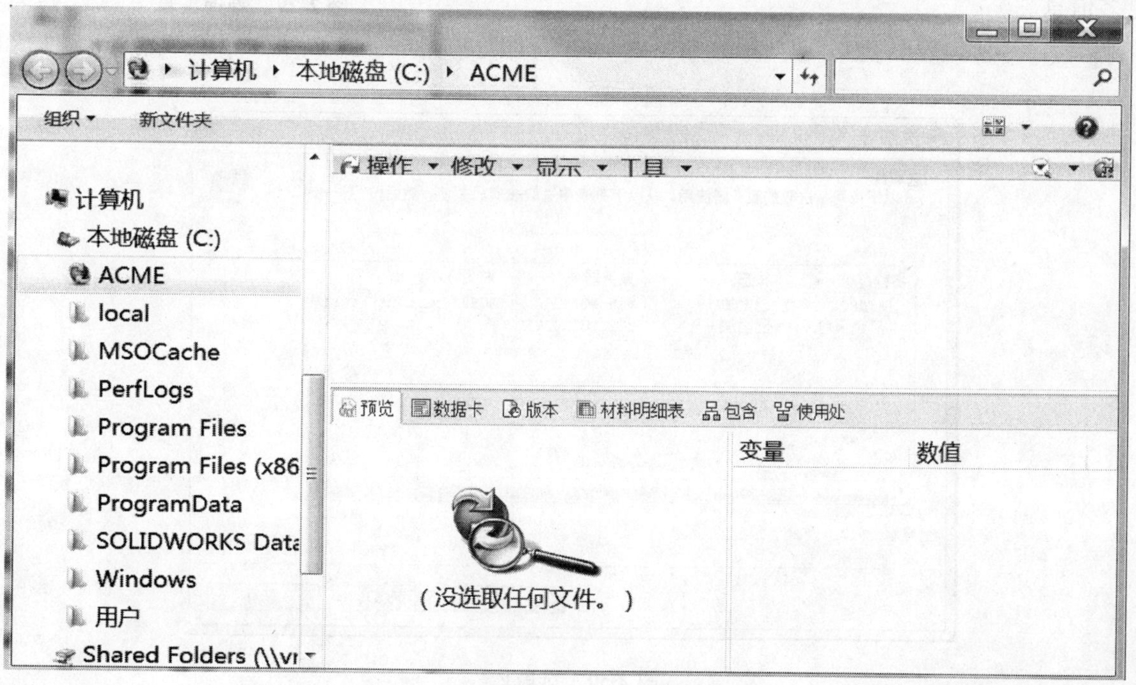

图2-28 当地库视图

2.4 设置概述

第一次使用管理工具，可以注意到管理工具内提供了相当多的项目可供用户按需要进行设置。用户应逐个对之进行设置，以尽量减少以后再修改的工作量，如图 2-29 所示。

也许用户会认为设置库选项的过程是一个相当轻松的过程，因为所有的设定都集中体现在以下四个方面：

（1）访问控制。

（2）元数据。

（3）工作流程。

（4）库的维护。

在接下来的章节中，将逐个对这些项目进行介绍并学习如何对其进行设定。

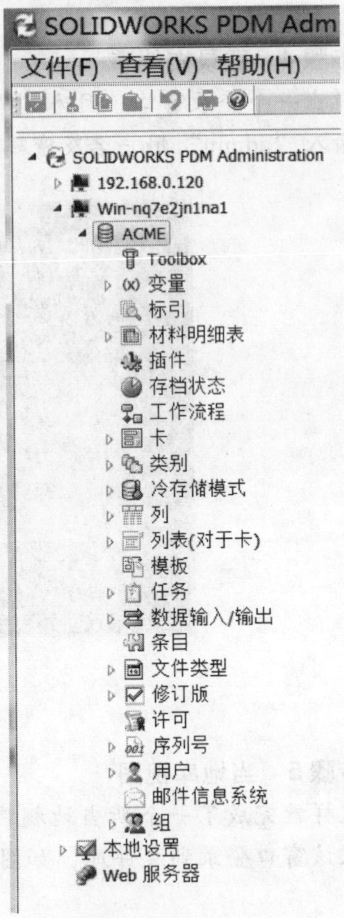

图 2-29 管理工具

2.4.1 视图设置

可以使用视图设置来创建当地视图。此设置与使用管理工具进行创建有同样的步骤。

视图设置可以通过部署存档目录自动生成当地视图，如图 2-30 所示。可以查阅安装指南以获得此工具的更多信息。

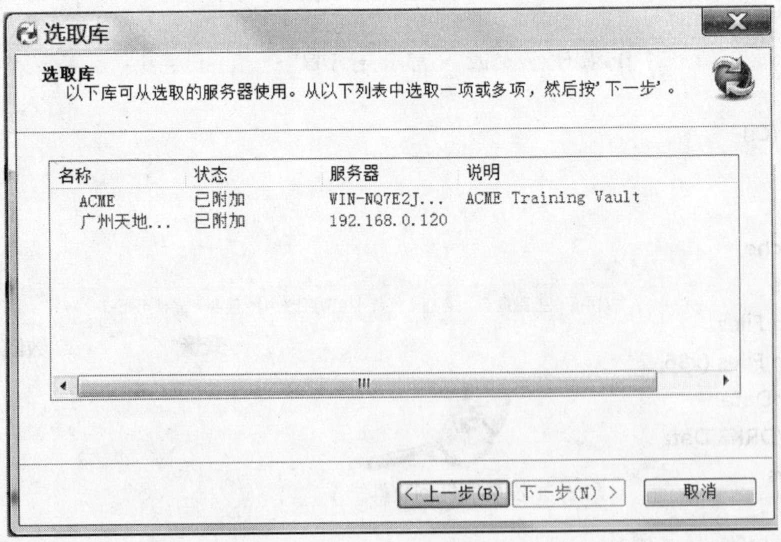

图 2-30 选取库

2.4.2 程序位置

视图设置工具可以通过【开始】/【所有程序】/【SOLIDWORKS PDM】/【视图设置】来找到。

2.4.3 访问控制

可以从几个不同的位置来进行对数据和操作的访问权限的控制，但是所有这些都与具体用户帐号相关。可以为每个用户单独设定其对文件库内哪些内容拥有只读或读写权限。这些权限需要通过库内的内置规则来设定。在设定这些权限之前，需要首先使用一个具体的用户名登录到管理工具内。

可以通过把用户添加到具体的组来管理用户权限，在有很多用户的情况下这是一个非常有效的管理用户权限的方式。组内的所有用户都会继承组的权限。

2.4.4 元数据

元数据，有时也可称之为文件属性或者文件特性，是指存放在文件本身内的一些信息，例如元数据可能包含该文件创建者的名字或者是文件的生成日期。

可以为每种类型的文件设定不同的元数据格式。

2.4.5 工作流程

工作流程是指一个文件在 PDM 系统内的处理流转过程。一个工作流程代表了校对和审批的过程。可以通过添加不同的工作流程，以便让工程图纸文件和办公文档文件或者是图片文件自动分开处理。

2.4.6 库的维护

库的维护包含许多不同的功能，包括备份服务器、升级软件、优化 SQL 服务器、调试和更改库。这些方面的维护应该规划为一个纲要并记录和跟踪。

练习 创建文件库和库视图

在管理一个库之前必须先创建一个新库，然后才可以对之进行管理。按照以下步骤进行创建。

操作步骤

步骤 1 安装 SQL Server（如果已经安装，则忽略此步）

在安装 SOLIDWORKS PDM Professional 之前必须在本地机上正确安装 SQL Server 。

步骤 2 安装数据库服务器

数据库存储元数据的地方。

步骤 3 安装存档服务器

存档服务器是存放 SOLIDWORKS 文件及其他类型检入文件的地方。

步骤 4 安装 SOLIDWORKS PDM Professional 客户端

通过客户端软件可以让用户访问 SOLIDWORKS PDM Professional。

步骤 5 新建库

文件库是管理所有 SOLIDWORKS PDM Professional 文件和信息的位置。新建名为“ACME_ LAB”的库。使用默认标准配置。

步骤 6 创建本地库视图

本地库视图是存储在文件库中的本地缓存。本地库视图可以通过所有 SOLIDWORKS PDM Professional 客户端来创建。

第3章 用户和组

学习目标

- 在库内添加用户和组
- 为用户赋予权限
- 为组赋予权限

3.1 用户

通过管理工具上的【用户】来添加和管理用户，如图3-1所示。

图3-1 用户

3.1.1 添加新用户

可以通过添加用户的方式来控制对库的访问。每个文件库都有一个用户集，用户在同一个文件库中是唯一的，但也可以同时存在于其他文件库中。

> 提示
>
> 要添加用户，必须具有管理用户的权限。
>
> 增加用户的方法依赖于存档服务器上设置的登录类型，登录类型是在安装存档服务器过程中设置的。可以使用存档服务器的配置工具进行修改。

登录类型如下：

- SOLIDWORKS PDM Professional。
- Windows。
- LDAP。

知识卡片	操作方法	右键单击【用户】节点，选取【新用户】。

3.1.2 用户信息

在用户数据区输入所选用户相关的具体信息，此信息可以在文件数据卡、工作流程操作以及模板等场景中描述用户，如图3-2所示。

用户信息的介绍见表3-1。

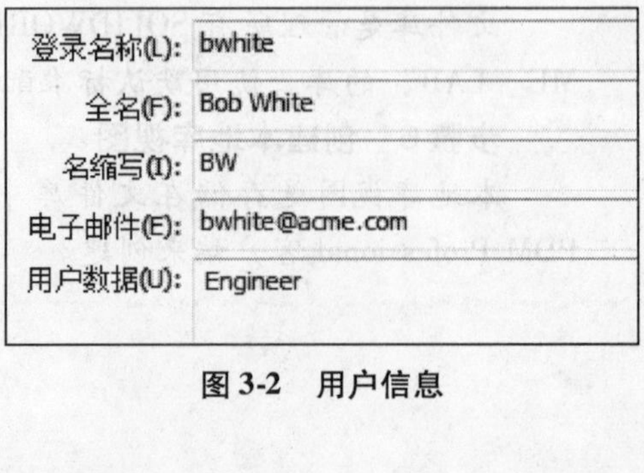

图3-2 用户信息

表 3-1 用户信息的介绍

域	描 述
登录名称	在登录对话框中输入用户名 登录名称无法被更改，如果需要更改，只能重新生成一个正确的新登录名称
全名	用户全名
名缩写	用户名称缩写
电子邮件	用户电子邮件地址 如果 SOLIDWORKS PDM Professional 通知系统采用 SMTP 方式发送通知，可以采用该电子邮件地址发送 如果为空，登录库的用户通过 SOLIDWORKS PDM Professional 内置的消息系统接收通知
密码	输入用户密码
确认密码	确认用户密码
用户数据	用户的附加信息

3.1.3 复制权限

在完成对一个用户的赋权后，该用户的权限可以通过复制的方式直接赋给其他用户。在【从此处复制权限和设定】对话框内，从下拉菜单中选择一个用户名，即可将该已有用户的权限复制给新生成的用户，如图 3-3 所示。

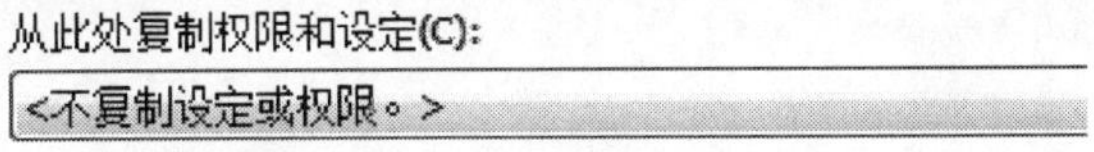

图 3-3 复制权限

单击【下一步】，打开用户属性，可以详细修改用户权限。如果同时选中多个用户，则这些用户都拥有相同的权限。

3.1.4 Windows or LDAP 登录

如果在默认登录类型中没有采用 SOLIDWORKS PDM Professional 登录方式，则用户的登录名称和密码将由 Windows（活动目录）管理或者由 LDAP server 来管理，如图 3-4 所示。

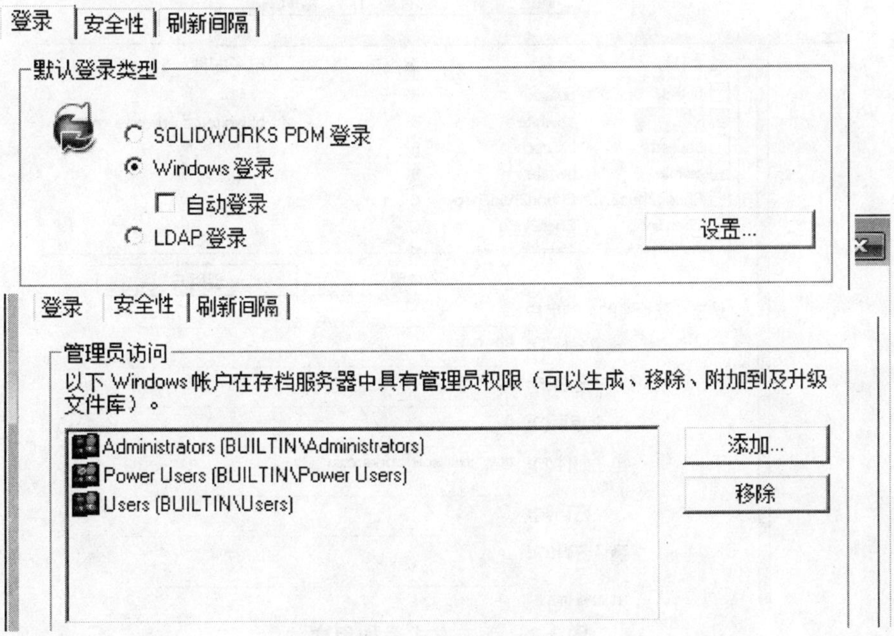

图 3-4 Windows 或 LDAP 登录

在使用 Windows 登陆之前，存档服务器的系统登陆设置中必须包含已添加为库用户的组，这些组必须加入存档服务器配置工具中的 Windows 登陆设置。

图 3-5　添加用户

可按以下步骤添加新用户：

（1）右键单击【用户】节点，然后选择【新用户】，如图 3-5 所示。

（2）在【添加用户】对话框内并不会自动列出在存档服务器默认设置中采用 Windows 登录时所指定的用户。如果需要列出可用用户名称列表，需要单击【列举用户】按钮，如图 3-6 所示。

提示　如果是一个大的域，生成用户列表可能需要较长的时间。基于这点考虑，在一个大域内，建议通过单击【新用户】按钮，采用手工方式添加用户，如图 3-7 所示。

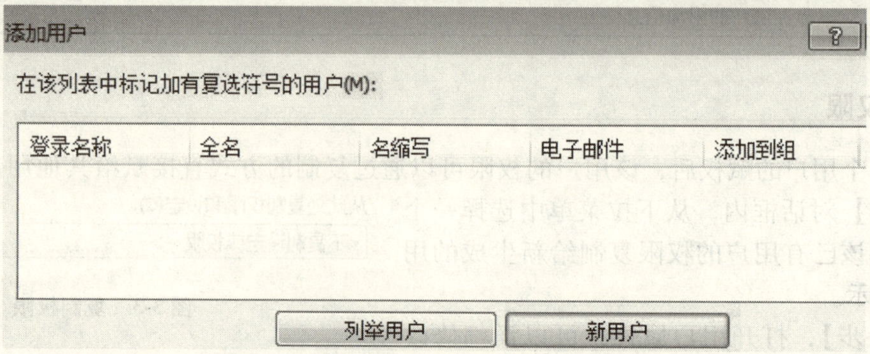

图 3-6　列举用户

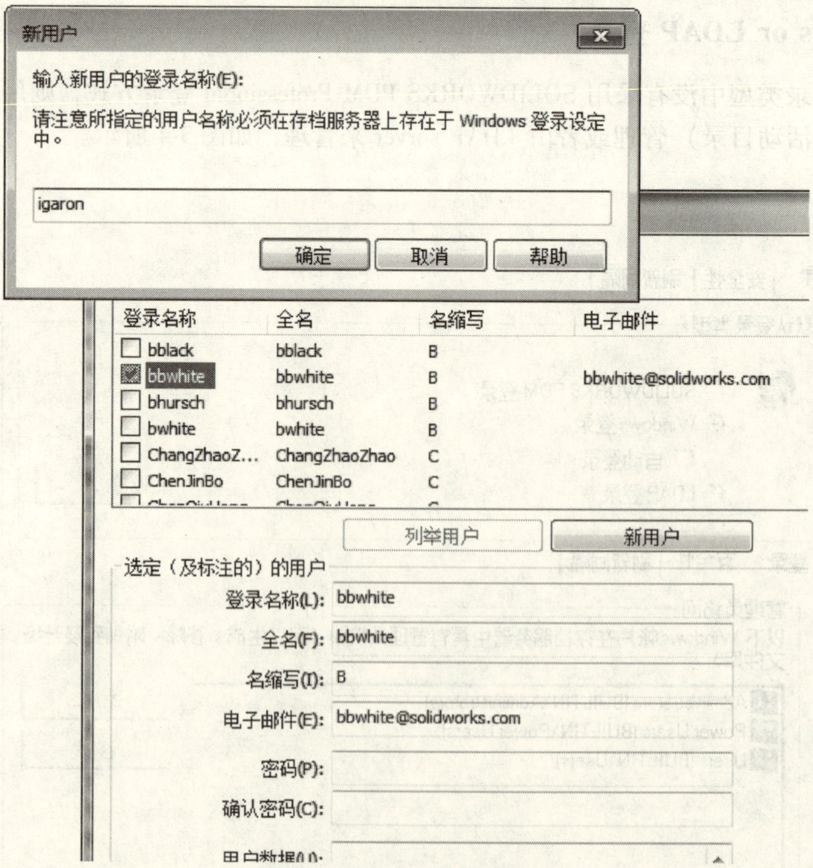

图 3-7　手工方式添加用户

在“新用户”对话框内输入一个用户名，然后单击【确定】，则自动从系统用户列表中搜索并添加该用户到所选文件库。

（3）添加用户详细信息。

提示 采用 Windows 登录方式，所使用的用户名和密码都无法在此处修改。

3.2 学习实例：添加用户

用户名称和密码由文件库主机上的存档服务器管理。添加几个新用户，以便访问库。

操作步骤

步骤1 添加用户

右键单击【用户】节点，选取【新用户】，如图3-8所示。

步骤2 已有用户

弹出的【添加用户】对话框会列出所有在存档服务器注册过的用户名或者在 Windows 活动目录内定义存档服务器默认登录类型为“ Windows 登录”的用户名，如图3-9所示。

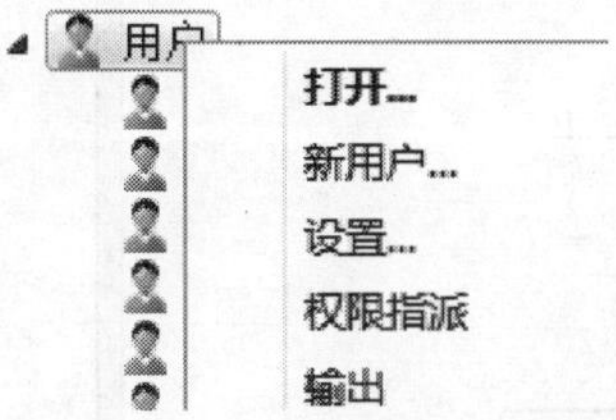

图3-8 添加用户

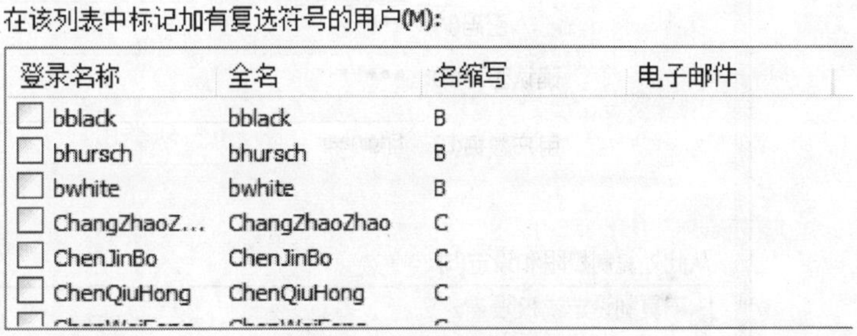

图3-9 选取已有用户

如果要添加其他文件库内的用户到当前库，可以在用户列表内直接选取。

步骤3 新用户

单击【新用户】。输入“bwhite”作为新用户的用户名称，如图3-10所示。

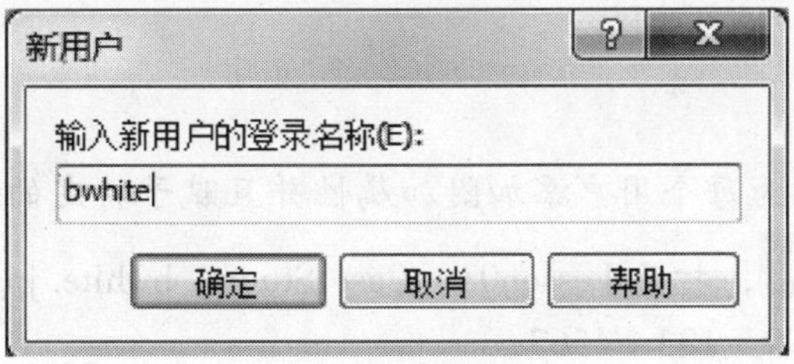

图3-10 添加新用户

单击【确定】。

步骤4 用户数据

新用户在用户列表内处于被选中状态并加亮显示。用户生成后，可以添加该用户的其他信息。

添加用户“bwhite”其他方面的信息：设定所有新用户的密码是他们名字的前三个字母，在此输入密码“bob”，用户在登录后可以自行修改自己的密码。在用户数据一栏输入“Engineer”，如图3-11所示。

图 3-11　用户数据

单击【下一步】。

步骤 5　用户属性

在用户属性框内可以为每个用户添加附加属性并且赋予特定的权限，如图 3-12 所示。

单击【浏览图片】，打开 Lesson03 \ Case Study \ bwhite. jpg。

输入【电话】：1－999－123－4567。

输入【移动电话】：1－123－456－7890。

输入【网站 1】：http：//en. wikipedia. org/wiki/Acme_ corporation。

输入【工具提示】：ACME Web Site。

输入【显示便签】：I am in the office。

与逐一为每个用户设定权限相比，可以同时对多个用户进行权限设置，或者将一个用户权限复制到另一个用户属性内。

授予权限前，再添加一些其他用户。单击【确定】。

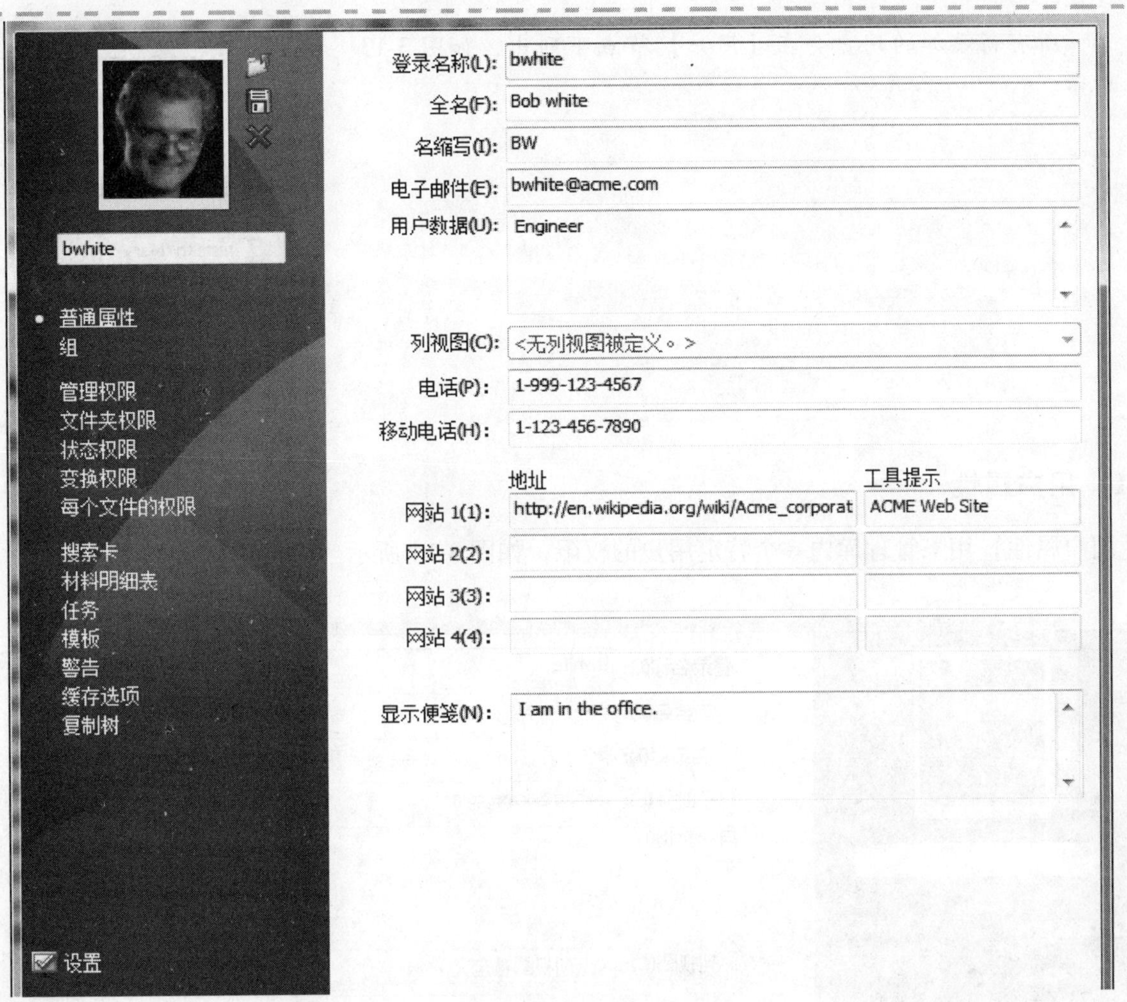

图 3-12 用户属性

步骤6 将自己添加为用户

创建一个新用户，输入自己的用户信息。电子邮件：<用户名>@ acme. com。用户数据：Engineer。再创建一个新用户，输入项目经理的用户信息。电子邮件：<用户名>@ acme. com。用户数据：Engineering Manager。

步骤7 添加其他用户

添加表3-2 中的用户。为了节省时间，可直接导入文件：Lesson03 \ Case Study \ 1 - ACME - users - except - Bob_ White. cex。

表 3-2 添加的用户

登录名	全名	名字缩写	电子邮件	用户数据
bblack	Betty Black	BB	bblack@ acme. com	Manufacturing Analyst
bhursch	Brian Hursch	BH	bhursch@ acme. com	Engineer
gjohnson	Greg Johnson	GJ	gjohnson@ acme. com	Shop Floor
ijones	Ian Jones	IJ	ijones@ acme. com	Document Control
jwilliams	Jim Williams	JW	jwilliams@ acme. com	Group Supervisor
msmith	Mary Smith	MS	msmith@ acme. com	FEA Analyst
sbrown	Simon Brown	SB	sbrown@ acme. com	Engineer
tsmith	Teri Smith	TS	tsmith@ acme. com	Office Manager

所有新添加的用户会在【用户】节点下列出，如图 3-13 所示。

图 3-13　添加的用户

3.2.1　用户属性

【用户属性】用来管理库内一个特定用户的权限，如图 3-14 所示。

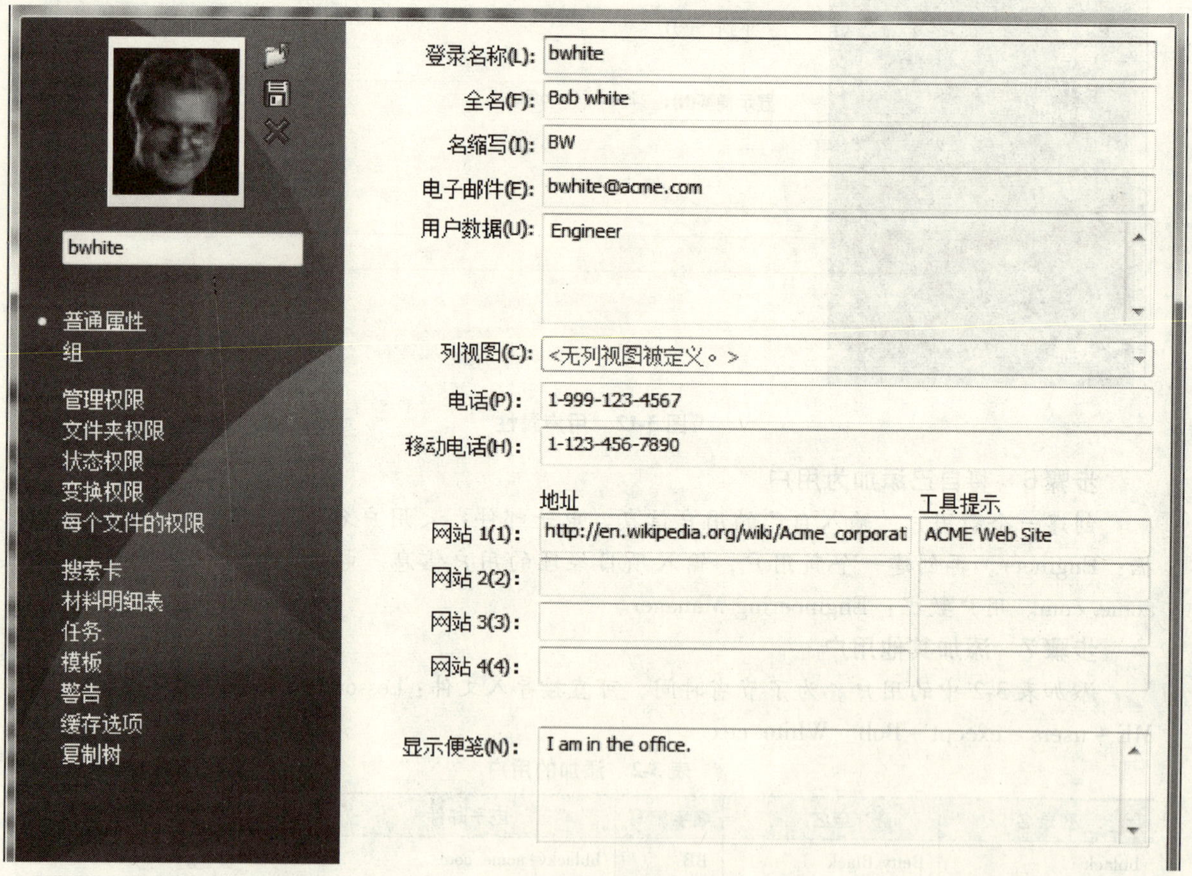

图 3-14　用户属性

知识卡片	用户属性	• 双击用户节点上的一个用户名。 • 右键单击一个用户名，然后选择【打开】。

1. 授予权限　在用户属性内一个权限项的状态符号取决于该权限是否赋予了该用户或者该用户是否通过组成员的方式从组中继承了该权限。有以下几种不同的状态符号，见表 3-3。

表 3-3　几种不同的状态符号

☐删除文件	空心的小四方框表示该用户没有该权限
☑删除文件	勾选中的小四方框表示该权限已指定给了该用户
▣删除文件	一个实心的正方形表示该权限只是选择集中的一个或多个用户或者项目内有该权限，但并不是全体成员都有该权限（例如，小四方框显示为实心表示多个用户被选取，但是只有一个用户被授予删除文件的权限）
删除文件	有组图标则表示该用户的这个权限是作为一个组成员从组中继承而来的

2. 选择多个对象　在用户属性对话框中，多数情况下都可以通过同时选择多个子项，然后同时对其进行权限设定，如图 3-15 所示。可以通过以下的方式来进行多选：

（1）按住【CTRL】键，然后逐一选中所需的子项。

（2）选中第一个子项，按住【SHIFT】键，然后选中最后一个子项。

（3）拖动鼠标，使用框选的方式。

图 3-15　多选

3.2.2　组

在用户属性对话框中，使用【组会员】设置来添加到组，如图 3-16 所示。

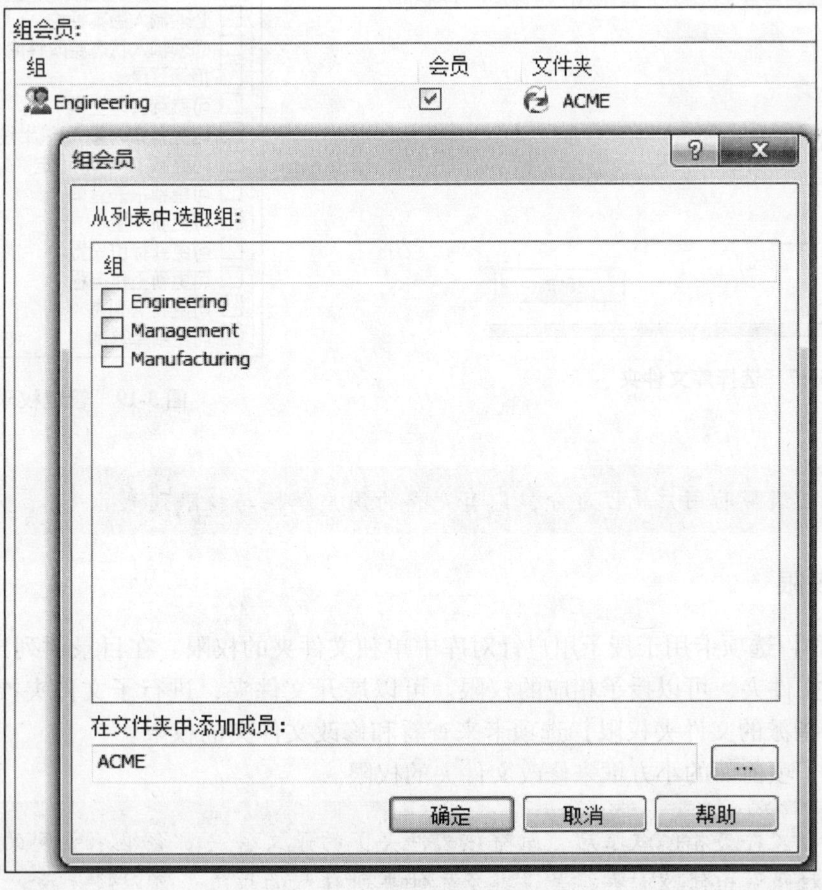

图 3-16　组会员

要添加选定的用户至已存在的 SOLIDWORKS PDM Professional 组中，可单击【添加】，在【组会员】对话框中指定要添加到组的用户。

选择【在文件夹中添加成员】，指派特定的文件夹存取权限给用户。在【选择库文件夹】对话框中，单击特定的文件夹，以便将存取权限指派给用户或者组，如图 3-17 所示。

所指定的组显示在用户属性对话框中，用户会继承【用户属性】框中列出的全部组的所有权限（组合权限）。

要从组中移除用户，可选取组，再单击【移除】，单击【确定】完成操作，如图 3-18 所示。

3.2.3 管理权限

【管理权限】用于指定组成员和设置可控制用户执行管理任务的权限。管理任务还包含【必须输入版本评论】、【必须输入状态更改评论】、【拒绝登录】等，如图 3-19 所示。

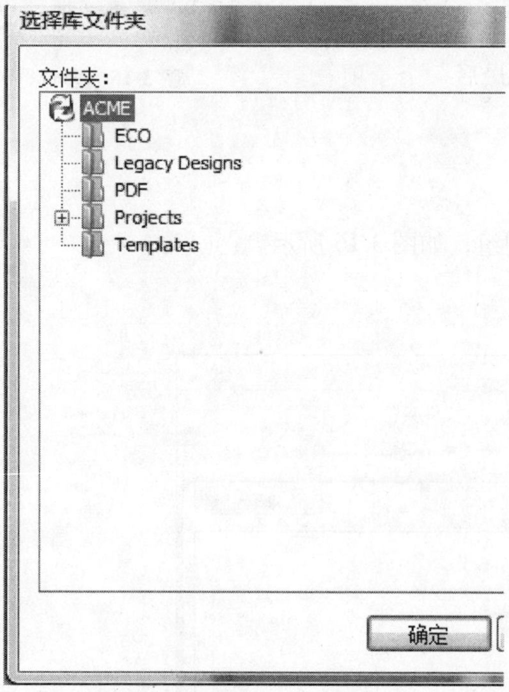

图 3-17 选择库文件夹

图 3-18 移除用户

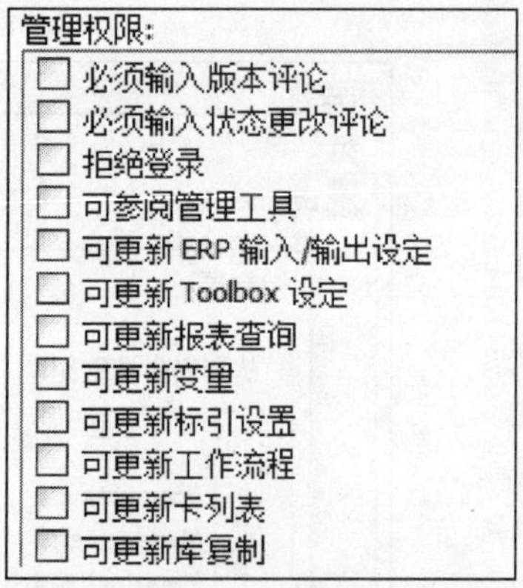

图 3-19 管理权限

提示 参考在线帮助用户属性部分，内有完整的用户属性与权限列表。

3.2.4 文件夹权限

【文件夹的权限】选项卡用于授予用户针对库中单独文件夹的权限。在目录树列出库内所有的文件夹，点选其中一个文件夹，可以授予相应的权限。可以展开文件夹，进行子文件夹授权，如图 3-20 所示。也可以使用【指派的文件夹权限】选项卡来查看和修改文件夹的权限。

通过勾选权限子项前面的小方框来修改文件夹的权限。

提示 为一个文件夹指派权限后，所有该文件夹下的子文件夹都会继承相同的权限，直到对该子文件夹权限做出修改。也就是说，子文件夹所继承的权限是可以修改的。

3.2.5 指派的文件夹权限

在【指派的文件夹权限】选项卡中，可以查看或修改为用户已指派了权限的文件夹权限，如图 3-21 所示。也可以通过【文件夹的权限】选项卡来进行相同的操作。

【文件夹的权限】和【指派的文件夹权限】主要的不同之处在于文件夹的显示方式。在【文件夹的权限】选项卡中，可以看到所有库内的文件夹都在目录树中列出。而在【指派的文件夹权限】选项卡中，只有已被指派过权限的文件夹才会列出。

所有已为用户指派过权限的文件夹会在文件夹栏内列出。单击一个文件夹路径可以从下边【文件夹权限】框中查看已赋予的权限。单击【添加】，为未列出的文件夹指派权限。单击【移除】，为特定的文件夹取消权限，该权限是从父文件夹继承而来的。

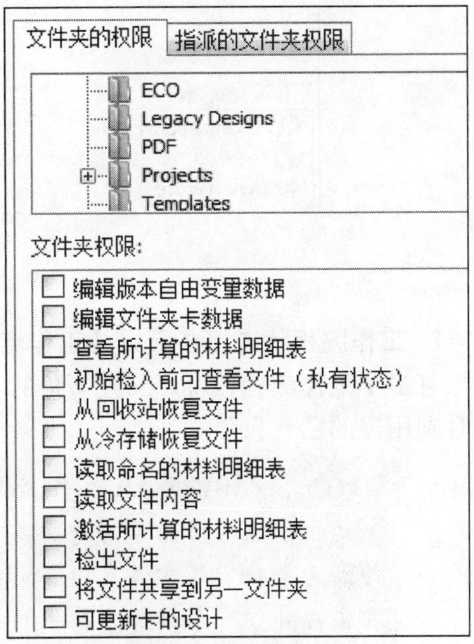

图 3-20 文件夹的权限

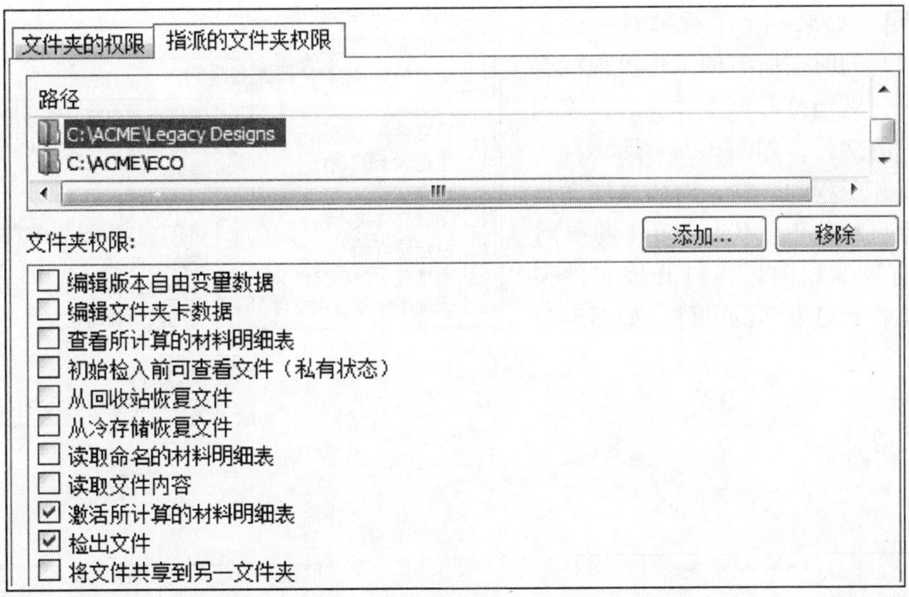

图 3-21 指派的文件夹权限

提示：如果用户对一个文件夹指派的权限是通过作为组成员继承而来，而不是通过文件夹权限框指派的，则该文件夹不会在此列出。这时可以通过组属性框或者在【文件夹的权限】栏内单击每个文件夹，浏览文件夹对当前用户的权限。

3.2.6 状态权限

通过【状态权限】栏可以为用户处于工作流程中不同状态时的权限进行设定。也可以通过工作流程编辑器将这些权限赋给用户。

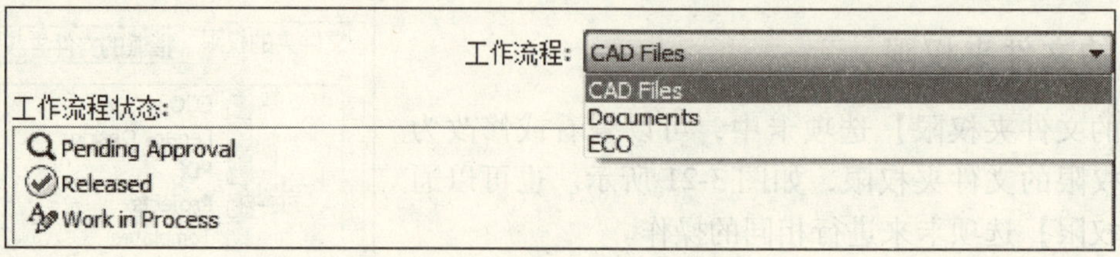

图 3-22　工作流程状态

1. 工作流程状态　在下方【工作流程状态】栏内列出所有可用的工作流程状态，如图 3-22 所示。如果有多个工作流程，可以从左下角的下拉菜单内进行选择。选中一个状态，可以从右边【权限】栏内看到用户的已有权限。

注意　在 SOLIDWORKS PDM Professional 内，用户对一个文件的访问权限是由该文件所在文件夹的权限及其所处于的状态权限共同决定的，即是两者之间的交集。如果用户想添加一个文件到某个特定的文件夹内，用户需要对文件夹拥有【添加或重新命名文件】授权，同时还要在文件处于一个工作流程中的初始状态就对该文件拥有【添加或重新命名文件】授权，如图 3-23 所示。

这就意味着权限的控制是基于文件夹或者工作流程状态的。

2. 举例说明　如果一个工程师对一个文件夹有读取权限，同时在所有的工作流程状态内拥有读取权限，则当打开该文件夹时，该用户可以看到所有的文件，如图 3-24 所示。

一个供应商和工程师一样，对该文件夹具有读取权限，但只对处于【Released（发布）】状态的文件具有读取权限。当打开该文件夹时，该用户只能看到已发布的文件，如图 3-25 所示。

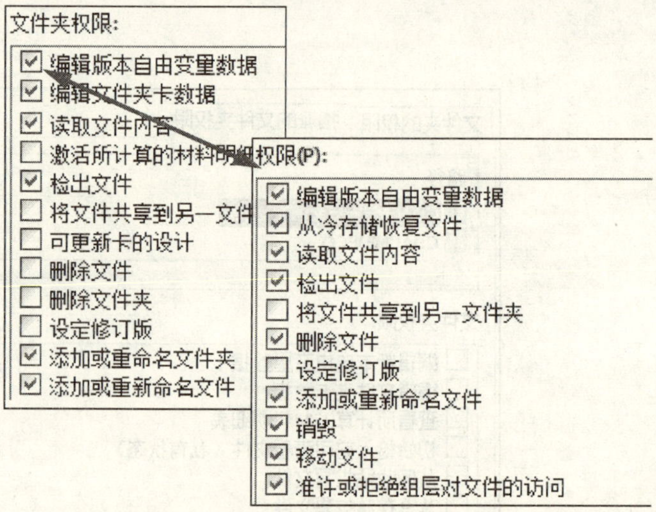

图 3-23　权限需一致

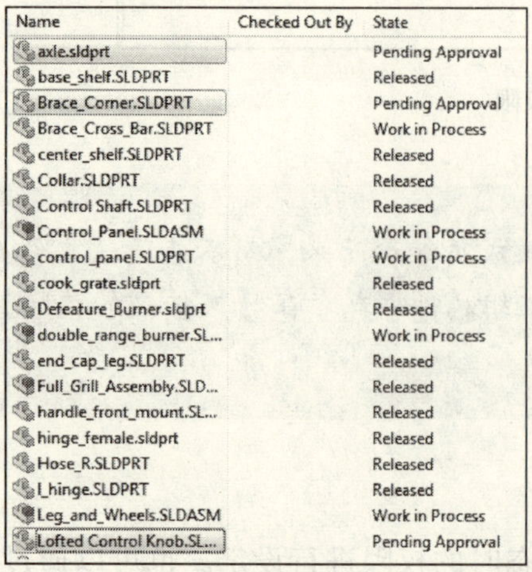

图 3-24　工程师权限

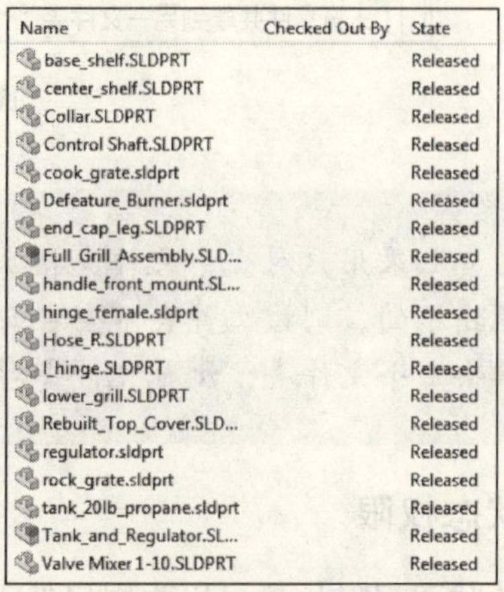

图 3-25　供应商权限

提示

任何用户如果需要查看检入到库内的文件，需要拥有以下权限：

- 对文件夹的权限：读取文件内容和显示文件的工作版本。
- 对状态的权限：读取文件内容。

3.2.7 变换权限

在【变换权限】栏内可以为用户指定在不同工作流程状态之间对文件进行提交时的权限。也可以通过工作流程编辑器将这些权限赋给用户，如图3-26所示。

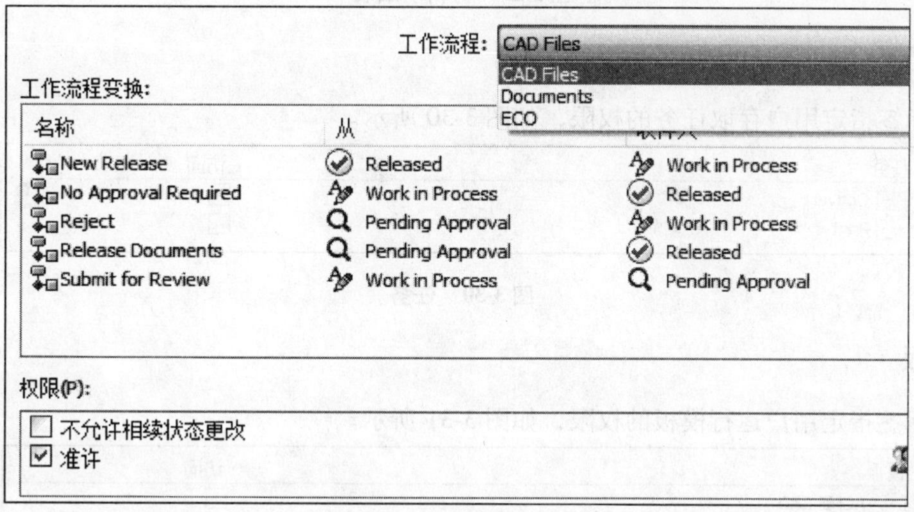

图3-26 变换权限

知识卡片	
工作流程变换	在上边栏内会列出所有可用的工作流程变换子项。如果有多个工作流程，可以从左下角的下拉菜单内进行选择。【从】和【收件人】列显示出一个工作流程变换相连接的两个工作流程状态。选中一个变换权限子项，可以从右边【权限】栏内看到用户的已有权限。

3.2.8 每个文件的权限

当用户创建文件时，【每个文件的权限】选项卡上的设置可以控制其他用户对该文件的访问，如图3-27所示。用户必须拥有【准许或拒绝组层对文件的访问】权限才可设置。

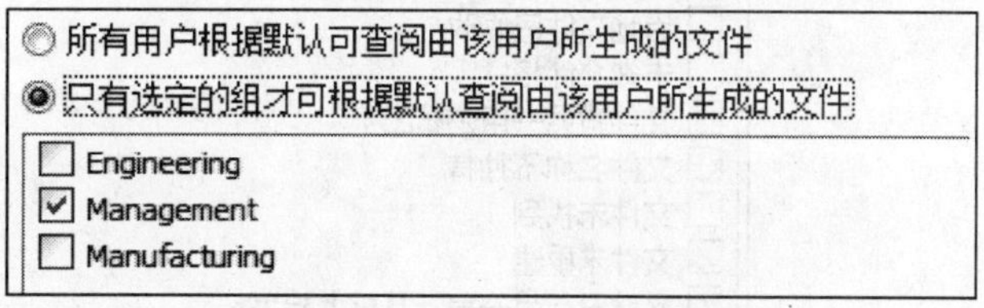

图3-27 每个文件夹的权限

3.2.9 搜索卡

【搜索卡】标签指定用户使用搜索卡的权限，如图3-28所示。

3.2.10 材料明细表

【材料明细表】标签指定用户激活或者查看所计算的材料明细表的权限，如图3-29所示。

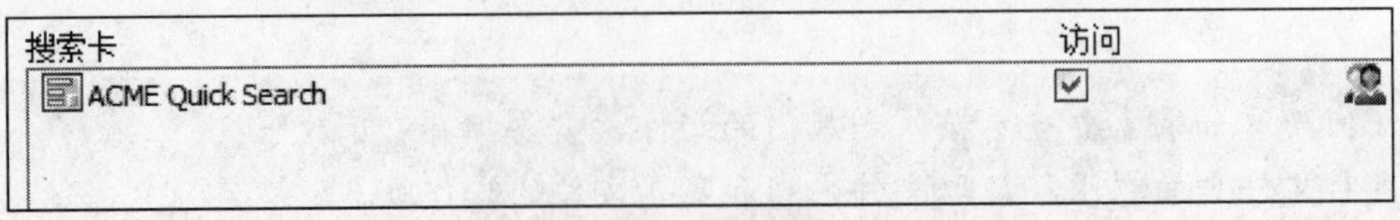

图 3-28　搜索卡

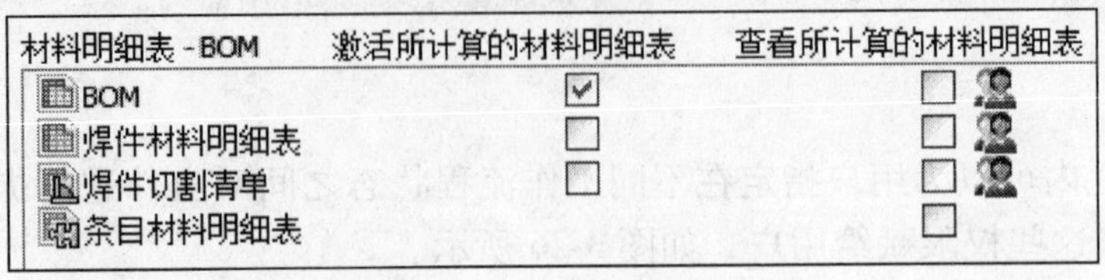

图 3-29　材料明细表

3.2.11　任务

【任务】标签指定用户存取任务的权限，如图 3-30 所示。

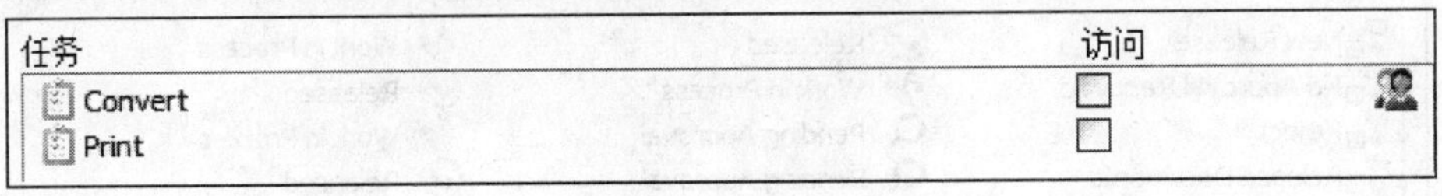

图 3-30　任务

3.2.12　模板

【模板】标签指定用户运行模板的权限，如图 3-31 所示。

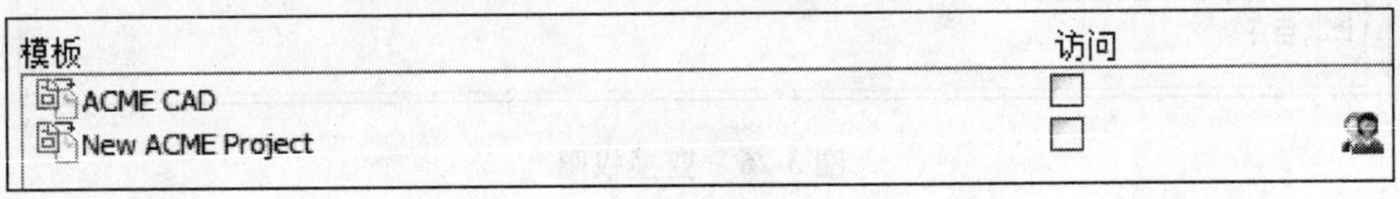

图 3-31　模板

3.2.13　警告

【警告】标签用于设置条件以阻止检入、检出、更改状态以及递增修订版本等操作。例如，当找不到装配体的一个参考文件时，可以阻止检入此装配体，如图 3-32 所示。

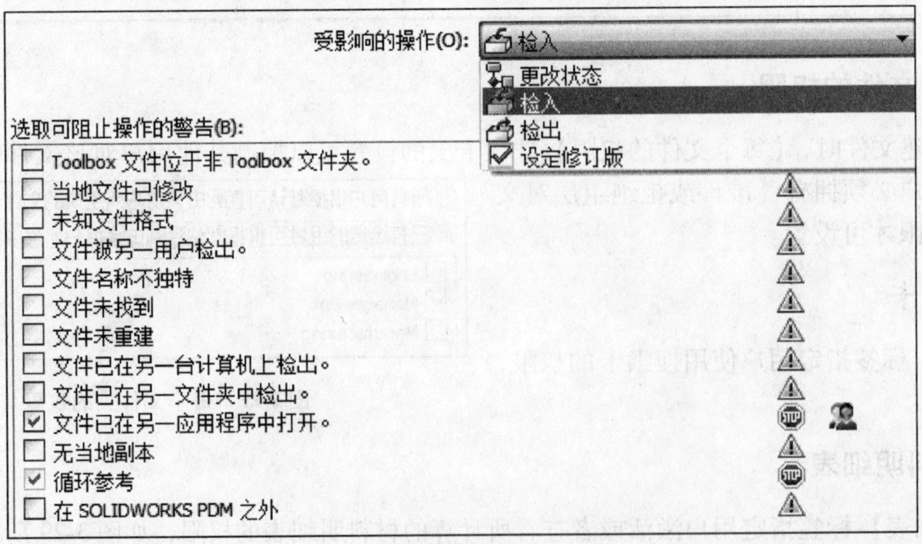

图 3-32　警告

3.2.14　缓存选项

【缓存选项】可在登录期间刷新缓存，在注销期间清除缓存。该功能选项可设置在每一个文件夹，如图 3-33 所示。

清除缓存选项将会在用户注销期间删除被选择文件夹中的全部文件。在注销库之前，当用户注销 Windows（或关机）时也会清除缓存。已经被检出的文件不会被清除。

登录期间刷新缓存选项使用户获得被选择文件夹中文件的最新版本。

3.2.15　复制树

【复制树】允许管理员在库中限制用户与组使用【复制树】功能选项，如图 3-34、图 3-35 所示。

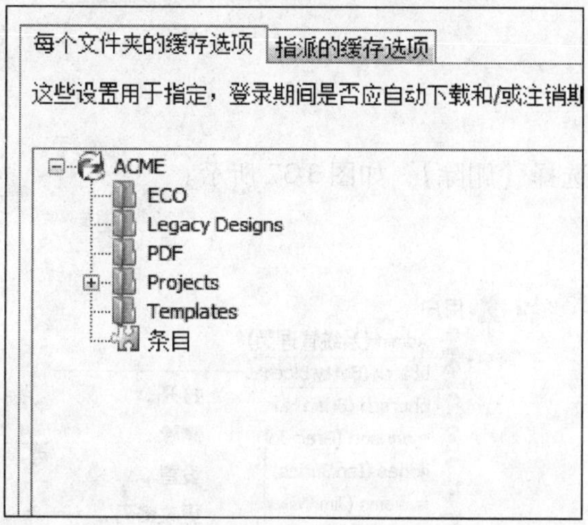

图 3-33　缓存选项

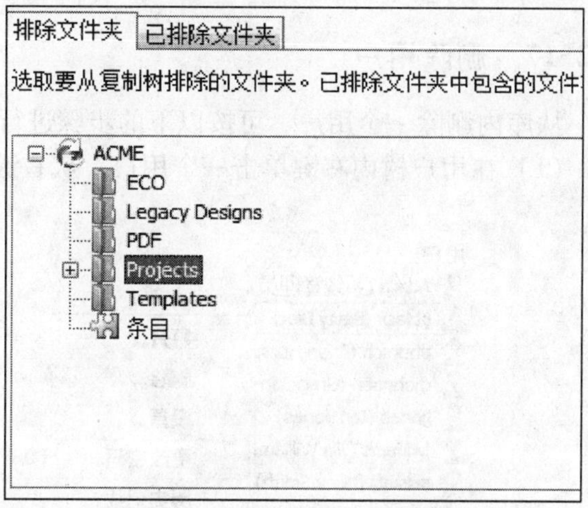

图 3-34　复制树

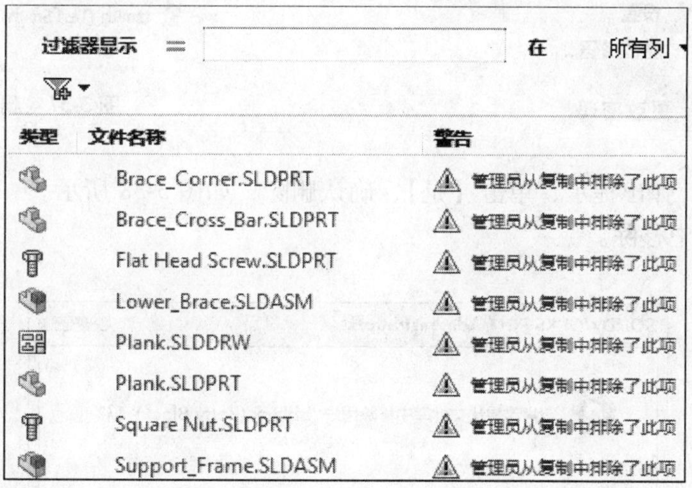

图 3-35　限制了的【复制树】功能

但是，这将不能限制用户使用其他方式复制文件。

例如：按住【Ctrl】键，拖拽文件或者使用 SOLIDWORKS 打包工具。

该选项同样不能限制【移动树】。

3.2.16　更改用户密码

当采用 SOLIDWORKS PDM Professional 登录方式时，用户的密码可以通过管理工具来更改。基于数据保护安全上的考虑，用户密码应该定期进行更改。

知识卡片

更改密码	● 在用户树上右键单击一个用户，从弹出的菜单中选取【更改密码】。 ● 在用户属性对话框内，选择【设定密码】，每个用户可以更改自己的密码，启动管理工具后展开【用户】子项。如果已登录用户没有管理用户的授权，则只显示当前用户，否则所有用户都会在用户树中列出。右键单击一个用户，然后在菜单内选择【更改密码】，如图 3-36 所示。
Windows 或 LDAP 登录	如果是采用 Windows 登录或 LDAP 登录方式，则无法在管理工具内修改用户密码，需要用到 Windows 或者 LDAP server 内的相关管理工具。

3.2.17 删除用户

从库内删除一个用户，可按以下的步骤进行操作：

（1）在用户树内右键单击一个用户，从右键菜单内选择【删除】，如图 3-37 所示。

图 3-36 更改密码

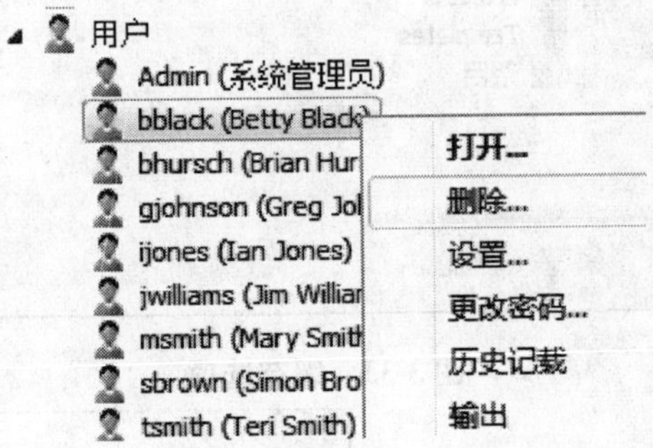

图 3-37 删除用户

（2）单击【确定】，弹出提示，单击【是】，确认删除，如图 3-38 所示。

（3）将该用户从库中移除。

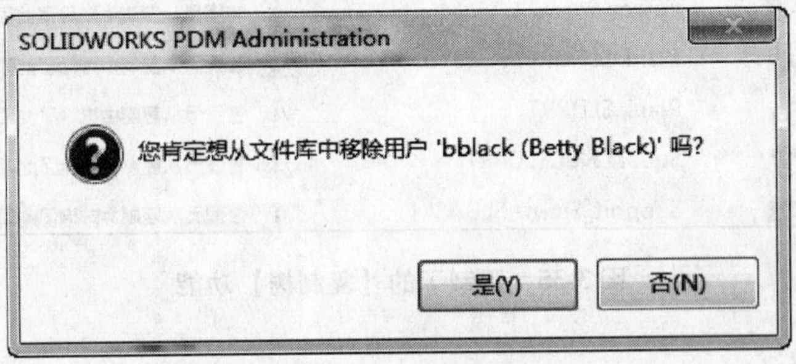

图 3-38 警告提示

提示

● 被删除的用户仍有可能会被显示，例如会出现在历史记录中，但会标明该用户已被删除，如图 3-39 所示。

图 3-39 历史记录

- 删除用户只是表示该用户从所选库中移除（并不是从所有其他库中移除）。该用户名和密码仍保留在服务器内。
- 这里必须要着重强调的是，在删除一个用户前，确保该用户没有从文件库中检出任何文件。

3.2.18 管理多个用户

用户子项可以在一个单独的窗口内打开。这样在进行多用户管理及对其进行赋权时更加容易。

（1）右键单击【用户】节点，在弹出的快捷菜单中选择【打开】，如图 3-40 所示。

（2）在弹出的用户窗口内会列出所有的用户名单。可以通过框选的方式同时选择多个用户，然后从快捷菜单内选择相应的选项，如图 3-41 所示。

图 3-40 选择打开

图 3-41 用户窗口

（3）完成对多用户的管理后，切记必须要单击工具条上的【保存】，以便使设置得以生效。如果在没有进行保存前试图关闭用户窗口，会弹出一个提示是否保存更改的提示窗口，如图 3-42 所示。

3.2.19 丢失用户登录信息

用户在 SOLIDWORKS PDM Professional 内的认证是由文件库所在的宿主机上的存档服务器来管理的。如果一个存档文件库内用户的信息无法从存档服务器内正确读出，则在管理工具内用户名称左上方会有一个红色的十字图标。表示该用户在修复相应的错误前将无法登录到文件库，如图 3-43 所示。

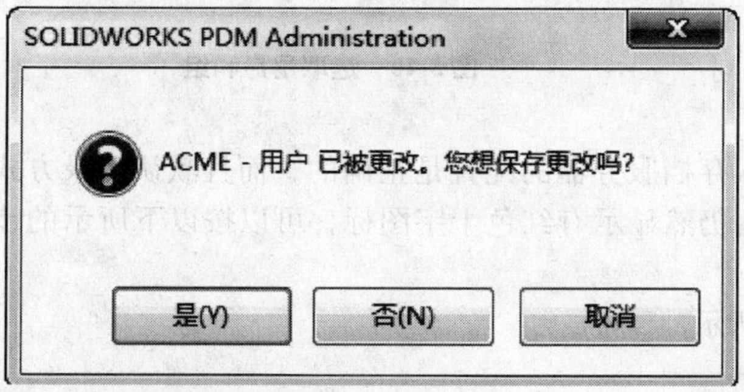

图 3-42 保存提示

图 3-43 丢失信息

> **提示**
>
> 用户也可以对没有红十字标识的其他用户进行管理设定。
>
> 想知道该问题用户的具体错误内容，可以右键单击一个有问题用户，然后在菜单内选择【信息】。之后会弹出一个信息窗口，表示该用户的登录信息无法从存档服务器内找到，如图 3-44 所示。

如果需要修复警告提示中的错误以便让用户能正确登录，可以按以下的步骤检查存档服务器：

（1）首先查看存档服务器设置中，是否改动过文件库的默认登录方式。例如，先使用【SOLIDWORKS PDM Professional 登录】，在库内添加一些新用户，然后改用【Windows 登录】方式，如图 3-45 所示。如果新添加到库的用户名称并没有一个相同名称的实际 Windows 用户与之对应，则就会出现上面所看到的警告提示。需注意的是有时会根据库的使用需要改变登录方式。

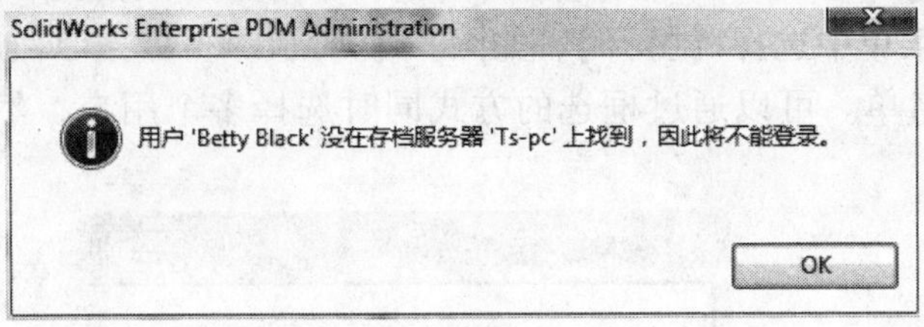

图 3-44　提示信息

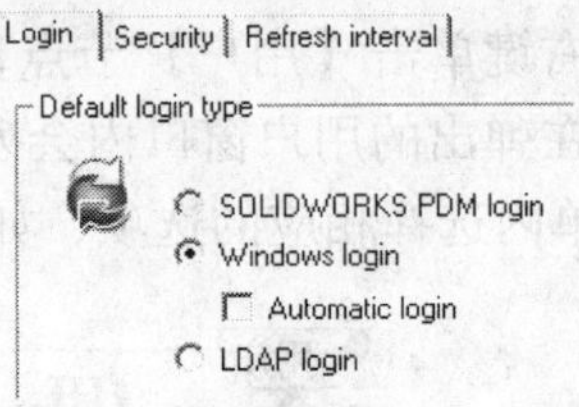

图 3-45　登录方式

（2）使用 Windows 登录方式时，用户和组只能在 Windows server 内移除或更名。如果库中已有用户的名称和存档服务器中不匹配，则会出现警告。选取用户和组如图 3-46 所示。

在此输入本机上的用户名，本地机上的组名或者域组组名，举例说明：

<域名 >\ <组名 >或者

<本地机器名 >\ <组名 >或者

<本地机器名 >\ <用户名 >或者

<组名 >或者

<用户名 >

（3）如果存档服务器系统被移动或重新安装后，存档服务器的设置并不会自动恢复，所以如果库内已有的用户名称与存档服务器内的设置情况不相匹配，也会出现上面所看到的警告提示。

（4）存档服务器可能还是另一个复制库的宿主机，而主库的宿主机上的存档服务器默认登录方式已做了更改，这时如果存档服务器不能与其他服务器正常通讯，或者添加的 Windows 用户并不是隶属于同一个域，则也可能出现上面所看到的警告提示。

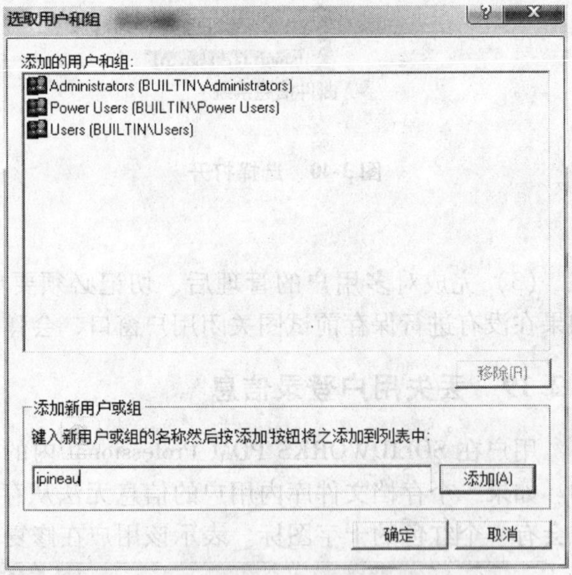

图 3-46　选取用户和组

1. 添加用户登录信息到存档服务器　如果确认存档服务器的配置是正确的，而且默认登录方式已设定为【SOLIDWORKS PDM 登录】，但用户名称上仍然显示有红色十字图标，可以按以下所示的步骤重新在存档服务器上重新添加该用户的信息。

（1）打开用户的属性对话框窗口，如图 3-47 所示。

（2）单击【设定密码】。

（3）为该用户设置一个新密码，如图 3-48 所示。

图 3-47 打开属性对话框

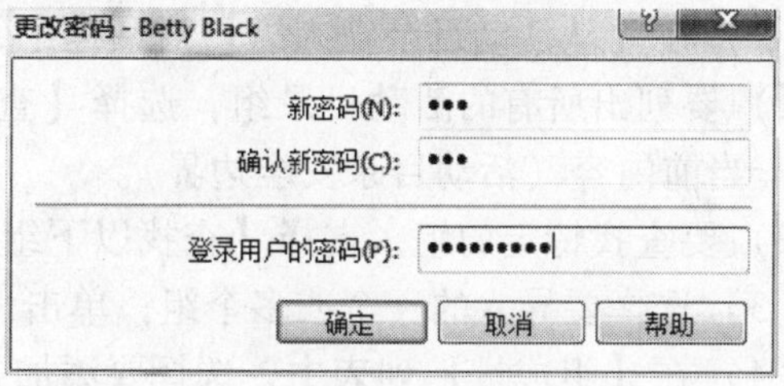

图 3-48 设定新密码

（4）关闭属性窗口，然后刷新用户子项（合上再展开用户子项），警告提示将会消失，这时用户可以使用新设的密码来登录到库。

2. “Admin”用户 在 SOLIDWORKS PDM Professional 文件库内有一个非常特殊的用户帐号，即“ Admin”用户，和普通用户帐号相比，“Admin” 用户有一些额外的管理权限，这些权限是无法通过权限选项来赋予的，例如：

（1）是一个新库内唯一的已有用户。

（2）在文件库内不能被禁用、更名或删除。

（3）有权删除其他用户从其他客户端机器上检出的文件。

（4）有权检入（或撤消检出）其他用户检出的文件。

（5）可以访问所有的搜索收藏。

提示 通过 SOLIDWORKS PDM Professional 管理工具修改“Admin” 用户的密码，会修改存档服务器配置中“Admin” 的登录密码。

3.3 组

引用组的概念主是要为了更好地管理用户，赋予组的权限可以让所有组内的用户继承。在管理工具内，展开库管理树内的【组】子项，所有库内已有的组将被列出。

1. 创建组 创建组的步骤如下：

（1）右键单击【组】，选择【新组】。

（2）在组属性对话框中输入【组名称】。

（3）如果列视图被定义在 Windows 资源浏览器文件视图中显示，在【列视图】下拉列表中为组选择一个默认的列视图。

（4）输入【说明】。

（5）如果想将库新用户加入该组，勾选【自动将新用户添加到该组】。

（6）添加成员并分配组权限。

2. 活动目录 当 SOLIDWORKS PDM Professional 存档服务器登录类型选为 Windows 登录时，用户可以通过从活动目录中导入的方式来创建组。

这就让用户所安装的 SOLIDWORKS PDM Professional 环境与公司组织的环境相匹配。导入向导可以导入完整的用户名称和电子邮件地址。更新选项能让 SOLIDWORKS PDM Professional 与活动目录保持同步。

提示 如果想在除了存档服务器之外的电脑上使用管理工具，那么存档服务器必须通过运行活动目录的域服务器的信任。

要导入活动目录的用户到组可按以下步骤操作。

（1）右键单击【组】，单击【从活动目录输入】。

（2）在【从活动目录输入组】对话框中，选择以下操作：

1）要列出所有的活动目录组，选择【查找所有活动目录组】，然后单击【查找】。搜索的范围只限定于当前内容（活动目录安全边界）。

2）要查找特定的组，选择【查找以下组】，输入组名称，然后单击【查找】。

（3）选择要导入的一个或多个组，单击【下一步】。

（4）在【组成员】列表中，选择要添加到组的用户，清除不想添加的用户。

（5）选定一个用户，【从此处复制权限和设定】将使该用户的设定应用于该组中的所有用户。

（6）单击【下一步】。打开新组的属性对话框，【组名称】默认与活动目录的组名称一致。

（7）使用属性对话框来为组成员设定权限。

（8）单击【确定】。

注意　关于导入活动目录用户至组的更多信息，请参考在线帮助文档。

3.4 学习实例：添加一个新组

在文件库内为所有用户（ All Users）生成一个新组。

操作步骤

步骤 1　新建组

右键单击【组】子项，从右键菜单内选择【新组】，如图 3-49 所示。

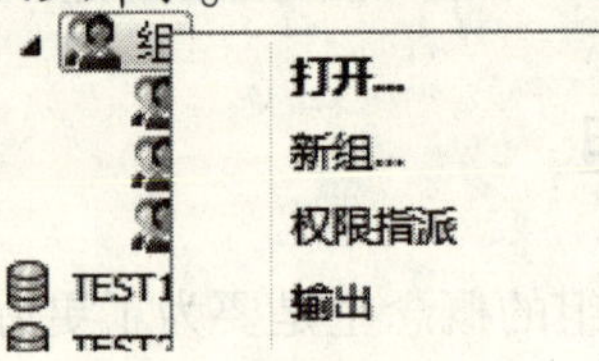

图 3-49　添加新组

步骤 2　设置组属性

在组属性卡内，在【组名称】内输入“ All Users” 作为组名，在【说明】栏内输入“All Vault Users”。

勾选【自动将新用户添加到该组】复选框，则新添加的用户将自动添加到这个组内，默认情况下这个选项处于未选中，如图 3-50 所示。

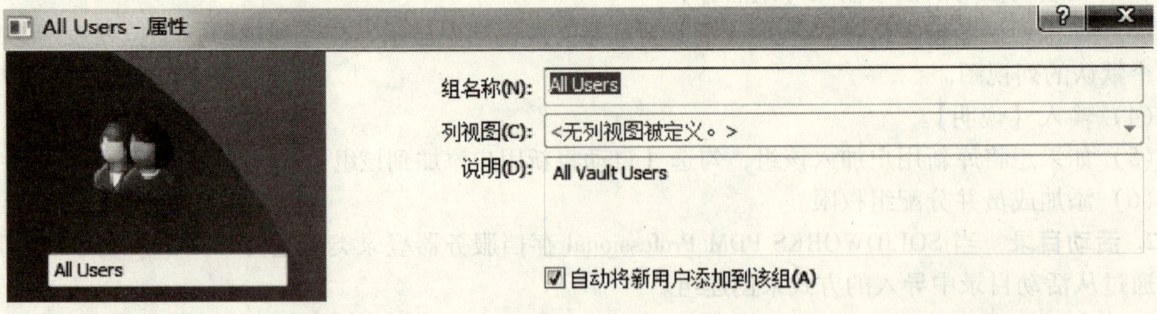

图 3-50　组属性

步骤 3　添加组成员

选择【组成员】，选择【添加】，如图 3-51 所示。

图 3-51 添加组成员

在添加组成员窗口内列出所有可用的用户名。勾选除“Admin”外的所有用户。

提示 “Admin”是用户层唯一可以指派权限的用户。“Admin”用户同样也不应该添加到任何组中。

单击【确定】。

所选中的用户会出现在成员栏，如图 3-52 所示。

单击【确定】。

提示 【Add membership in folder】选项用来选择组中用户，该用户将被授权访问特定文件夹。

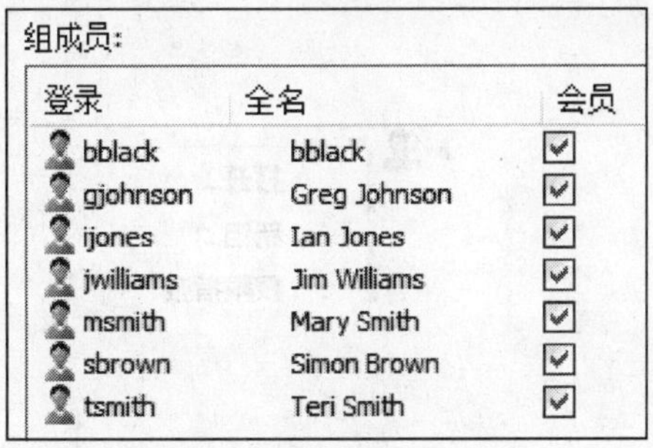

图 3-52 显示成员栏

步骤 4 添加其他组

添加下表所列出的组：Management（管理）、Engineering（工程）以及 Manufacturing（制造）等，并指定用户到相应的组中，见表 3-4。

为节省时间，输入文件：Lesson03 \ Case Study \ 2 - ACME - groups - except - all_ users. cex。

表 3-4 组和用户

组	用户	组	用户
Engineering	Brian Hursch	Management	Ian Jones
	Bob White		Jim Williams
	Mary Smith		Teri Smith
	Simon Brown		< Your Manager >
	< Your Username >	Manufacturing	Betty Black
			Greg Johnson

3.4.1 授予组权限

使用【组属性】对话框可以对组进行赋权。具体的权限条目说明在本章节内已有具体阐述，参看用户权限部分的说明。对组进行赋权有以下几个规则。

（1）一个用户可以隶属于几个不同的组。

（2）一个用户可以从所有其隶属的组中继承权限，而且其拥有的实际权限是所有组的权限的合集。

（3）如果已在【用户属性】框内设置过某个特定权限，则该权限会覆盖从组中继承而来的对应权限。

3.4.2 管理多个组

可以在一个单独的窗口内打开组，这样更容易帮助对组进行管理。

操作步骤

步骤 1 打开组

右键单击【组】子项，在快捷菜单内选择【打开】，如图 3-53 所示。

在【组】窗口内列出所有的已有组。选择一个或多个需要管理的组，在快捷菜单中选择相应的选项，如图 3-54 所示。

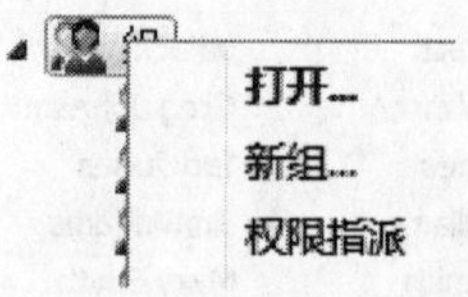

图 3-53 打开组

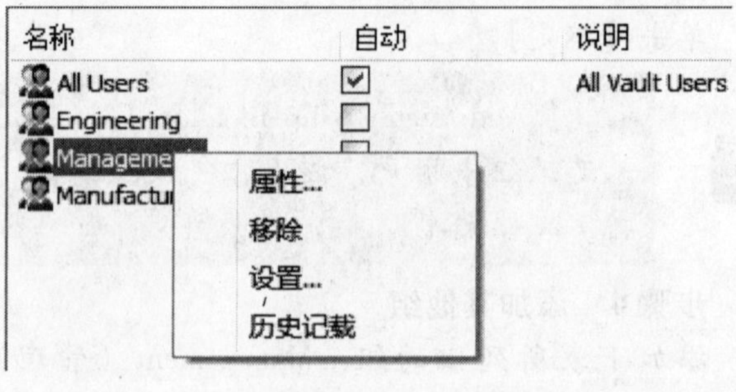

图 3-54 修改组属性

步骤 2 为“Management”组设置权限

右键单击“Management”组，然后选择【属性】。

在【管理权限】选项卡中，勾选所有的【管理权限】，除了以下情况：

- 必须输入状态更改评论。
- 必须输入版本评论。
- 受密码保护的电子邮件。
- 拒绝登录。

在【文件夹的权限】选项卡中，勾选库和所有权限。单击【确定】。

步骤3 为多个组设置权限

在组列表内同时选中“Engineering”和“Manufacturing”，从快捷菜单内选择【属性】。勾选下面的【管理权限】：

- 可设定/删除标号。
- 必须输入状态更改评论。

单击【确定】，保存更改。

步骤4 为“Engineering”组设置权限

右键单击“Engineering”组，选取【属性】。在【文件夹的权限】选项卡中选中整个库，然后勾选所有权限内的项目，除了以下情况：

- 指派文件权限。
- 指派组会员。
- 可更新卡的设计。
- 准许或拒绝组层对文件的访问。
- 退回。
- 设定修订版。

单击【确定】，保存更改。

步骤5 为“Manufacturing”组设置权限

右键单击“Manufacturing”组，从快捷菜单内选择【属性】。在【在文件夹的权限】选项卡中，在左边选择一个库名，在【权限】勾选以下的项目：

- 读取文件内容。
- 查看所计算的材料明细表。
- 查看命名的材料明细表。
- 显示文件的工作版本。

单击【确定】，保存更改。

步骤6 保存更改

在完成对组管理的设置后，必须要单击工具条的上【保存】图标以使新更改过的设置生效。如果没有保存更改而试图关闭组对话框，将会弹出一个提示是否保存更改的提示。至此完成了对所有组的权限设置。

练习 添加新的用户和组

“Admin”用户是新库内唯一的已有用户。为了对库进行必要的配置，需要先添加一些新用户和组。

操作步骤

步骤 1　生成三个新用户（见表 3-5）

表 3-5　生成的三个新用户

登录名称	全名	名缩写	电子邮件
<用户自己的登录名>	<用户自己的名字全称 >	<用户自己的名字缩写 >	<用户自己的登录名 >@ acme. com
Simon	Simon Jones	SJ	simon@ acme. com
Tor	Tor Smith	TS	tor@ acme. com

不对用户进行授权，一般而言，最好是先生成一定的组，对组进行授权，然后根据用户在工作流程中的角色，将之添加到相应的组中。

步骤 2　添加三个组（见表 3-6）

步骤 3　将上面步骤中所添加的用户添加到相应的组（见表 3-7）

表 3-6　添加三个组

组　名
Designers
Document Control
Manufacturing

表 3-7　将新用户添加到相应组

组	登录名
Designers	<用户自己的登录名 >
Document Control	Simon
Manufacturing	Tor

步骤 4　为“Designers”组设置权限

勾选以下的【管理权限】：

- 可设定/删除标号。
- 必须输入状态更改评论。
- 在【文件夹的权限】选项卡中，在左边选择一个库名，在【文件夹权限】内勾选所有的项目，除了：
- 可更新卡的设计。
- 销毁。
- 退回。
- 设定修订版。

在【状态权限】一栏，选中“Under Editing”和“Under Change”等工作流程状态，然后在【权限】栏内勾选所有的项目，除了：

- 销毁。
- 设定修订版。

在其他【工作流程状态】下，选择：

- 读取文件内容。

在【变换权限】选项卡中，选择“Submit for approval”和“Submit change for approval”以及“Request Change”，然后在【权限】栏内勾选：

- 准许

步骤 5　为“Document Control”组设置权限

勾选以下的【管理权限】：

- 可设定/删除标号。
- 必须输入状态更改评论。

在【文件夹的权限】选项卡中，在左边选择一个库名，在【权限】栏内勾选以下的项目：

- 读取文件内容。
- 查看所计算的材料明细表。
- 查看命名的材料明细表。
- 显示文件的工作版本。

在【状态权限】选项卡中，选择“Waiting for approval”“Change Pending Approval”以及“Approved”，然后在【权限】栏中选择：

- 读取文件内容。

在【变换权限】选项卡中，选择“Change Approved”“Change Editing Required”“Editing required”“Passed approval”以及“Request Change”，然后在【权限】栏中选择：

- 准许。

步骤6 为“Manufacturing”组设置权限

勾选以下的【管理权限】：

- 可设定/删除标号。
- 必须输入状态更改评论。

在【文件夹的权限】选项卡中，在左边选择一个库名，在【权限】栏内勾选以下的项目：

- 读取文件内容。
- 查看所计算的材料明细表。
- 查看命名的材料明细表。

提示 【显示文件的工作版本】在这里并没有被勾选。“Manufacturing”组中的成员只能看到发布后的文件，这表示文件版本已经设置。

在【状态权限】选项卡中，选择“Approved”，然后在【权限】栏中选择：

- 读取文件内容。

在【变换权限】选项卡中，选择“Request Change”，然后在【权限】栏中选择：

- 准许。

第 4 章　新建文件夹卡

学习目标

- 了解各种不同类型的卡之间的区别
- 新建卡
- 了解变量的使用
- 创建变量
- 新建序列号
- 输出卡

4.1　数据卡

卡在文件库内用于显示和导入文件及文件夹的信息。文件信息也被称为元数据或文件属性。

元数据存放在文件库数据库内，所以在无需本地副本的情况下，用户可以对文件或文件夹进行快速搜索及定位。

卡编辑器用于在文件库内添加或修改数据卡。在文件库内有五种类型的数据卡。

1. 文件数据卡　文件数据卡是指在数据库中与与一个或多个文件类型相关联的数据卡，用于在文件数据库内存储指定的文件信息。例如，选择一个 SOLIDWORKS 零件文件，会显示与“. sldprt”后缀相关联的数据卡，如图 4-1 所示。

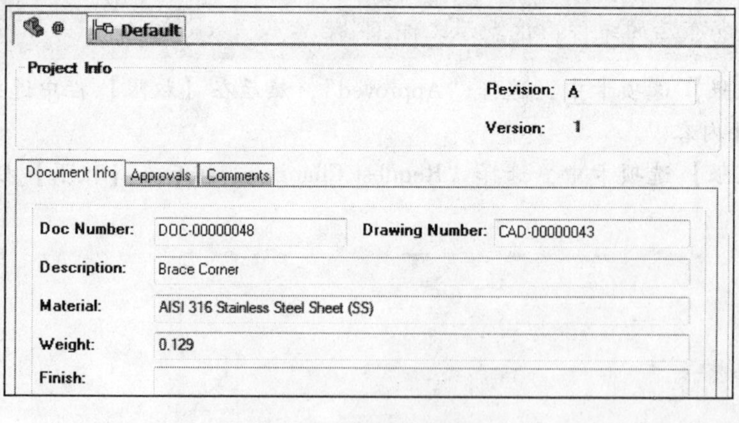

图 4-1　文件数据卡

2. 文件夹数据卡　文件夹数据卡是指在文件库内与文件夹相关联的卡，用于在文件数据库内存储指定的文件夹（子文件夹）信息，如图 4-2 所示。

3. 模板卡　模板卡是指包含用于当用户在文件库内生成一个新文件或文件夹时所需信息的数据卡，如图 4-3 所示。

4. 搜索卡　搜索卡是指 SOLIDWORKS PDM Professional 搜索工具中可用于自定义不同的搜索样式的数据卡，如图 4-4 所示。

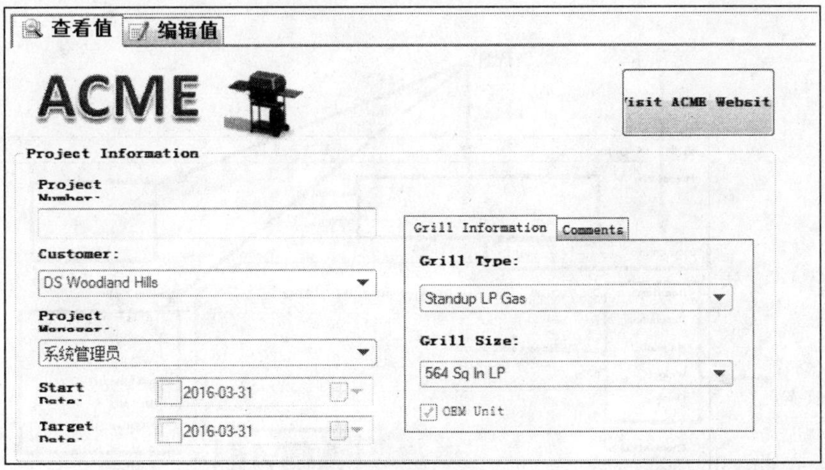

图 4-2　文件夹数据卡

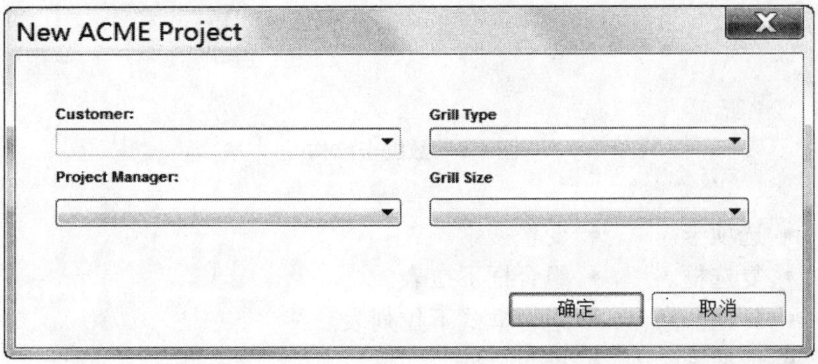

图 4-3　模板卡

图 4-4　搜索卡

5. **条目卡**　用于条目的卡片，关联文件库中的条目，存储文件库中具体的文件信息。

4.2　数据卡结构

新建和修改卡之前，先查看数据卡上的不同元素，如图 4-5 所示。

4.2.1　控件

卡中包含了很多控件，包括：

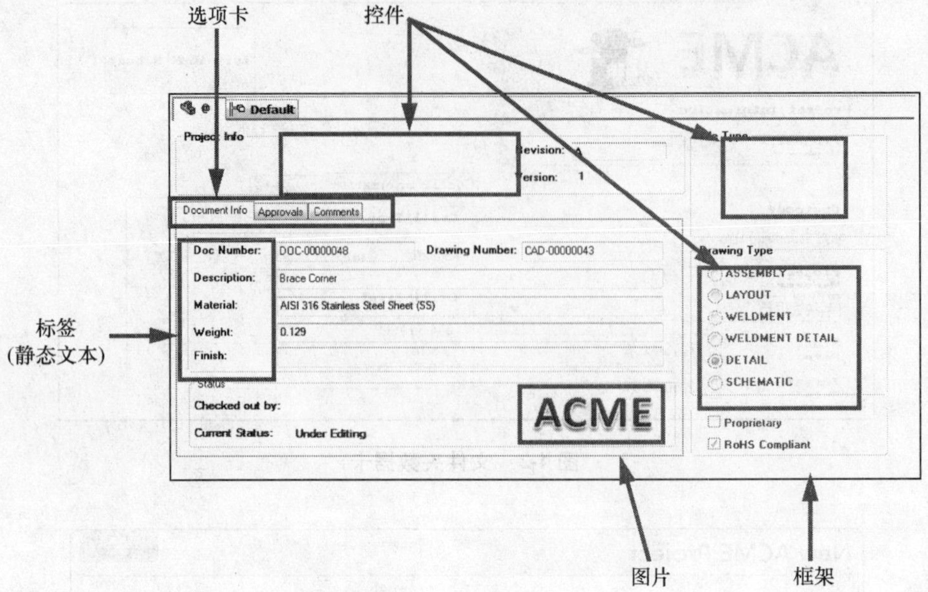

图 4-5　数据卡结构

- 编辑框。
- 列表框。
- 按钮。
- 单选钮。
- 选项卡。
- 复选框。
- 日期。
- 卡搜索。
- 变量搜索。
- 组合框下拉表。
- 组合框式下拉列表。
- 单组合框。

4.2.2　卡编辑器

卡编辑器用于生成或修改以上所述的五种类型的卡，如图 4-6 所示。

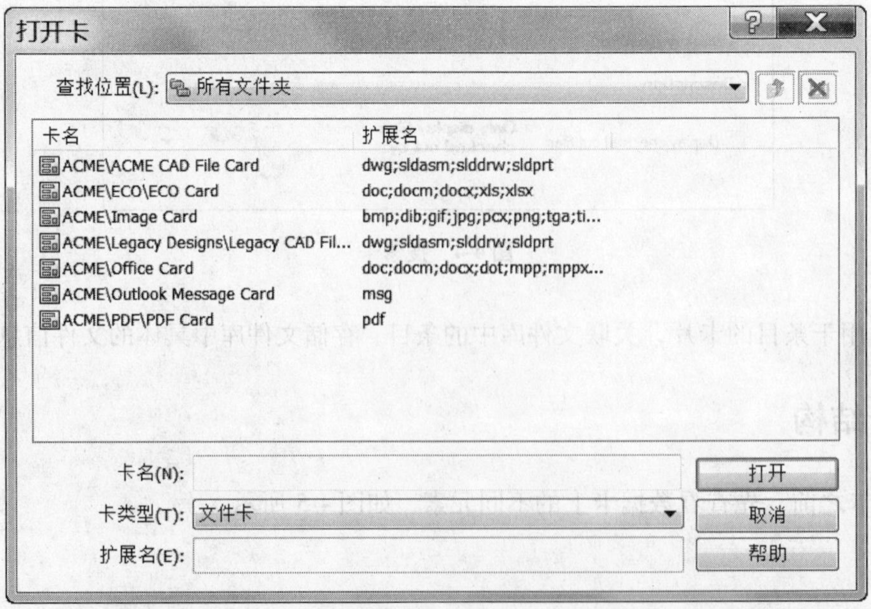

图 4-6　打开卡

知识卡片	卡编辑器	• 右键单击【卡】并选择【打开卡编辑器】。 • 或者展开【卡】节点，展开卡类型并双击卡编辑。

提示 用户必须具有足够的组权限或用户权限才能使用卡编辑器。

- 可以更新卡列表
- 可以更新搜索表格
- 可以更新模板表格

4.2.3 卡关联

每一个卡通过文件的后缀名与一个或多个文件类型进行关联。当添加文件到文件库内或者在库内选择一个文件，则会在系统浏览器内显示与该文件扩展名相关联的卡。

4.2.4 安装卡

在生成一个新库时，SOLIDWORKS PDM Professional 会自动复制内置的数据卡到库内。用户可以直接使用这些内置卡，或者按用户的需要修改这些卡，又或者另行生成新的卡。

4.2.5 选项

在【打开卡】对话框内有以下选项可供选择，见表 4-1。

表 4-1 数据卡选项

查找位置	默认情况下显示为【所有文件夹】。使用此选项会显示出文件库内所有文件夹内的所有已有的数据卡 如需查看指定文件夹下的卡，选择文件库的根目录，然后浏览到该文件夹。所有已保存的卡都在列表窗口内列出，如图 4-7 所示  图 4-7 打开卡
列表窗口	在卡名栏内列出所有可用的卡（包括存在子目录内的卡）。在【扩展名】栏内显示与卡关联的文件类型后缀名。单击每列的列名可以对卡进行排序
卡名	显示所选中数据卡的名称
卡类型	选择需列出的文件夹的类型（默认情况下显示【文件卡】），如图 4-8 所示 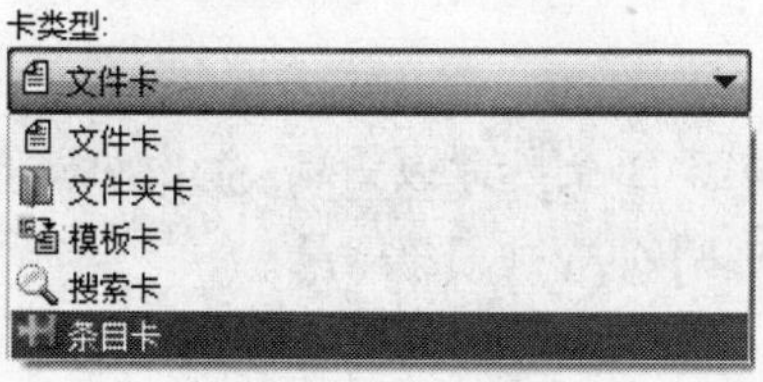 图 4-8 卡类型
扩展名	当选中一个文件数据卡时，与之关联的文件扩展名会显示在此

用户可以在【打开卡】对话框内对卡进行修改及管理。右键单击一个或多个卡，然后在快捷菜单内选择相应命令，如图 4-9 所示。

（1）【打开】：打开一个所选卡进行编辑。

（2）【重命名】：可以重新命名所选卡。

（3）【删除】，从数据库内删除该卡样式。删除一个卡不会删除数据库内已有文件已储存的与该卡关联的变量数值。

选中一个卡然后单击【打开】，会在卡编辑器内打开该卡，可以对之进行编辑，如图 4-10 所示。

图 4-9　修改卡

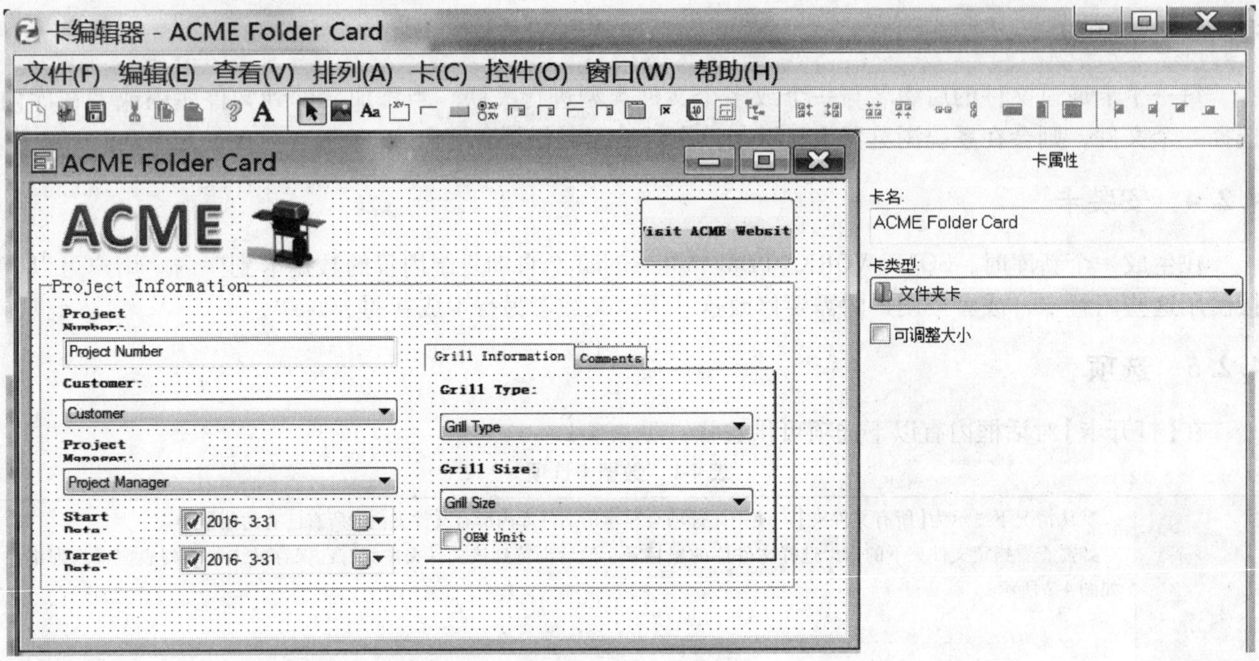

图 4-10　卡编辑器

4.2.6　设计一个数据卡

在数据卡内可以通过卡控件、排列工具以及卡属性框对卡的样式和功能进行编辑。

所有可用于编辑数据卡的控件都放置在卡控件工具条内。如果卡控件工具条没有显示，则可以单击【查看】/【显示工具栏】/【控件】，如图 4-11 所示。

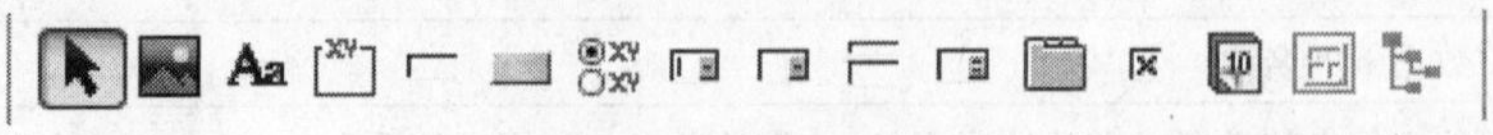

图 4-11　卡控件

提示　要了解卡控件的更多信息，可以参考 SOLIDWORKS PDM Professional 管理员指南。可以在管理工具中选择【帮助】/【管理员指南】。

4.3　学习实例：设计一个文件夹数据卡

在这节练习中，将为 ACME 公司创建一个文件夹数据卡，如图 4-12 所示。

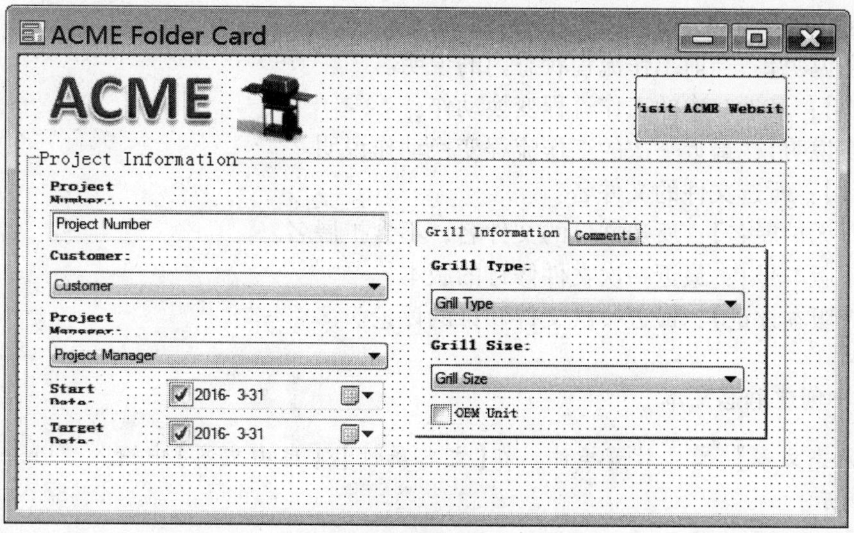

图 4-12　ACME 文件夹数据卡

操作步骤

步骤 1　打开卡编辑器

右键单击【卡】并选择【新卡】。

步骤 2　添加卡名和卡类型

在【卡名】中输入“ACME Folder Card”，【卡类型】选取“文件夹卡”，如图 4-13 所示。

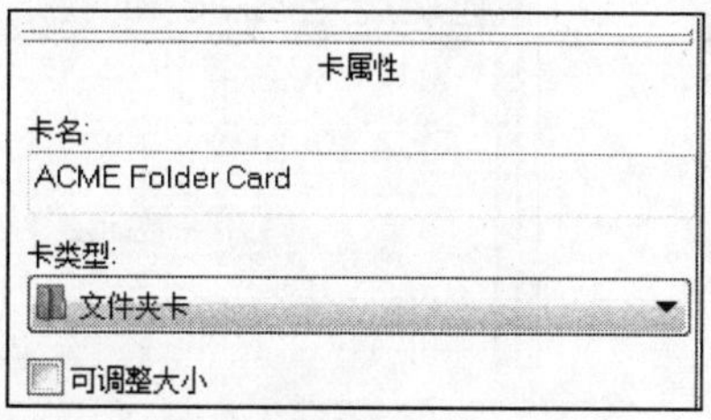

图 4-13　添加卡名和卡类型

4.3.1　静态文本控件

静态文本用于在数据卡内显示【文本】标签，如图 4-14 所示。

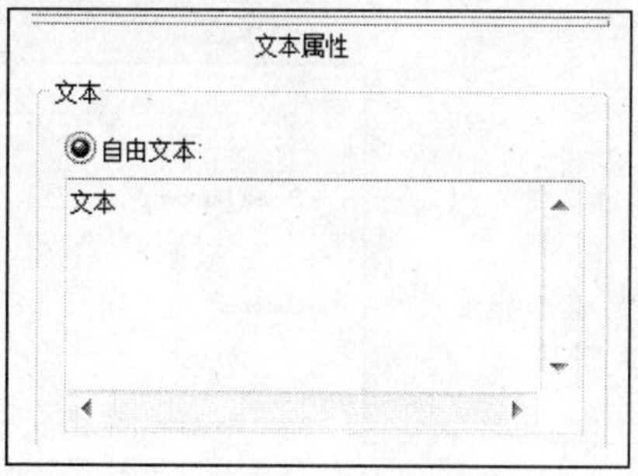

图 4-14　静态文本控件

控件图标：。

1.【自由文本】　在【自由文本】栏内输入的内容会显示在数据卡内。

2.【特殊值】　选择一个在数据卡内已有的动态更新的文本。需注意的是某些数据会因所选中的文件类型而变化。

- 【今天的日期】：当前日期。
- 【当前时间】：当前的时间。
- 【当前用户（xx）】：登录时所使用的用户姓名、姓名简称、全名或者用户数据。
- 【版本评论】：文件最近一次检入时输入的评论。
- 【变换评论】：最近一次变换文件状态时的评论。
- 【文件路径】：所选文件的完整路径名和文件名。
- 【上一标号】：文件最近赋予的一个标号。
- 【创建者（xx）】：文件创建者的姓名、姓名简称、全名或用户数据。
- 【检出者（xx）】：文件检出者的姓名、姓名简称、全名或用户数据。
- 【上一版本】：文件的最新版本。

- 【当前状态】：文件处于工作流程中的当前状态。
- 【当前状态说明】：当前工作流程状态内的说明。
- 【最新变换】：最近一次的工作流程变换动作。
- 【最新变换说明】：最近一次的工作流程变换动作说明。
- 【文件名称】：所选文件的文件名。
- 【文件名称无扩展名】：所选文件的文件名，不含扩展名。
- 【最新修订版本号】：最近一次文件修订的版本。
- 【最新修订版本评论】：最近一次文件修订的评论。

步骤 3　创建静态文本

单击【静态文本】，放置控件。在【文本属性】/【自由文本】中输入“Project Number”如图 4-15 所示。

图 4-15　创建静态文本控件

步骤 4　添加其他的静态文本值

添加静态文本：“Customer:”、“ Project Manager:”、“Start Date:” 和 “Target Date:”，如图 4-16 所示。

图 4-16　添加多个静态文本控件

步骤 5　保存数据卡

单击【保存】图标保存数据卡，由于第一次保存文件夹卡，因此会迅速地在库中保存在文件夹中。选择库的根目录（唯一保存卡片的库文件夹）并单击【保存】。

提示　卡编辑器没有【取消】选项卡。唯一的方法是不保存并关闭已经修改的卡片然后再次打开。

4.3.2　选择控件

【选择】可用于在数据卡内对已有控件进行选择、移动及重新设置尺寸大小。

控件图标：

4.3.3　图标控件

在数据卡中添加图标或图像。

控件按钮：

(1) 可以从图标控件属性面板内的下拉列表内选择一个数据库内已有的图标。

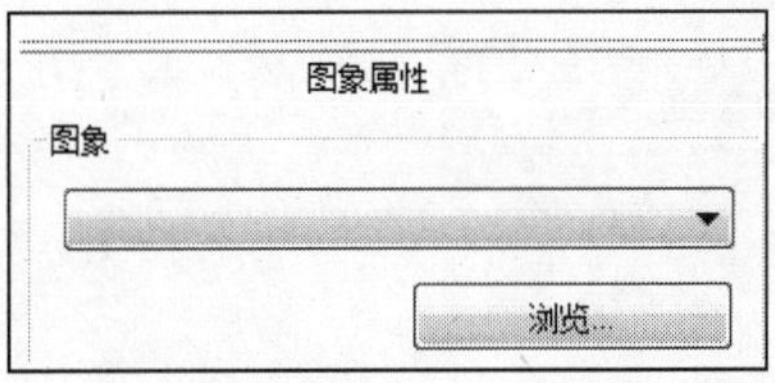

图4-17　图标控件

(2) 单击【浏览】，可以在控件内添加一个新图标文件。图标控件支持 bmp、ico 和 avi 文件格式。新的图标文件会存贮在存档文件库内，如图4-17所示。

在文件夹数据卡中添加一个企业商标。

步骤6　添加一个图片

单击【图像】。

在数据卡中“Project Number:”控件上面的位置单击，如图4-18所示。

步骤7　插入一张图片

单击【浏览】，在文件夹“Lesson04 \ Case Study”找到“acme_ logo. bmp”，如图4-19所示。

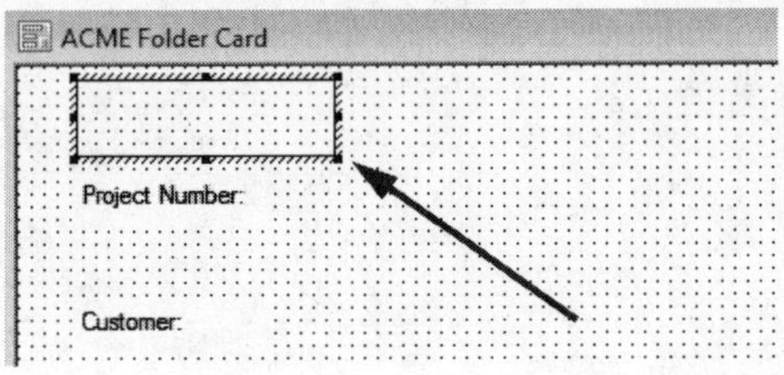

图4-18　添加图标控件

图4-19　浏览图片

使用【选择】控件来放置图片。重复上述步骤，插入以下图片“Grill. bmp”，如图4-20所示。

步骤8　保存数据卡

图 4-20　添加图片到图标控件

4.3.4　框控件

添加一个框控件到数据卡内，如图 4-21 所示。

框控件图标：

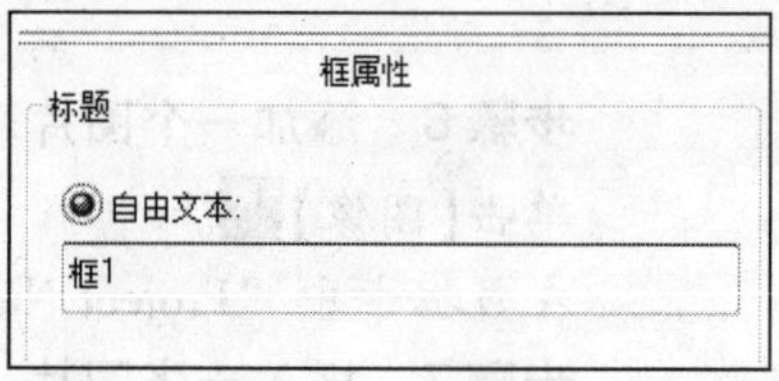

图 4-21　框控件

1.【自由文本】　输入的文本会显示在框的左上角位置。如果此处为空，则在框内不显示标题。

2.【特殊值】　指定一个特殊的动态文本作为框标题。需注意的是动态文本会因所选中的文件不同而有所不同。

- 【今天的日期】。
- 【当前时间】。
- 【当前用户（xx）】。
- 【版本评论】。
- 【变换评论】。
- 【文件路径】。
- 【上一标号】。
- 【创建者（xx）】。
- 【检出者（xx）】。
- 【上一版本】。
- 【当前状态】。
- 【当前状态说明】。
- 【最新变换】。
- 【最新变换说明】。
- 【文件名称】。
- 【文件名称无扩展】。
- 【最新修订版本号】。
- 【最新修订版本评论】。

注意

如果移动框控件，不会移动放置在框内的控件。

步骤 9　添加一个框控件

单击【框】。在数据卡上单击，从左上角拖放一个新框到右下角。

步骤 10　修改框文本

框的当前文本为“框 1”，选取【框属性】中的【自由文本】，输入“Project Information”，如图 4-22 所示。

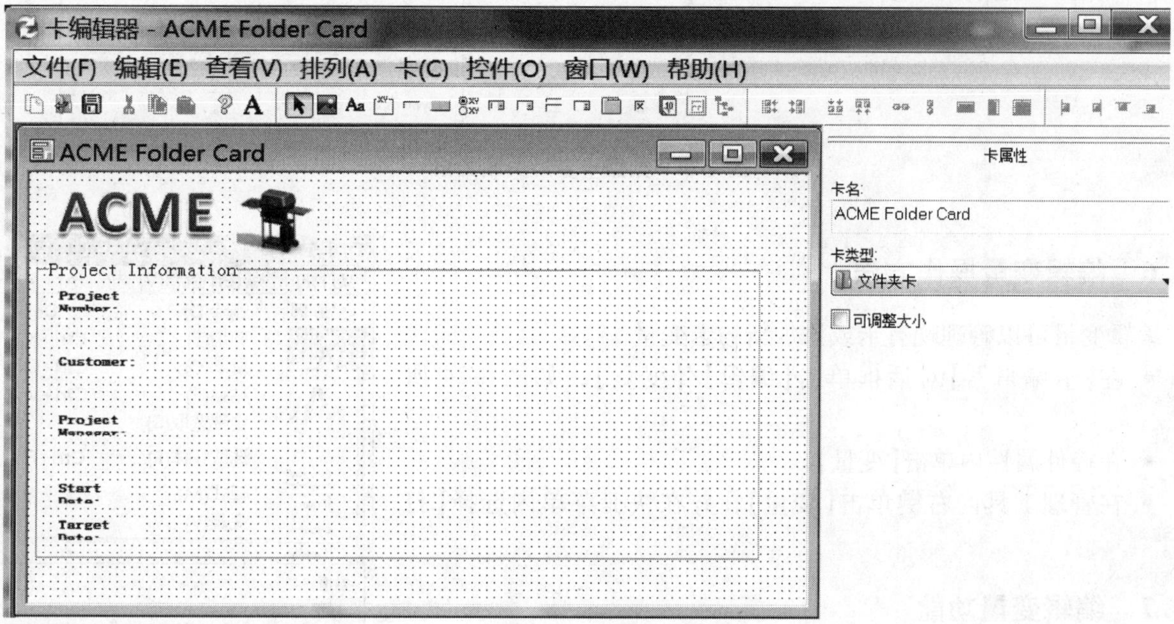

图 4-22　修改框文本

步骤 11　保存数据卡

4.3.5　数据卡变量

在为“Project Number”“ Customer”“Project Manager”“Start Date”和“End Date”创建控件之前，必须首先为选择的值创建变量。

数据卡上常用的卡控件都可以显示已有的值并允许输入新的值。这些值存储在数据库中数据卡的变量中。定义好的数据卡变量可以控制每个控件的属性。

数据卡变量可以被配置，以便可以链接到存储在库文件中的文件属性。这样可以确保文件的属性值与存储在数据库中的变量值相匹配。更新文件属性值，同时更新链接的变量值，同时更新数据卡中相关的文件属性值。

当卡编辑器打开时，分配的变量名称显示在控件中。

举例说明，当添加一个 Word 文档到文件库时，文件属性值会从文件本身被读出，然后通过预先定义的后缀为“. doc”的数据卡中与文件属性相对应的变量来更新文件卡，如图 4-23 所示。

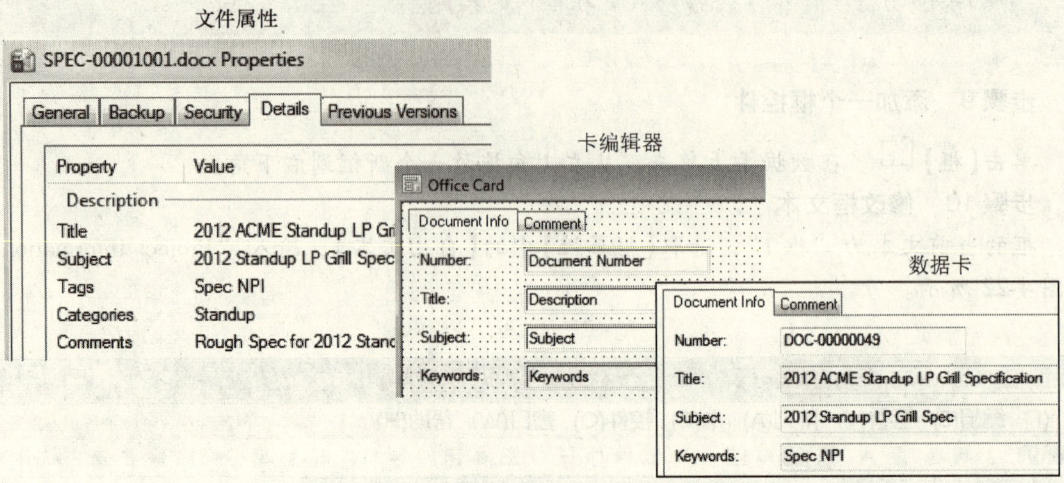

图 4-23　数据卡变量关联关系

4.3.6　编辑变量操作方法

编辑变量可以管理现有卡或添加新的卡变量。

- 在【卡编辑器】对话框单击【编辑】/【变量】，如图 4-24 所示。
- 在控件属性内单击【变量】。
- 在管理工具内右键单击【变量】，并在快捷菜单内选择【打开】。

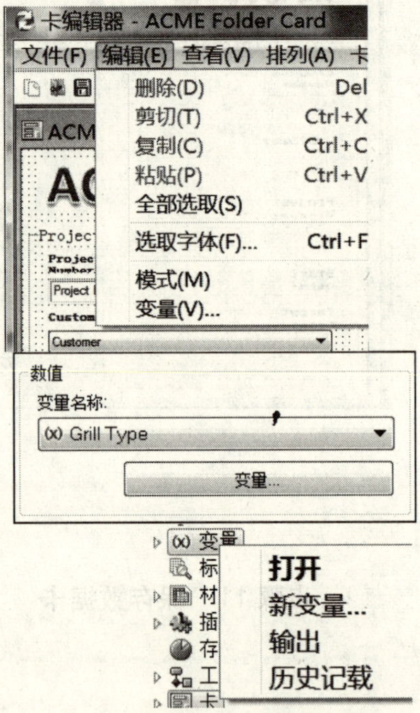

图 4-24　卡编辑器

4.3.7　编辑变量功能

【编辑变量】界面分为三个功能区：

（1）功能区 1：可以选择及管理已有变量。

（2）功能区 2：用于定义一个已选中的变量设置。

（3）功能区 3：用于定义已选中变量以何种方式与文件的属性相关联（或者映射），如图 4-25 所示。

4.3.8　变量列表

下面介绍在功能区 1 内各个部分的功能。

1. 变量　列出所有文件库内的已生成的卡变量。单击各列的标题，可以对列进行排序。选中一个变量，则会在功能区 2 和 3 处显示该变量的相关信息，如图 4-26 所示。

右键单击一个变量名，从快捷菜单内选择【显示该变量使用之处】，则会列出所有使用该变量作为控件的数据卡。

2. 新变量　单击此按钮可以在文件库内生成一个新变量。在功能区 2 和 3 处可以为新变量指定一些属性，如变量名及参数映射等。

3. 移除变量　在变量列表内选择一个变量，单击【移除变量】按钮可以将其从文件库数据库内删除，也可以右键单击一个变量，从快捷菜单内选择【删除】。如果该变量没有被任何数据卡所使用，则该变量会被删除；如果有被引用，则会弹出一个警告窗口，列出引用该变量的数据卡，如图 4-27 所示。

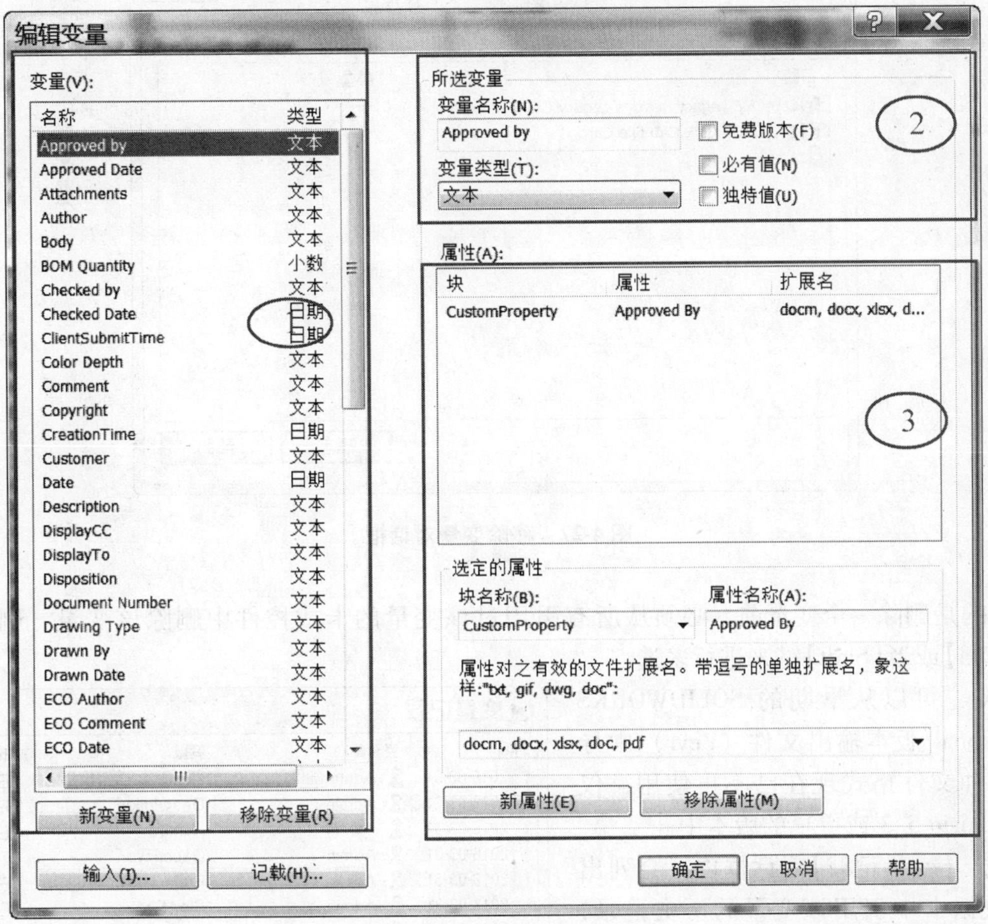

图 4-25　编辑变量

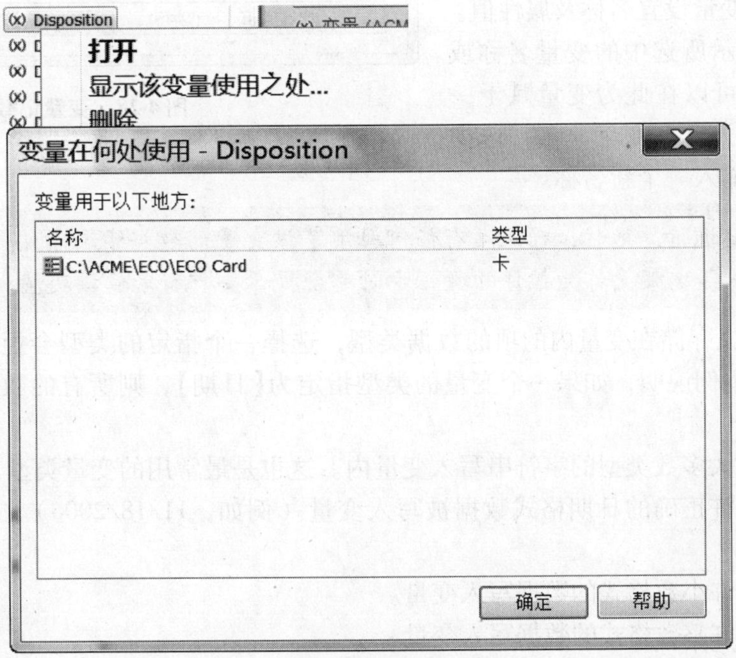

图 4-26　显示变量使用的地方

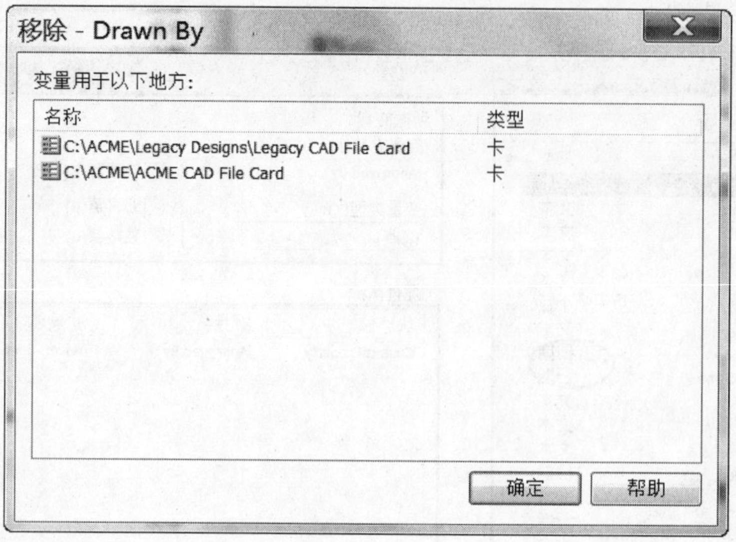

图 4-27　移除变量对话框

需注意的是删除一个变量前，必须从所有引用过该变量的卡或控件中删除该变量。删除变量时，可以使用【Ctrl】或者【Shift】键来进行多选。

4. 输入　可以从早期的 SOLIDWORKS PDM Professional 版本输出文件（.cvr）中导入变量。这种文件格式现在已不再使用，仅仅存在于 Conisio 5.3 或更早的版本中。

5. 记载　【变量记载】对话框内，会列出所有关于数据卡中引用该变量的历史记录，如图 4-28 所示。

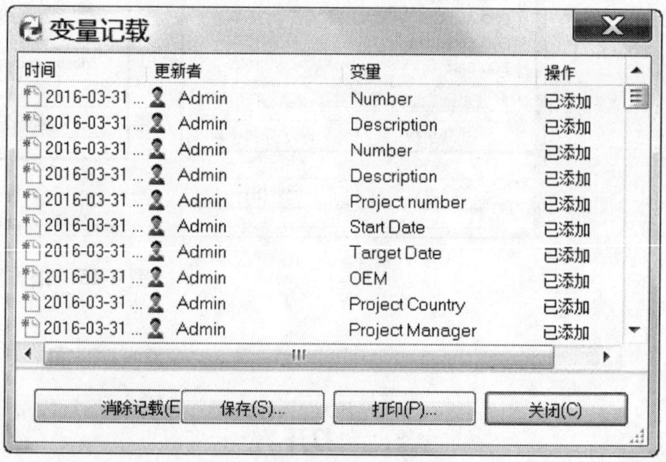

图 4-28　变量记载

4.3.9　变量定义

定义变量是指为变量设置名称及属性值。

1. 变量名称　显示所选中的变量名称或当添加一个新变量时可以在此为变量赋予一个名称。也可以在此为已有变量改名，选中一个变量，然后在此输入一个新名称。

注意　在对变量进行更名时，确认没有任何引用了该变量的数据卡在卡编辑器内打开，否则每一次打开引用了该变量作为控件的数据卡时都会提示要重新定位该变量。

2. 变量类型　定义存储在变量内的项的数据类型，选择一个指定的类型会拒绝不符合该类型的数据被写入到变量内。举例说明，如果一个变量的类型指定为【日期】，则所有的数值都会被转为日期格式。

- 【文本】：允许大多数类型的字符串写入变量内。这也是最常用的变量类型。
- 【日期】：只允许正确的日期格式数据被写入变量（例如，11/18/2006）。日期格式在变量属性内指定。
- 【小数】：只允许小数格式的数据写入变量。
- 【整数】：只允许整数格式的数据写入变量。
- 【是或否】：只允许一个二进制数据：1 或 0。

设定变量类型的意义在于确保正确的数据写入到变量内，同时可以使我们在文件库内对文件进行搜索和排序时更加准确快捷。举例说明，使用【日期】格式可以对在一个时间段内生成或修改的文件进行更精确的搜索。

3. 自由版本　可以在重新检入时更新文件的变量，无需检出文件并升级文件的版本。这能够更新随时间更改的变量，例如成本，同时文件本身不会发生变化。此外，可以更改变量，即使文件处于没有权限检出的状态。

提示　如果更新了已检出文件的自由版本变量或者通过工作流程流转操作，则文件会产生新的版本。

图 4-29　警告信息提示

4. 必有值　当在变量属性中勾选了选项【必有值】后，则检入文件时或者更新数据卡数据时，该变量的数据不能为空。如果没有为该变量赋值，则会弹出一个警告信息提示，如图 4-29 所示。

提示　如果一个变量已被某个文件或文件夹使用而且在该文件夹或文件内该变量的值为空值，则无法将该变量属性修改为“必有值”。基于这个原因，如果一个变量值不能为空，就在该变量未被引用时设定。

5. 独特值　当在变量属性内勾选“独特值”时，当更新或检入文件时，如果数据卡内引用了该变量，则会弹出一个警告信息提示，如图 4-30 所示。

如果复制一个数据卡内包括独特值变量的文件，则会强行清除目标文件内的变量值，如图 4-31 所示。

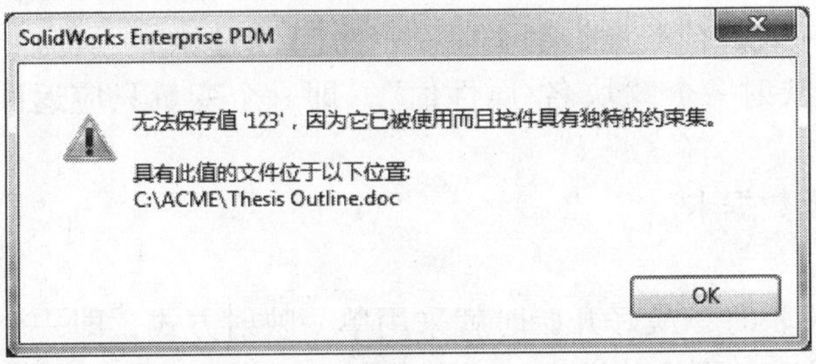

图 4-30　独特值提示信息

图 4-31　清除变量值提示信息

提示　如果文件库内一个变量已有重复的数据存在，则无法再将该变量属性设为“独特值”，基于这个原因，如果一个变量不能重复，需要在该变量未被引用时设定。

4.3.10　变量映射

变量映射区提供了一个可以将已存在文件格式的属性与 SOLIDWORKS PDM Professional 内的变量进行关联的方式。

1. 属性　【属性】栏内列出了所有与所选中的变量进行映射关联的属性/元数据。一个变量可以同时与不同类别的文件内的不同属性进行关联，这样一个变量可以在各种不同类别的文件数据卡内映射出不同的属性值。举例说明，在 Word 文件（.doc）和图纸文件（.dwg）数据卡内都有变量【Title】，但在每个文件类型内映射出不同的文件属性。

2. 块名　块是指文件内包括属性值/元数据的数据区域。不同类型的文件内存放属性值的块名不尽相同。举例说明，在 Excel（*.xls）或者 SOLIDWORKS 文件内，大多数的用户自定义属性值都写在块名【CustomProperty】内，在 Inventor（*.ipt）文件内，大多数的属性值放在块【dtproperties】内。

根据文件类型的不同，有些块名是预先定义好的，有些是用户自定义的。

用户也可以添加一个新的块名到文件库，或者从文件库中已有的块名中选择。

3. 属性名称 属性栏内列出了一个具体块内所包含的实际的属性值。举例说明，在文档文件（.doc）内，属性 title 存放在块名为【Summary】内的【Title】参数内。一个块名是预先定义的，或者可以由用户自行指定，完全取决于文件类型。在属性栏内输入一个属性名，在输入属性名时可以使用符号 * 作为通配符。

4. 文件扩展名 为了确保与所支持的文件类型中的块/属性之间进行正确映射，可以在文件扩展名一栏内输入文件后缀名，多个后缀名需要使用逗号分开例如，“doc，xls，ppt”。

5. 新属性 单击【新属性】按钮可以为所选变量添加一个新的映射属性，然后需添加块名、属性名及扩展名列表。

6. 移除属性 在属性栏内选中一个映射属性，单击【移除属性】按钮可以将之移除。可以使用 ctrl 或 shift 选中多个属性值，将之从文件库内一起删除。

4.3.11 关于创建数据卡变量的建议

在创建数据卡变量时，需遵循以下的规则：

（1）在多个数据卡内尽量重复使用同一个变量名，这有助于利用变量数据进行搜索和排序。举例说明，如果用户需要在一个文件夹内，“.doc”和“.pdf”的数据卡内显示项目编号，可以在三个数据卡内使用同一个变量“Project”，而不是生成三个不同的变量。

（2）在添加文件到库之前，定义变量是否包含独特值或必有值，因为文件很可能已包含有所限制的内容（重复值/空值）。

（3）如果“属性值/元数据”内包含与某个变量类型格式不匹配的数据，则该变量不能设定为该类型。举例说明，如果属性值内可能包含不正确的日期格式，该变量类型不能设定为【日期】。

（4）确认在同一个文件（文件类型）内没有重复映射一个“块名/属性值”，即一个变量只应返回一个固定值。

（5）删除任何不需要的“块/属性”映射、变量及数据卡。

（6）映射属性时最好使用与属性名相似的变量名。

（7）当添加“块/属性”与文件属性值进行映射关联时，最好开始时就采用单一映射方式，即一个变量只与一个“块/属性”关联。在映射关系确认无误后，再将其设为一对多映射。这样有助于避免在设定映射关系时的错误。

（8）为了避免生成一些多余的变量或卡，当新生成一个文件库时，安装使用【空白】标准配置选项。

或者参考以下建议：

1）删除所有生成文件库时自动导入的“文件/文件夹/搜索卡”。在【打开卡】对话框，选择一个卡类型，然后框选所有的卡，从快捷菜单中选择【删除】。关闭对话框，如图 4-32 所示。

2）从卡编辑器菜单内选择【编辑】/【变量】，打开【编辑变量】对话框，选中所有变量，单击【移除变量】，如图 4-33 所示。

3）用户现在可以添加或导入只需要在文件库内使用到的数据卡及变量。缺省的数据卡存放在“<install_ dir> \ Default Cards”。

注意

导入一个数据卡会将所有的卡变量导入到文件库内。

提示

单击在卡片中显示的帮助图标，然后选择一个控件，会弹出一个信息窗口，列出与该控件有关联的变量，如图 4-34 所示。

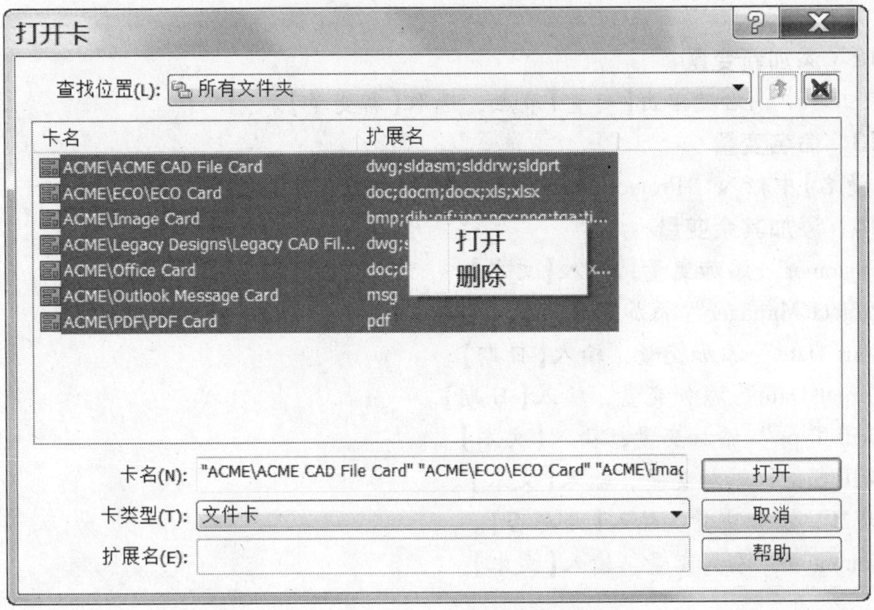

图 4-32 删除文件夹

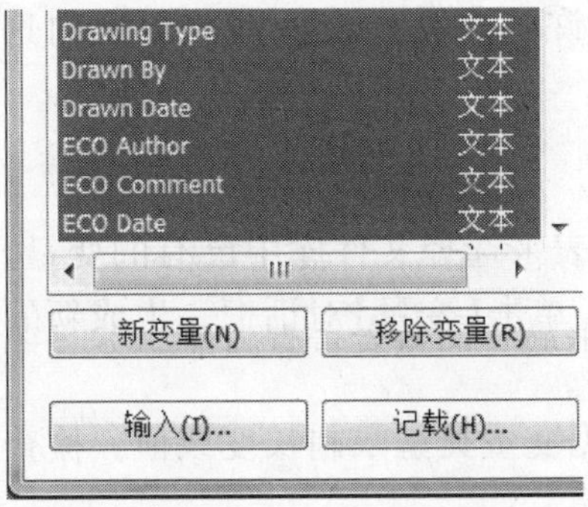

图 4-33 移除变量

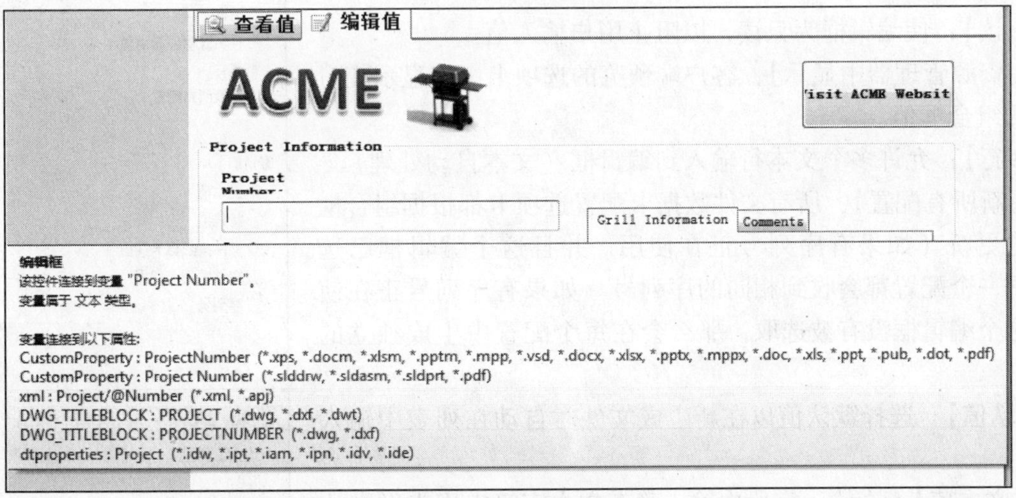

图 4-34 卡帮助信息

4.3.12 创建新变量

为"ACME"文件夹卡创建新变量。

步骤 12　添加新变量

在管理工具中，右键单击【变量】节点，选取【新变量】。

步骤 13　命名变量

在【变量名】中输入“Project Number”，选择【确定】，进行保存。

步骤 14　添加其余变量

为“Customer”添加变量，输入【文本】。

为“Project Manager”添加变量，输入【文本】。

为“Start Date”添加变量，输入【日期】。

为“Target Date”添加变量，输入【日期】。

为“Grill Type”添加变量，输入【文本】。

为“Grill Size”添加变量，输入【文本】。

为“OEM”添加变量，输入【是与否】。

为“Comment”添加变量，输入【文本】。

4.3.13　编辑框控件

在数据卡内使用编辑框时只允许用户在预设的列表数值内选择，如图 4-35 所示。

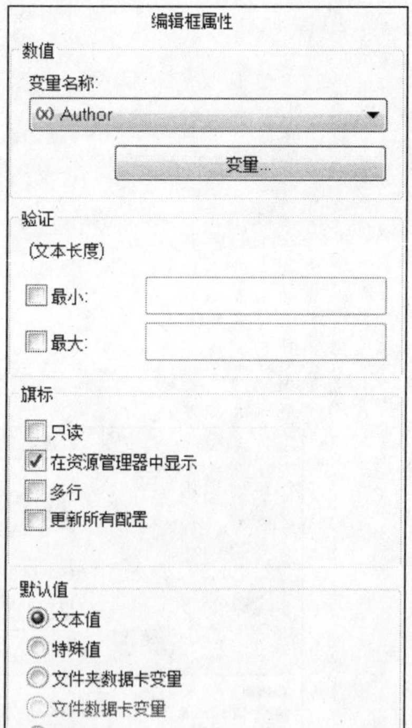

图 4-35　编辑框属性

控件图标 ：

1.【数值】　使用【变量名称】列表来选择文件库中已有的变量。每一个编辑框都必须对应一个变量。单击【变量】对话框，生成新的变量或查看已有变量的属性。

2.【验证】　允许在编辑框中根据变量类型限制长度或值。检查最小值或最大值选项并输入值或范围。

3.【旗标】

- 【只读】：使编辑框为只读，以阻止用户输入值。
- 【在资源管理器中显示】：客户端预览的选项卡中将显示变量和所存储的组合框值。
- 【多行】：允许多个文本行输入到编辑框（文本自动处理）。
- 【更新所有配置】：所有文件数据卡配置选项卡都根据组合框中输入的值更新（如果有序列号正在使用，并且这个编辑框已选取，那么每一个配置都会收到相同的序列号。如果有序列号正在使用，并且这个编辑框没有被选取，那么会在每个配置中生成独立的序列号）。

4.【默认值】　选择默认值以在新生成文件时自动在列表中输入默认值。

（1）【文本值】：在输入字段中输入静态文本字符串用来做默认值。

（2）【特殊值】：从列表中选择动态变量用来作默认值。

- 【当前时间】：当前时间。
- 【文件名称】：选择文件的名称。
- 【文件名称无扩展名】：选择的没有扩展名的文件名称。

- 【文件路径】：选择文件的完整路径。
- 【已登录用户】：已登录用户的名称。
- 【今天的日期】：当前日期。
- 【用户（xx）】：全名、姓名缩写或用户数据。

（3）【序列号】：在列表中为默认值选择一个序列号。

（4）【文件夹数据卡变量】：选择文件夹数据卡变量，以该变量的值作为默认值。例如，如果选择了文件夹数据卡变量项目，且文件夹数据卡的变量值为“P05”，那么当用户向此文件夹中添加新文件时，编辑框中将填入默认值“P05”。

（5）【默认盖写】：在用户复制或添加文件或条目时，使默认值覆盖现有变量值。

（6）【不包括的配置】：要排除默认值的配置。在文件添加至库或添加会生成默认值的新配置时进行排除。每行键入一个配置名称。可以使用“ * ”作为通配符。例如，键入“ * magnet * ”会排除所有配置名称中带“magnet”的配置。如果用户手动生成诸如序列号的值，则配置不会被排除。

5.【输入公式】 可以从弹出的编辑框内输入一组字符串，该字符串可以从相关联的其他数据卡变量内被赋值。更多信息请参看 SOLIDWORKS PDM Professional 管理员指南。

提示：由于分辨率限制了数据卡编辑器的大小，编辑框底部部分的属性可能会看不见。这些部分可能包括【不包括的配置】和【输入公式】。因此，编辑框属性部分可以像工具栏一样拉出并调整大小。

在文件夹数据卡上添加一个包含“project number”变量的编辑框。

步骤 15 添加编辑框

单击【编辑】。在数据卡上标签“Project Number”的下面插入一个新的编辑框，拖动调整尺寸，如图 4-36 所示。

步骤 16 选择变量

选择“Project Number”变量，如图 4-37 所示。

图 4-36 插入编辑框

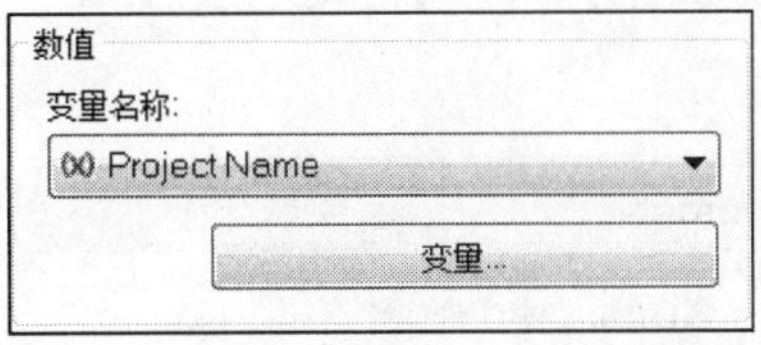

图 4-37 添加“Project Number”变量

步骤 17 保存数据卡

4.3.14 序列号

在 SOLIDWORKS PDM Professional 内使用序列号可以按所定义的序列号的规则自动命名文件，文件夹或者为卡控件赋给一个唯一的值。在每一个文件夹内都可以使用任意规则的序列号。

1. 打开序列号管理器 序列号的定义是在序列号管理器内完成的。

知识卡片	查找方法	• 在管理工具中，右键单击【序列号】子项，在快捷菜单内选择【新序列号】，如图 4-38 所示。

2. 产生序列号　可以使用以下三种方式来生成序列号。

（1）【列表】：序列号从内置的数列中生成。

（2）【字符串序列号】：序列号是由一个固定的文本内容加上一组自动生成的数字组成（这也是生成新的序列号时最经常使用的方式）。

（3）【插件序列号】：序列号由一个序列号插件生成。插件可以由 VB 或 C＋＋程序生成，可以通过 SOLIDWORKS PDM Professional API 接口导入到文件库。当序列号是由外部系统（例如：ERP 系统等）导入时需要使用这种方式。

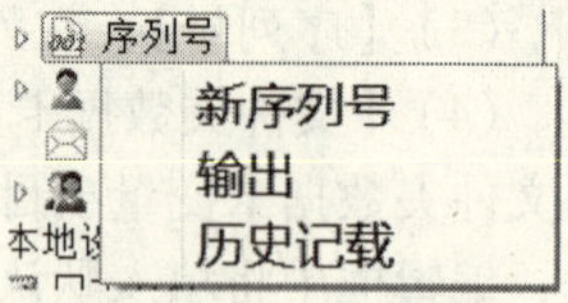

图 4-38　序列号管理器

注意　只有插件被调入到文件库时，插件序列号选项才会被列出，如图 4-39 所示。

3. 字符串序列号

为“Project Number”添加序列号，序列号是“P-”加一个五位数字的字符串，数字从 00001 开始计数，例如：P-00001、P-00002、P-00003 等。

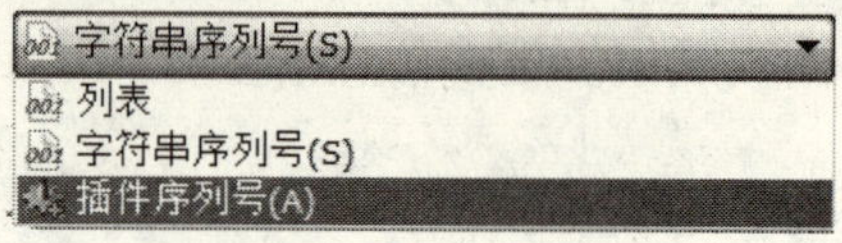

图 4-39　序列号类型

步骤 18　添加序列号

在管理工具中，右键单击【序列号】节点，再选取【新序列号】。

步骤 19　命名序列号

在【名称】栏内输入“Project Number”。

步骤 20　设置序列号类型

在【类型】内选择字符串序列号。

新添加的序列号是由一个静态文本（即字符不会随序列号变化而变化）加上一个动态（自动生成）变量组成。输入“P-”让字符串总是由此字符串开始，如图 4-40 所示。

步骤 21　添加动态变量

单击，选择插入一个动态变量数列。

选择【计数器值】/【00001】。这样会生成一个 5 位的数字。0 在这里仅只表示数字位数，如图 4-41 所示。

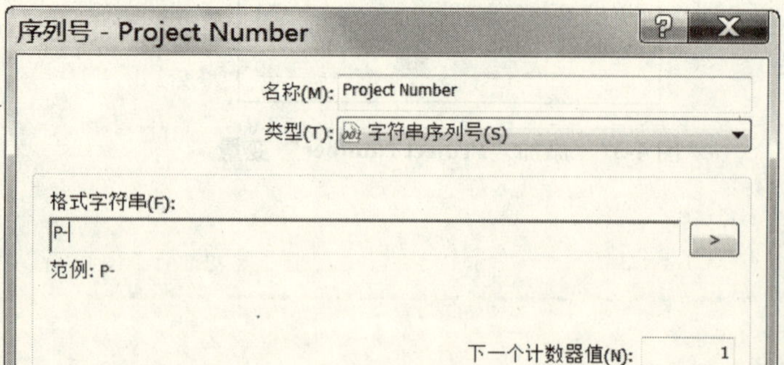

图 4-40　设置序列号类型

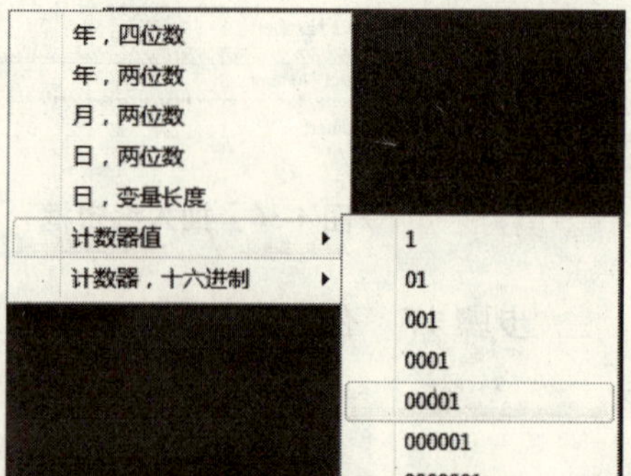

图 4-41　添加动态变量数列

提示　数字位数对序列号而言并不是一个强制约束。例如，如果用户使用两位数，当现有数达到“99”时，下一个值就会是“100”。

一旦变量被选中，那么数值会以“1”的步进值向上递增，如图 4-42 所示。

步骤 22　设置启动值

为序列号设置启动值（为当前序列号）。在【下一个计数器值】栏中输入 00001。用户也可以从任意整数开始，如图 4-43 所示。

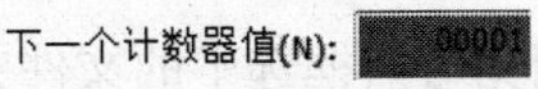

图 4-42　计数器值

图 4-43　设置起始值

步骤 23　保存序列号

单击【确定】保存序列号。保存之后，就可以在卡控件内或者通过模板变量使用该序列号。

步骤 24　设置“Project Number”数据卡上的变量

返回到卡编辑器，在文件夹卡上选取“Project Number”编辑框控件。

选取【默认值】/【序列号】，从下拉列表中选取“Project Number”。

勾选【旗标】/【只读】，防止用户更改自动生成的值，如图 4-44 所示。

步骤 25　保存数据卡

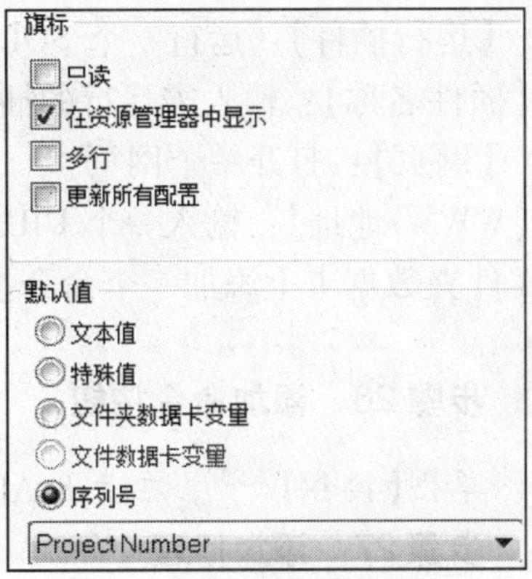

图 4-44　设置数据卡上的变量

4.3.15　命令按钮控件

在数据卡内添加一个命令按钮控件，可以用于启动外部程序、插件或者打开网页，如图 4-45 所示。

控件图标：　。

1.【标题】　在此输入命令按钮的标题，如果留空则按钮不显示标题。

2.【命令类型】　指定按钮将要进行何种动作。

（1）【命令字符串】：在【命令】一栏内输入按下此按钮时所执行的命令。例如，命令可能是一个可执行文件的名称，如“notepad. exe”。单击图标 > 可以添加命令运行时的额外选项。命令和运行参数需要用引号，并且需要用逗号分开。

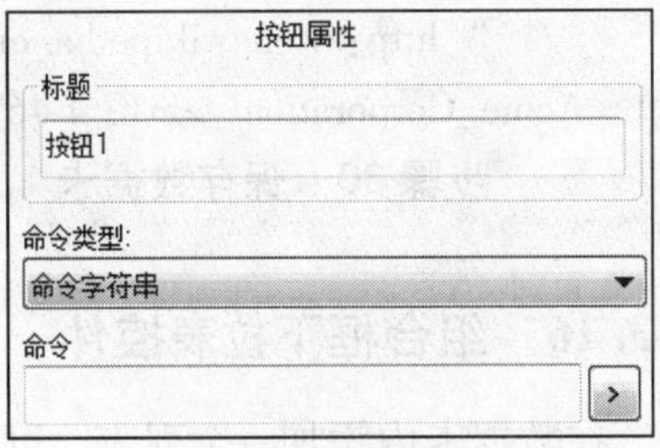

图 4-45　按钮控件属性

- 【浏览】：打开浏览程序对话框，可以为命令控件框内指定一个可执行文件（需要注意的是，该可执行文件及其完整路径需要能在所有需要使用该命令的客户端机器内被访问）。
- 【文件路径（%1）】：在命令行内添加当前所选文件的完整路径。
- 【文件库名称（%2）】：添加当前文件库名称。
- 【文件名称（%3）】：添加当前所选文件的名称到命令行内。
- 【文件扩展名（%4）】：添加当前所选文件的后缀名到命令行内。
- 【文件夹路径（%5）】：添加当前所选文件夹的路径到命令行内。
- 【百分比（%%）】：添加百分符号（%）到命令行内。

（2）【浏览文件】：打开一个浏览文件对话框，用户可以从中选择一个文件。
- 【对话框标题】：指定文件浏览对话框的标题。
- 【目标变量】：选择一个数据卡变量，存放在文件浏览对话框选中的文件完整路径。
- 【仅对于库中的文件】：用户只准许选择文件库中的文件。
- 【相对于库根的路径】：只显示所选文件相对于文件库根的路径。
- 【准许多个选择】：用户准许在浏览文件对话框内同时选择多个文件。

（3）【浏览文件夹】：打开一个浏览文件夹对话框，用户可以从中选择一个文件夹。
- 【对话框标题】：指定文件夹浏览对话框的标题。
- 【目标变量】：选择一个数据卡变量，存放在文件夹浏览对话框选中的文件夹完整路径。
- 【仅对于库中的文件】：用户只准许选择文件库中的文件夹。
- 【相对于库根的路径】：只显示所选文件夹相对于文件库根的路径。

（4）【运行插件】：运行一个 SOLIDWORKS PDM Professional 内的插件。
- 【插件名称】：输入需运行的插件名称。

（5）【网页】：打开一个网页
- 【WWW-地址】：输入一个 URL 网页地址。

在文件夹数据卡上添加一个命令按钮，用来打开 ACME 网站。

步骤 26　添加命令按钮

单击【按钮】。在卡上 ACME 企业商标下面插入新的命令按钮，调整到合适的位置。

步骤 27　添加标题

在标题中输入“Visit ACME Website”。

步骤 28　选择命令类型

从命令类型列表中选取【网页】。

步骤 29　输入命令

输入 ACME 网站的链接地址：“http://en.wikipedia.org/wiki/Acme_Corporation”，如图 4-46 所示。

图 4-46　设置按钮命令

步骤 30　保存数据卡

4.3.16　组合框下拉表控件

在数据卡内添加一个列表，可以让用户从下拉列表中的预设数值中进行选择或者在编辑栏内输入自定义的数值。这个控件兼有编辑框和下拉列表的功能，如图 4-47 所示。

控件图标：。

1.【条目】　选择在下拉列表内显示的项目。该数值可以从预置的列表，内置管理列表或者静态文本列表内读取。

（1）【特殊值】：选择一个预置的列表，用作组合框内的列表。

1）【用户列表（××）】：列出所有的库用户，从用户属性卡内读出其登录名称、简称、全名或者用户数据。

2）【组列表】：列出文件库内所有组。

3）【状态列表】：列出所有流程状态。

4）【工作流程列表】：列出库内所有工作流程。

5)【历史记载】。

6)【标准/单位/语言】：预置的列表显示本地“StdVal_xx.Lan”内的数值。更新所有客户端上的文件以添加更多的数值(这些文件放置在文件夹“< installation directory > \ LanFiles”中)。

7)【×××】：内置管理列表。

(2)【自由文本】：输入列表内的项目，每个项目一行。

(3)【由变量控制】：使用这个选项可以使列表数值内容由其他下拉列表或者编辑框内的选项决定。

2.【数值】

(1)【变量名称】。

(2)【变量】。

3.【旗标】

(1)【只读】。

(2)【在资源管理器中显示】。

(3)【更新所有配置】。

4.【默认值】

(1)【指定值】：在列表数据内指定一个数值作为默认值。对于用户或组列表而言，也可以直接指定当前登录用户或组。

(2)【文件夹数据卡变量】：指定一个文件夹数据卡变量作为默认值。

(3)【文件数据卡变量】。

(4)【默认盖写】。

(5)【不包括的配置】。

在文件夹数据卡内添加一个组合框下拉列表，将公司名称作为默认值。

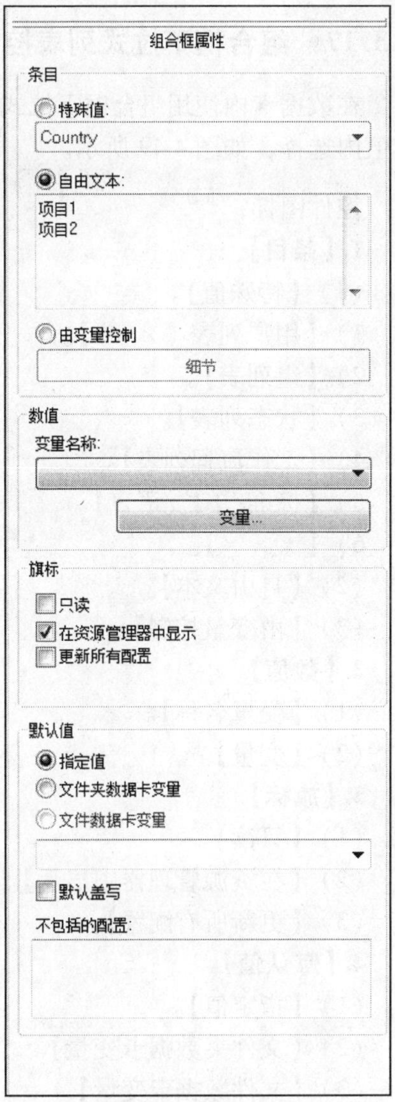

图 4-47　组合框属性

步骤 31　插入组合框

单击【组合框下接列表】。

在“Customer”的下边单击放置控件。

调整组合框的尺寸和位置。

步骤 32　创建一个列表

选择【自由文本】。输入四个名称“DS Waltham”“DS Woodland Hills”“DS Vélizy”和“DS Stockholm”。

步骤 33　指定一个变量

在【变量名称】栏内选择“Customer”，如图 4-48 所示。

步骤 34　保存数据卡

图 4-48　设置组合框控件

4.3.17　组合框下拉式列表控件

在数据卡内使用组合框下拉式列表，只允许用户在预设的列表数值内选择，如图 4-49 所示。

控件图标：

1.【条目】

（1）【特殊值】。

1）【用户列表（××）】。

2）【组列表】。

3）【状态列表】。

4）【工作流程列表】。

5）【标准/单位/语言】。

6）【×××】。

（2）【自由文本】。

（3）【由变量控制】。

2.【数值】

（1）【变量名称】。

（2）【变量】。

3.【旗标】

（1）【只读】。

（2）【在资源管理器中显示】。

（3）【更新所有配置】。

4.【默认值】

（1）【指定值】。

（2）【文件夹数据卡变量】。

（3）【文件数据卡变量】。

（4）【默认盖写】。

（5）【不包括的配置】。

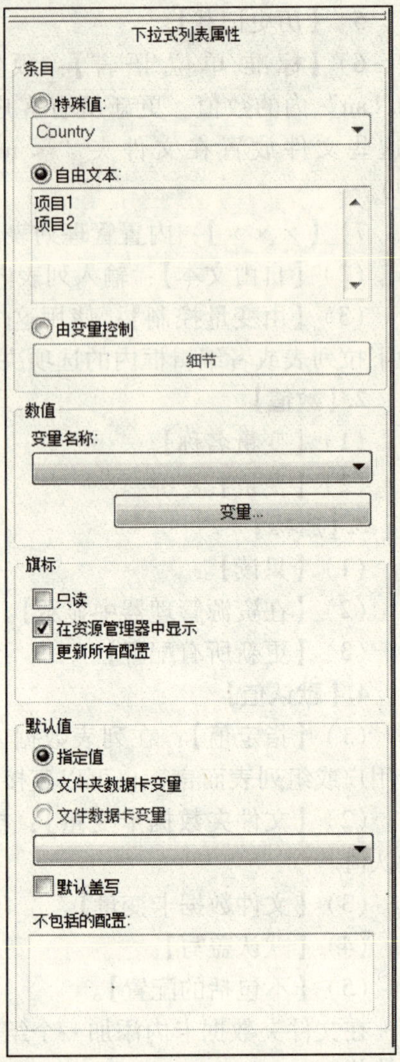

图 4-49　下拉式列表属性

> 提示　【单组合框】和【列表】控件具有与组合框式下拉列表一样的功能，只是在显示上有所不同。

5.【单组合框】　显示为一个编辑框和一个固定可见选取值列表的组合，如图 4-50 所示。

6.【列表】　显示为一个预定义选取值的列表框，如图 4-51 所示。

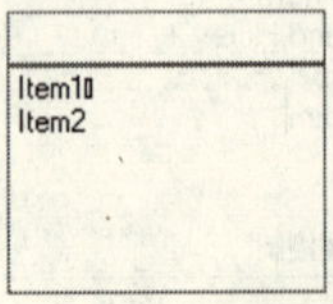

图 4-50　单组合框

图 4-51　列表

在文件数据卡上添加一个下拉列表，用以显示预先定义的所有可选用户。

步骤 35　添加一个下拉列表

单击【组合框下拉式列表控件】。

在“Project Manager”下边单击，放置控件。

调整控件尺寸和位置，如图 4-52 所示。

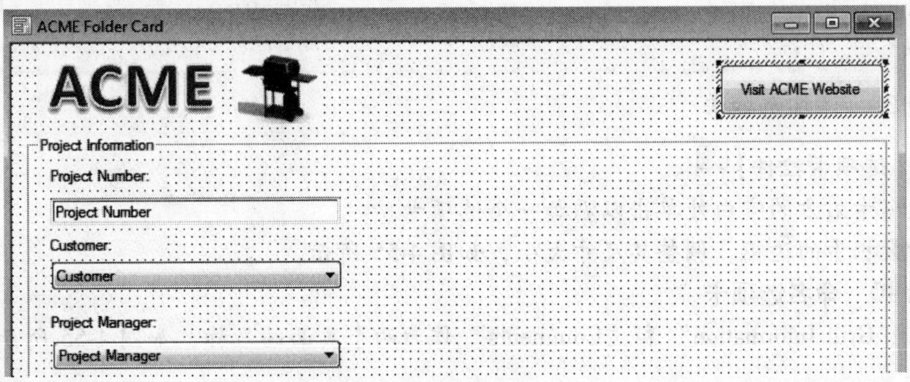

图 4-52 添加组合框下拉列表

步骤 36 附加列

在【条目】中选取【特殊值】。在下拉列表中选择【用户（全名）（登录名称）】。

步骤 37 关联变量

在【变量名称】栏选取“Project Manager”变量，如图 4-53 所示。

步骤 38 保存数据卡

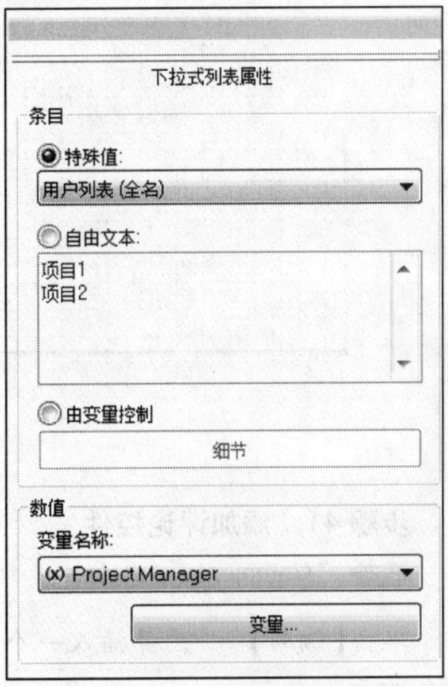

图 4-53 关联变量

4.3.18 选项卡控件

选项卡控件是指在一个包含有多个页面的选项卡内，可以控制各个页面的显示或隐藏，如图 4-54 所示。

控件图标：

【选项卡名称】

在此键入标题，每个标题要占一行，删除标题名称即可将该页面删除。

（1）【显示选项卡】：所有的页面都会在数据卡内显示出来。

（2）【由变量控制】：页面默认是隐藏的，只有从控件内的变量返回的数值与页面名称相符的情况下才会显示。

使用标记来整理数据和控制卡的大小。

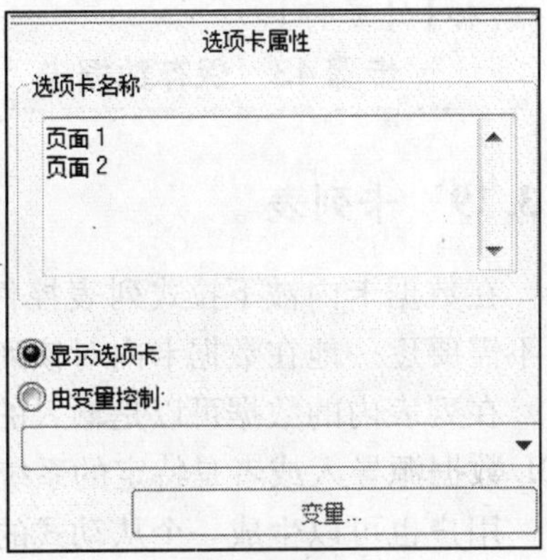

图 4-54

修改文件夹卡并添加两个选项卡，把“grill information”和“comment”分配到不同的选项卡页面。

要在选项卡中添加控件，首先在选项卡控件中选择选项卡标题来确定哪个页面是应该操作的。之后创建新的控件或者将其他地方的控件拖放到该页面中。

步骤 39　添加选项卡

单击【选项卡控件】。

在数据卡右方的空白处单击以添加一个选项卡。

拖动数据卡的边框，调整其尺寸大小，如图 4-55 所示。

步骤 40　命名选项卡

输入“Grill Information”和“Comments”作为两个页面的名称，如图 4-55 所示。

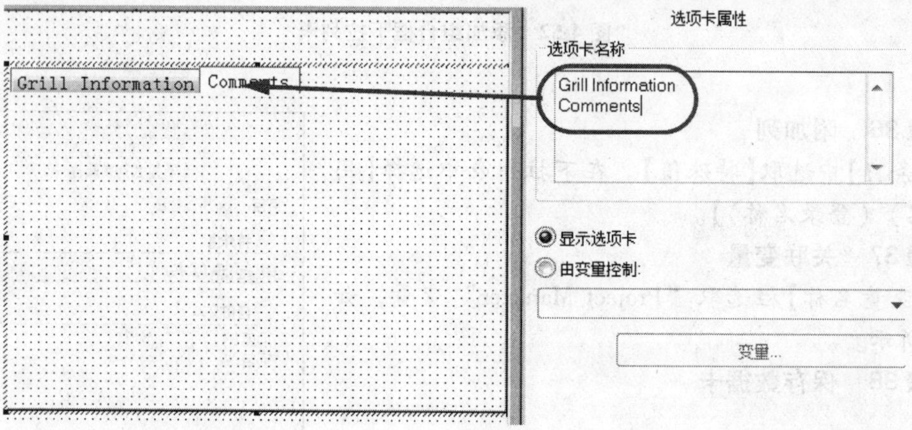

图 4-55　设置选项卡

步骤 41　添加评论控件

选择“Comments”页面。

单击【编辑】，并插入一个新的编辑框，如图 4-56 所示。

调整编辑框的尺寸和位置。

步骤 42　添加变量

为编辑框选取变量“Comment”，并选中【旗标】/【多行】。

步骤 43　保存数据卡

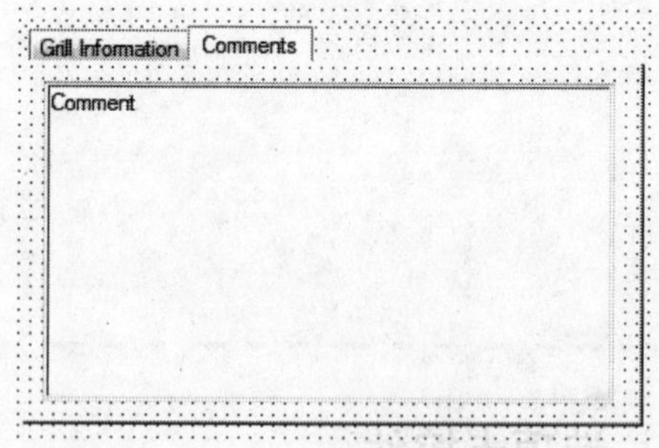

图 4-56　添加新编辑框

4.3.19　卡列表

在数据卡内被下拉式列表控件或选择框控件所引用的列表值，可以使用卡列表进行维护或更新，而不需要逐一地在数据卡内对该列表数值进行修改，如图 4-57 所示。

在列表内的数据可以是输入的静态文件，也可以是周期更新的数值，因为列表数值可以从外部的 SQL 数据源导入或者是特定的系统列表（如用户名、组名等）。

用户也可以生成一个从动式的列表，即从一个列表内选择某个数值后可以控制另一个列表所显示的内容，如图 4-58 所示。

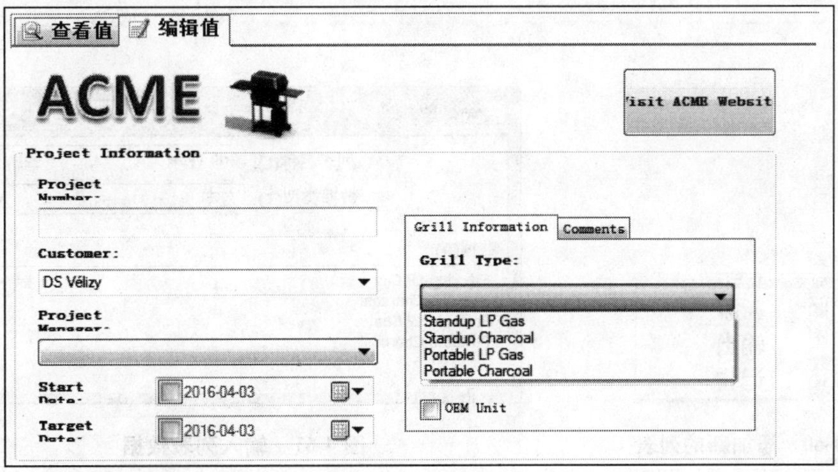

图 4-57　卡列表

知识卡片	
操作方法	• 右键单击【列表】，从弹出的快捷菜单选择【新添】。

1. 选项

（1）【列表名称】：为列表赋予一个名字。

（2）【数据类型】：定义该列表是显示静态的文本或者是从 SQL 源内导入数据，如图 4-59 所示。

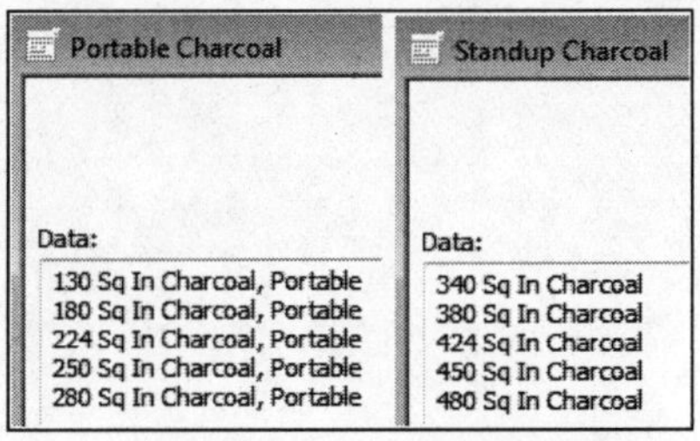

图 4-58　导入列表数据

图 4-59　数据类型选项

（3）【数据】：对于文本列表，在此逐行输入所需数据。

2. 新添列表

生成几个卡列表，以便在创建数据卡时可以用来在卡内添加数据。

步骤 44　新建列表

右键单击【列表（对于卡）】，从快捷菜单内选择【新添】，如图 4-60 所示。

步骤 45　命名新列表

在【列表名称】栏内输入“Grill Type”。在【数据类型】栏内选择【文本】。

步骤 46　添加列表项

在【数据】栏内输入如下所示的名称，如图 4-61 所示。

- Standup LP Gas。
- Standup Charcoal。
- Portable LP Gas。
- Portable Charcoal。

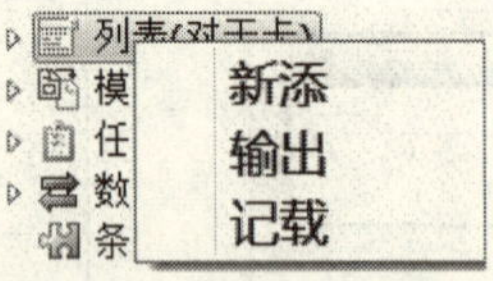

图 4-60　添加新的列表

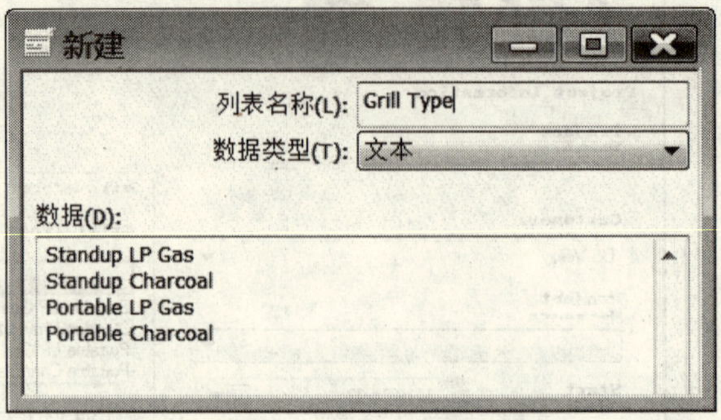

图 4-61　输入列表数据

Grill Type 列表如图 4-62 所示。

图 4-62　Grill Type

步骤 47　保存卡列表

单击【文件】/【保存】或直接单击保存图标 。

步骤 48　输入其他的列

为每种“Grill”类型，输入相应的“Grill”大小列表。

在管理工具中，右键单击“ACME”库，选择【输入】，如图 4-63 所示。

从文件夹“Lesson04 \ Case Study”中打开文件“grill_ size_ lists. cex”。

单击【确定】，完成输入，如图 4-64 所示。

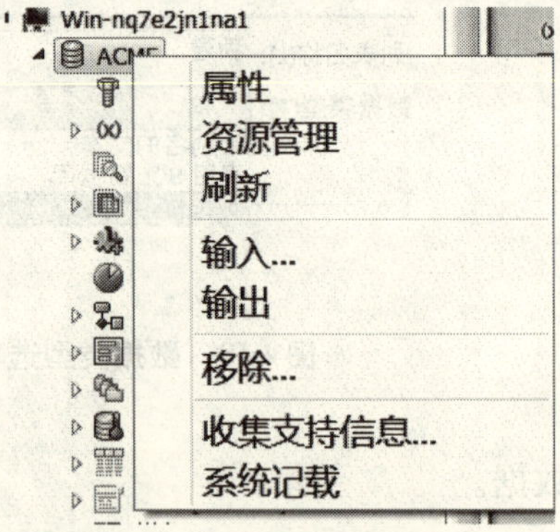

图 4-63　输入其他的列

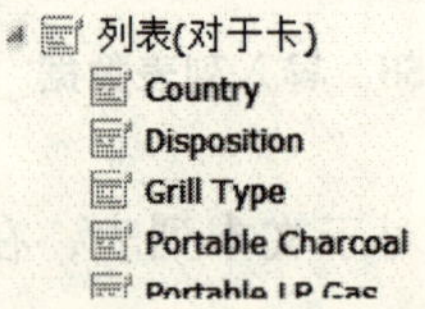

图 4-64　显示添加所有列

4.3.20　动态列表

所谓动态控制卡列表是指一个列表内的数值可以触发另一个列表的显示。

步骤 49　添加一个下拉列表

返回到卡编辑器，选取“Grill Information”页面。

在文件夹卡上单击【组合框下拉式列表】，放置控件到“Grill Information”页面上。根据需要，调整控件的尺寸和位置。

步骤 50　附加一个列

在【条目】中选取【特殊值】。从下拉列表中选取【Grill Type】。

步骤 51　关联变量

在【变量名称】中，选取“Grill Type”变量。

在列表控件上方添加一个静态文本标签，命名为“Grill Type:”，如图 4-65 所示。

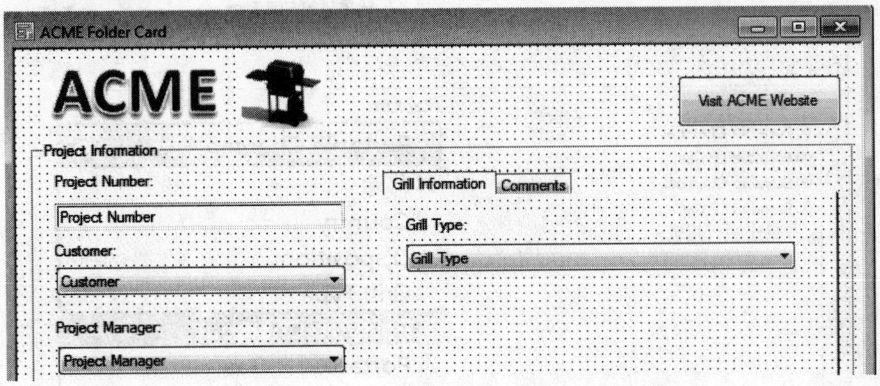

图 4-65　关联“Grill Type”变量

步骤 52　添加另一个下拉列表

在文件夹卡上单击【组合框下拉式列表】。

在“Grill Information”页面上单击，放置控件，使之处于“Grill Type”控件下方。调整控件到合适的尺寸和位置。

步骤 53　关联变量

在【变量名称】中，选取“Grill Size”变量。

在【项目】中，选取【由变量控制】。

步骤 54　选取控制变量

在【由变量控制】对话框中，从列表中选取“Grill Type”，作为控制变量，如图 4-66 所示。

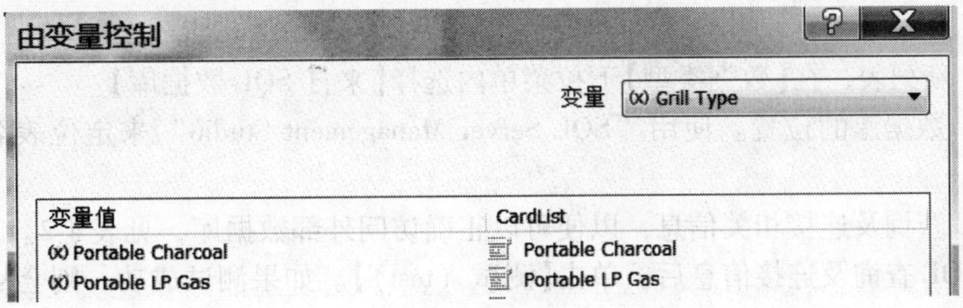

图 4-66　由变量控制对话框

步骤 55　设置变量依赖

通过在【变量值】列中输入一个变量，再从【Cardlist】列中选取相应的列表，进行变量依赖设置，如图 4-67 所示。

单击【确定】。

在列表控件上方添加一个静态文本标签，命名为“Grill Size:”。

步骤 56　保存数据卡

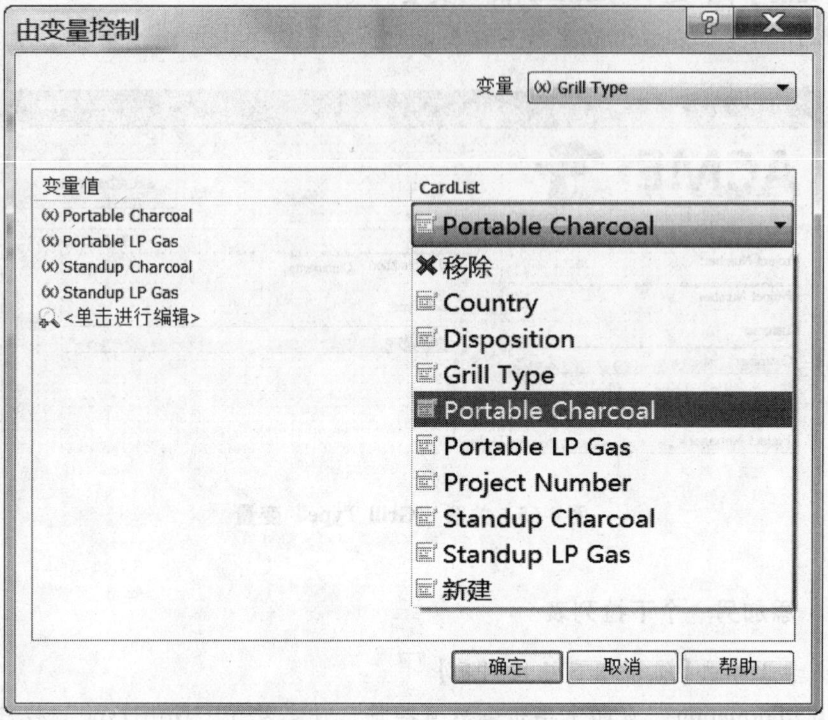

图 4-67 变量依赖设置

4.3.21 高级列表

与直接输入静态文本内容生成列表相比，用户还可以建立一个 T-SQL 查询，从外部的 SQL 数据库内检索出相关数据。例如，可以是一个材料数据库或者是客户名录等，如图 4-68 所示。

操作步骤如下：

（1）生成一个新列表，在【数据类型】下拉菜单内选择【来自 SQL 数据库】。

（2）指定 SQL 数据源的位置。使用“SQL Server Management Studio”来定位表名，然后新建一个查询。

（3）填入 SQL 查询及连接相关信息，以便可以正确访问外部数据库，见表 4-2。

（4）在输入 SQL 查询及连接信息后，单击【测试（test）】。如果测试成功，则会从 SQL 源内返回数据并显示在【数值】窗口内，如图 4-69 所示。

（5）保存列表，并在数据控件内与之正确关联（作为特殊值）。

提示 查询使用 Microsoft®标准的 T-SQL 格式。更多帮助可以参考 SQL Server 在线帮助内关于如何查询的部分。

SOLIDWORKS PDM Professional 列表只能显示一列的值。如果 SQL 查询返回的结果多余一列，则只会用第一列的值，而忽略其他列。

列表的刷新是由列表定义时安装有 SQL Server 文件库宿主机内的 SOLIDWORKS PDM Professional 数据库服务所决定的。如果列表更新失败，则需要检查该列表是否正确安装和设置。

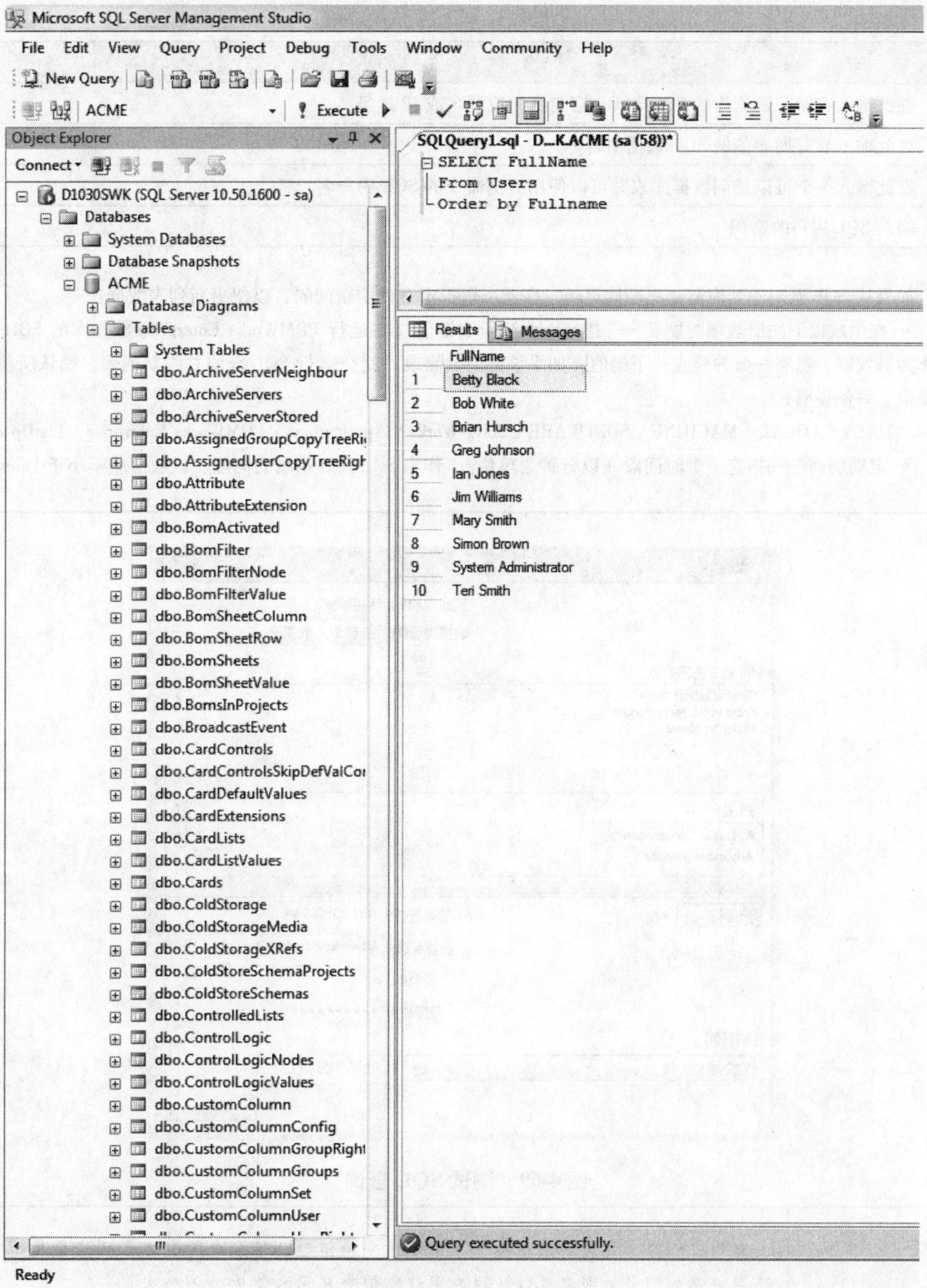

图 4-68　SQL 数据库内检索数据

表 4-2　SQL 查询

选　项	说　明
列表名称	为卡列表输入名称
数据类型	选择【来自 SQL 数据库】来生成一个 SQL 列表
SQL 命令	输入 T-SQL 查询，用于从数据表内生成列数据。在本例中，查询将返回在 SQL Server 内的示例数据库“Adventure Works”内所包含的供应商公司名称。具体查询语句为： Select Fullname From Users Order by Fullname

（续）

选　项	说　明
服务器	在此输入存储有数据库的 SQL Server 宿主机的机器名或 IP 地址
数据库	在此输入含有列表值的 SQL 数据库名称
登录	在此输入一个可以访问数据库表并可以使用查询命令的 SQL 用户名
密码	输入 SQL 用户的密码
刷新	如果从 SQL 返回的列表需要周期性更新，在此可以指定查询刷新间隔，以便更新列表数据： ● 在生成以下注册表项时刷新——指定一个注册表键值（在运行 PDMWorks Enterprise 数据库的 SQL Server 机器上）作为触发器，每隔一分钟检查一下键值，如果该键值被修改，就会运行 SQL 查询并刷新列表。确认所输入完整的键名及值，举例说明： "HKEY_ LOCAL_ MACHINE \ SOFTWARE \ Solid-Works \ Applications \ PDMWorks Enterprise \ ListUp-date \ Update" ● 定期刷新——指定一个时间段（以分钟为单位），作为 SQL 列表刷新的间隔。该数值应不小于 1min

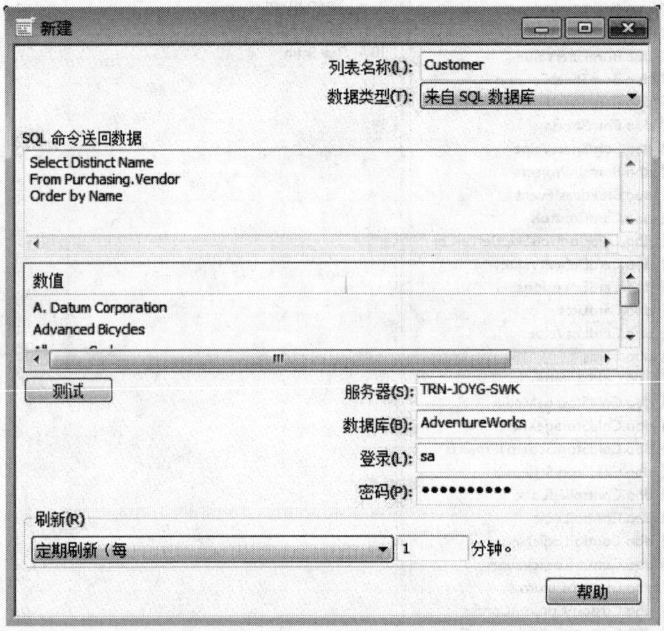

图 4-69　测试 SQL 查询

知识卡片	
带别名的文本	当用户创建卡列表用来在数据卡中显示变量值时，带别名的文本卡列表数据库类型可以让用户添加别名。别名可以让用户用截断值来显示和使用插入公式。 如果用户有关联变量值和表格或其他文档的别名的现有列表，可以在创建带别名的卡列表时将它们复制和粘贴。

4.3.22　复选框控件

在数据卡内添加一个复选框控件，如图 4-70 所示。

控件图标为 ☒。

1.【标题】　在此输入复选框控件的标题。

2.【数值】

● 【变量名称】：选择一个数据卡变量，用于存储复选框控件的数值。如果复选框被选中，则值为 1"，如果没有被选中，则值为"0"。

- 【变量】。

3.【旗标】

- 【只读】。
- 【在资源管理器中显示】：复选框内的变量名和变量已有的数值（0 或 1）会显示在资源管理器内的第一个【预览】栏。在复选框属性面板，这个选项一般处于未被选中状态。
- 【更新所有配置】。

4.【默认值】

- 【无默认值】：复选框没有默认值。
- 【复选】：默认情况下该复选框处于被选中状态。默认情况下可以同时有多个复选框处于被选中状态。
- 【解除复选】：默认情况下复选框处于未被选中状态。
- 【文件夹数据卡变量】：指定复选框是否需要从一个文件数据卡变量内继承其设置（标识或不标识）。

举例说明，如果用户在文件夹数据卡内添加了一个复选框并使之与变量：Active”关联，同时在此复选框属性面板内也选择了该变量，则复选框就会从文件夹数据卡内继承该变量的状态。

- 【文件数据卡变量】。
- 【默认盖写】。
- 【不包括的配置】。

在文件夹卡上添加一个复选框，用来标识“OEM Unit”。

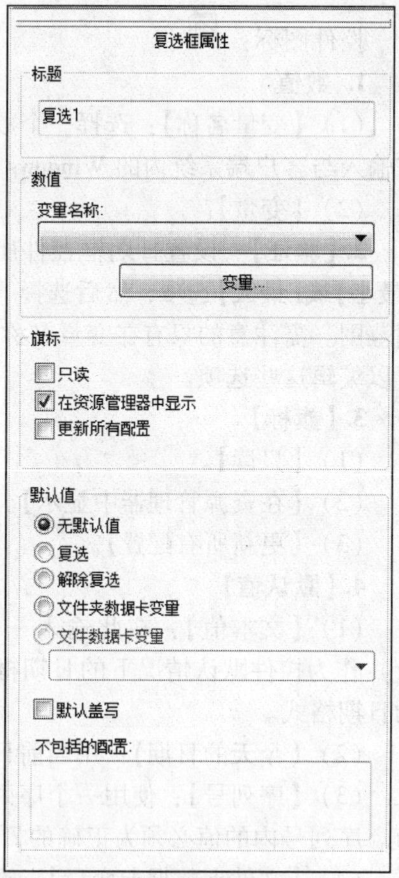

图 4-70　复选框属性

步骤 57　添加复选框

单击【复选框】。

在数据卡上的“Grill Information”页面中“Grill Size”控件下方单击，放置控件。

步骤 58　更新复选框属性

设置标题为“OEM Unit”。

在【变量名称】中选定“OEM”变量，如图 4-71 所示。

设置【默认值】为【解除复选】。

步骤 59　保存卡片

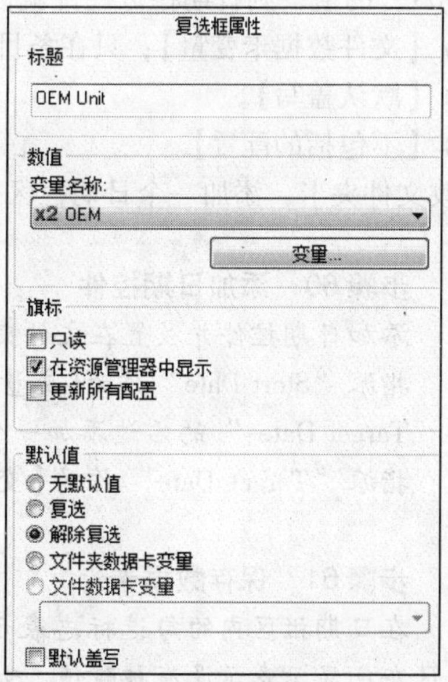

图 4-71　添加“OEM Unit”复选框

4.3.23　日期栏区控件

添加该控件可以让用户从一个日历内选择日期，如图 4-72 所示。

控件图标：。

1. 数值

（1）【变量名称】：选择一个数据卡变量用于存储日期栏区的数值。需注意的是当使用日期栏区时，需输入与客户端系统内的 Windows 区域设置相对应的日期简写格式。

（2）【变量】。

2.【验证】 设置日期框控件所使用的日期范围。单击【最小】或【最大】选项，然后选择一个日期或者设置一个日期范围。需注意的只有在变量名称内选择了变量 Date 后才可以编辑这些选项。

3.【旗标】

（1）【只读】。

（2）【在资源管理器中显示】。

（3）【更新所有配置】。

4.【默认值】

（1）【文本值】：在此输入一个静态文本值（日期变量）作为控件默认情况下的日期框区的值。必须输入正确的日期格式。

（2）【今天的日期】：用当前日期给日期框赋值。

（3）【序列号】：使用一个序列号作为日期框区的默认值。序列号内的值必须为正确的日期格式。

（4）【文件夹数据卡变量】：选择一个文件夹数据卡变量作为默认值。举例说明，如果选择了文件夹数据卡变量“Project Deadline”，并且该变量在文件夹数据卡内有个“5/5/2005”的值，则日期栏区控件就被赋值为“5/5/2005”。

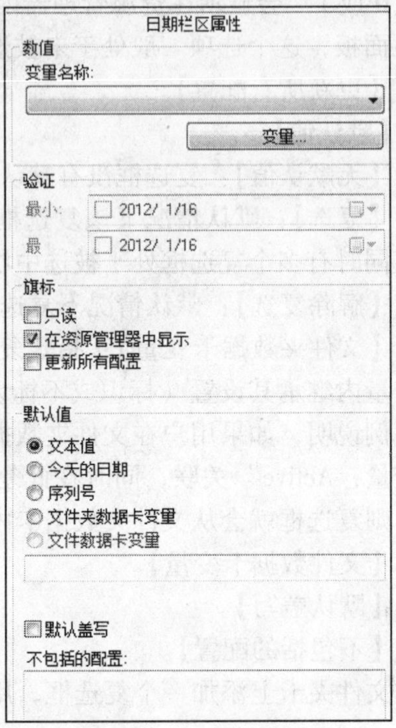

图 4-72　日期栏属性

（5）【文件数据卡变量】：只在条目中使用，该值将从相应的文件数据卡的指定变量值读取。

（6）【默认盖写】。

（7）【不包括的配置】。

修改文件夹卡，添加一个日期栏区控件，将当前日期设置为默认值。

步骤 60　添加日期控件

添加日期控件并放置在文件夹卡“Start Date”的右侧“static text”。

指派“Start Date”作为【变量名称】。选取【今天的日期】作为【默认值】。在静态文本标签“Target Date：”的右边添加一个日期控件。

指派“Target Date”作为【变量名称】。选取【文本值】作为【默认值】，如图 4-73 所示。

步骤 61　保存数据卡

在日期栏区内的勾选标志表示该控件已被赋值。清除该勾选标志可以删除日期。日期栏区灰色显示表示没有被赋值，如图 4-74 所示。

可以通过在打开的日历表内选择一个日期来为控件赋值。如果选择【今天】将会返回当前日期，如图 4-75 所示。

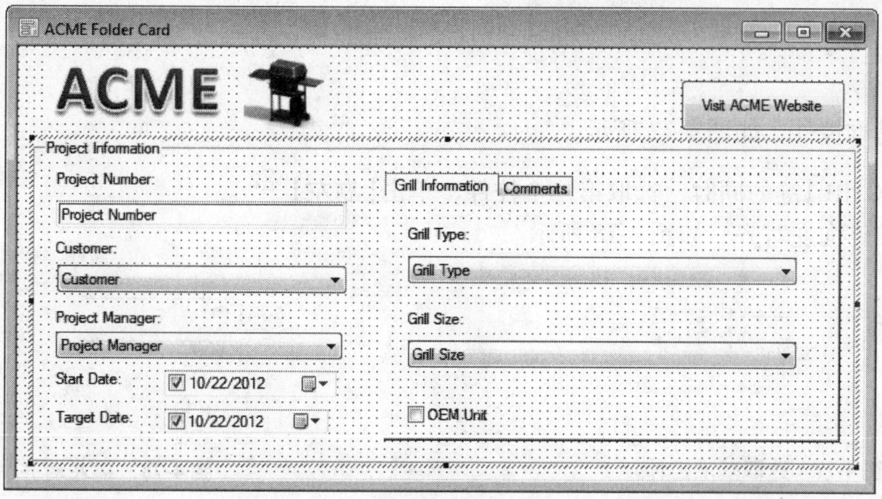

图 4-73　添加日期变量和控件

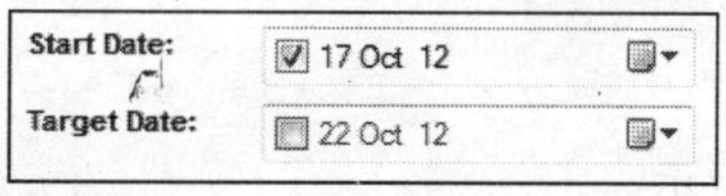

图 4-74　日期栏没有被赋值

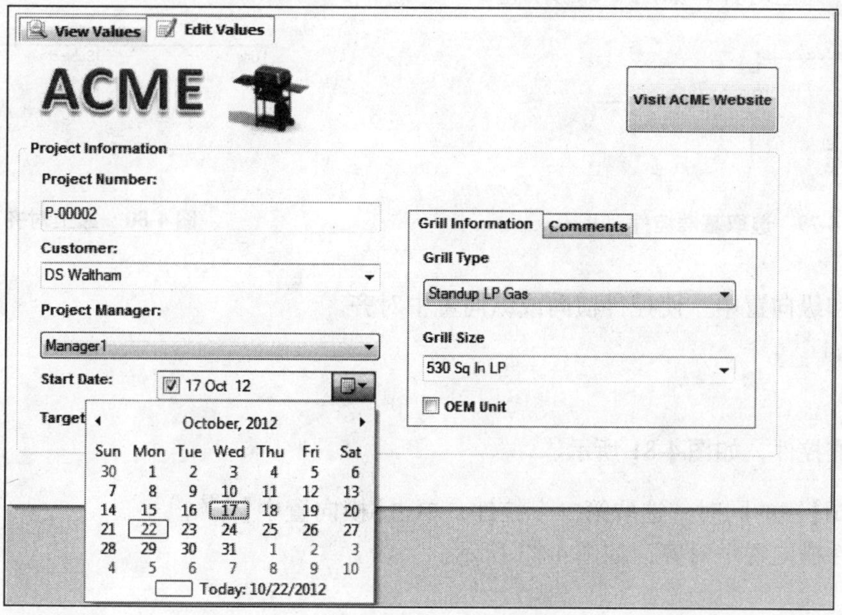

图 4-75　设置日期

4.3.24　排列控件

使用排列工具可以对卡内的控件进行排列或对齐，或者可将其尺寸大小设为相同。如果该工具条没有显示出来，可以从下拉菜单内选择【查看】/【显示工具条】/【排列】，如图 4-76 所示。

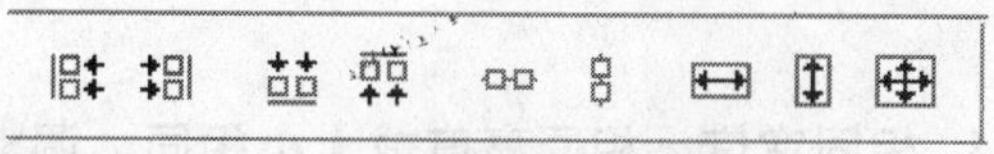

图 4-76　排列工具条

1. 左边或右边 使控件向左边或右边对齐。

按钮图标：。

举例说明：

（1）选取基准控件，如图 4-77 所示。

（2）按住【CTRL】键的同时，选取第二个控件，单击【靠左】。

（3）两个控件向左对齐，如图 4-78 所示。

图 4-77　选取基准控件

图 4-78　靠左对齐

2. 靠上或靠下 使控件向上边或下边对齐。

按钮图标：。

举例说明：

（1）选取基准控件，如图 4-79 所示。

（2）按住【CTRL】键的同时，选取第二个控件，单击【靠上】。

（3）两个控件向上对齐，如图 4-80 所示。

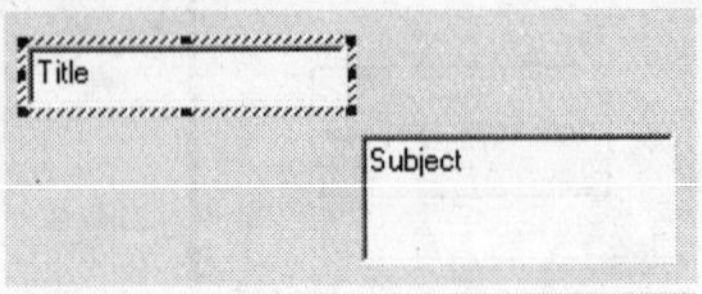

图 4-79　选取基准控件

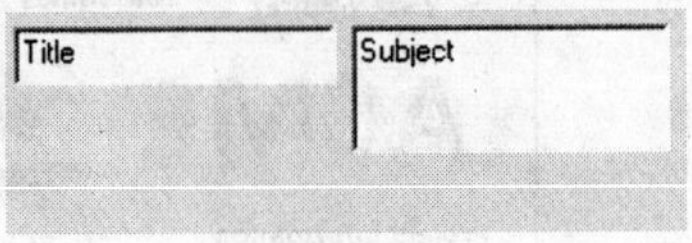

图 4-80　靠上对齐

3. 横向居中和纵向置中 使控件横向或纵向置中对齐。

按钮图标：。

举例说明：

（1）选取基准控件，如图 4-81 所示。

（2）按住【Ctrl】键的同时，选取第二个控件，单击【横向置中】。

（3）两个控件横向置中对齐，如图 4-82 所示。

图 4-81　选取基准控件

图 4-82　横向置中对齐

4. 相同宽度、相同高度或大小相同 调整控件尺寸，使之相同。

按钮图标：。

举例说明：

（1）选取基准控件，如图 4-83 所示。

（2）按住【CTRL】键的同时，选取第二个控件，单击【大小相同】图标 。

（3）两个控件的高度和长度变成一样，如图 4-84 所示。

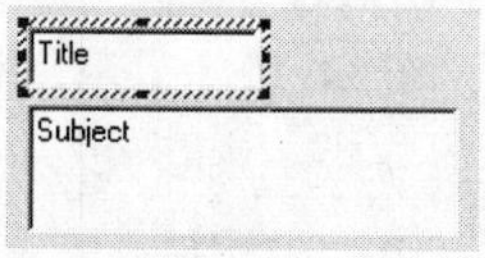

图 4-83　选取基准控件

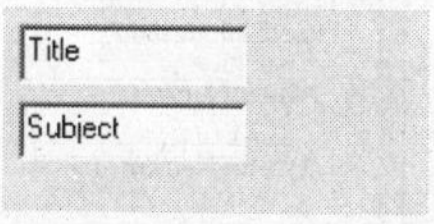

图 4-84　大小相同对齐

提示：首先选择的控件不会移动，后选的控件会跟随之前的控件对齐。

4.3.25　卡网格设置

利用卡网格可以更容易对控件进行定位。显示网格时，在数据卡内添加控件时会自动捕捉到临近的网格点上，如图 4-85 所示。

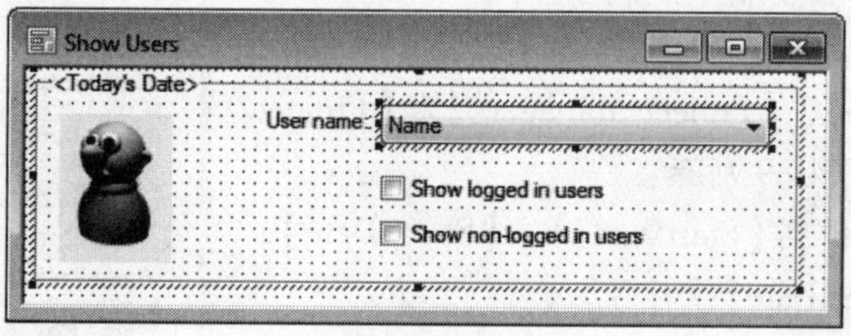

图 4-85　捕捉卡网格点

知识卡片	
网格设置	• 从下拉菜单内选择【查看】/【网格设置】。

显示网格设置窗口，消除【显示网格】选项则不显示网格，如图 4-86 所示。

不显示网格时，控件位置则可以自由移动，如图 4-87 所示。

图 4-86　显示网格

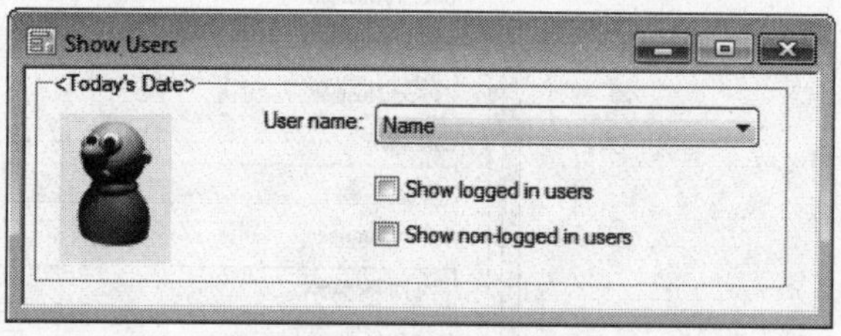

图 4-87　控件位置自由移动

可以通过对控件的尺寸进行调整，在控件之间进行对齐，使数据卡显得更整洁，更专业。

步骤 62　移动静态文本

排列控件之前，先调整静态文本标签的位置，使之位于控件的上方，如图 4-88 所示。

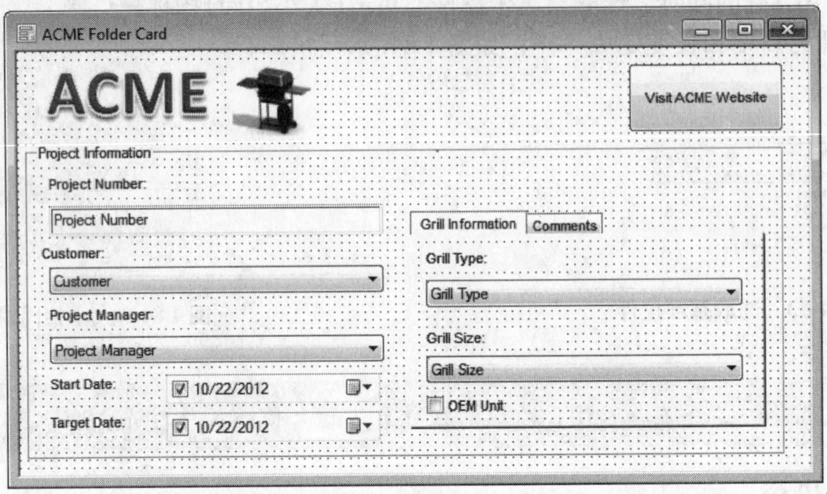

图 4-88　移动静态文本

步骤 63　排列控件

首先选取作为排列基准的控件。在文件夹卡上，选取静态文本控件【Project Number:】。

按住【Ctrl】键，选取【ProjectNumber】、【Customer:】、【Customer Name】、【Project Manager:】和【Project Manager】等控件，如图 4-89 所示。

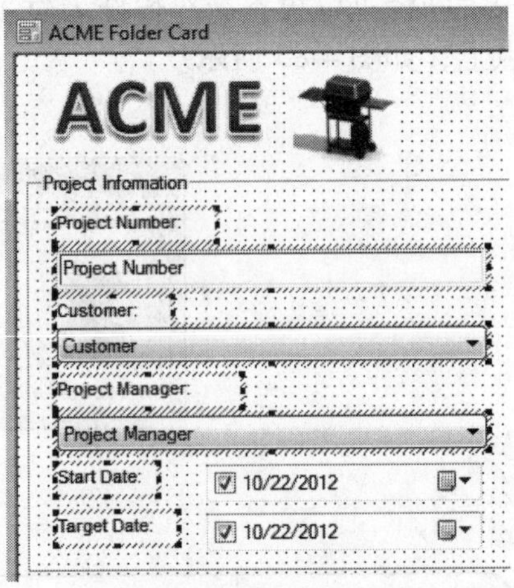

图 4-89　多选控件

重复上述过程，排列【StartDate:】、【Start Date】、【TargetDate:】和【Target Date】等控件。

步骤 64　设置控件尺寸

调整【Project Number】、【Customer】和【Project Manager】控件到需要的尺寸。

单击工具栏上【大小相同】图标 。

调整所选控件的尺寸，使之相同大小，如图 4-90 所示。

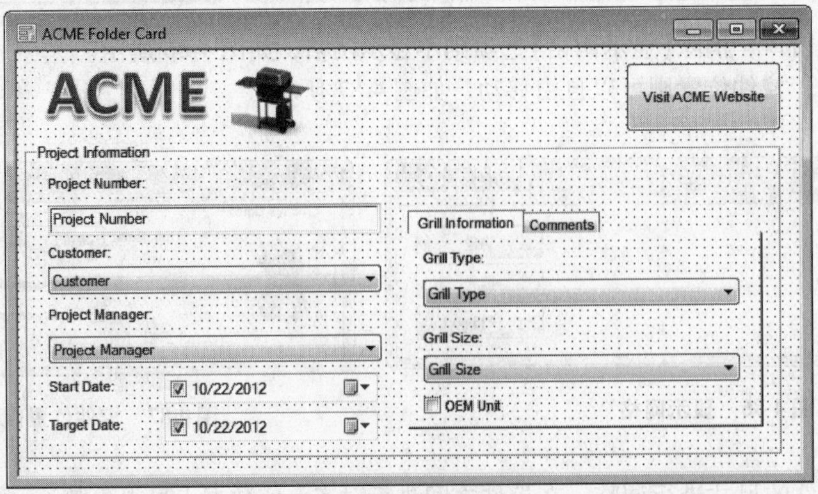

图 4-90　调整所选控件大小

4.3.26　选取字体

可以修改文本字形、大小和颜色，使显示更突出或者看其来更专业，如图 4-91 所示。

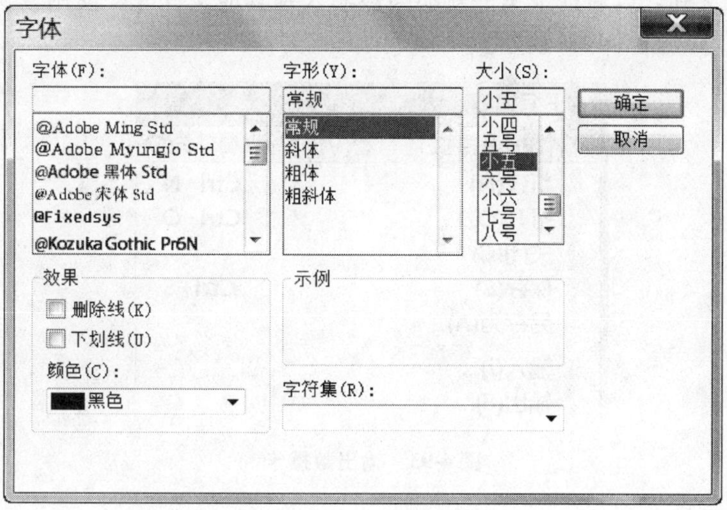

图 4-91　选取字体

控件图标：**A**。

1. 字体　选取显示的字体。

2. 字形　选择字形：常规、斜体、粗体、粗斜体。

3. 大小　选择字体大小。

4. 效果　选择效果：删除线、下划线、颜色。

为了使卡片看起来更专业，修改静态文本控件，使用 Arial 字体和粗体。

步骤 65　修改静态文本字体

同时按住【CTRL】键选择所有静态文本控件，并单击【选取字体】**A**。选择【字体】："Arial"，【字形】：粗体，单击【确定】，如图 4-92 所示。

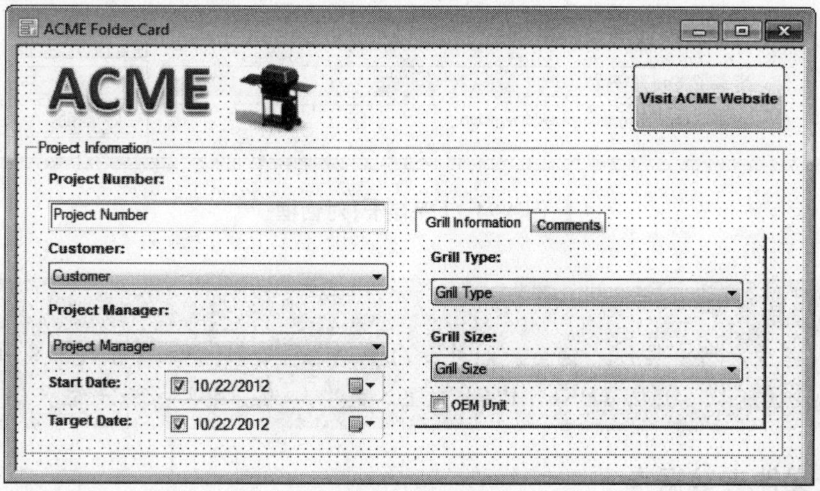

图 4-92　修改字体

步骤 66　保存数据卡

4.3.27 输出数据卡

如果用户已经生成或修改了一个数据卡，并想在另一个文件库中再使用，或者要简单做个备份，用户可以输出卡到一个文件。以后这个文件就能够被输入到其他文件库中使用。

单击【文件】/【输出】，如图 4-93 所示。

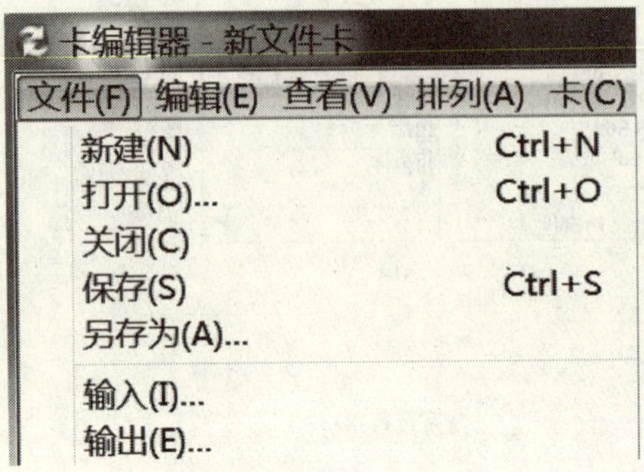

图 4-93 输出数据卡

在弹出的【保存卡】对话框中，键入要输出数据卡的名称和路径。默认后缀名为“. crd”，如图 4-94 所示。

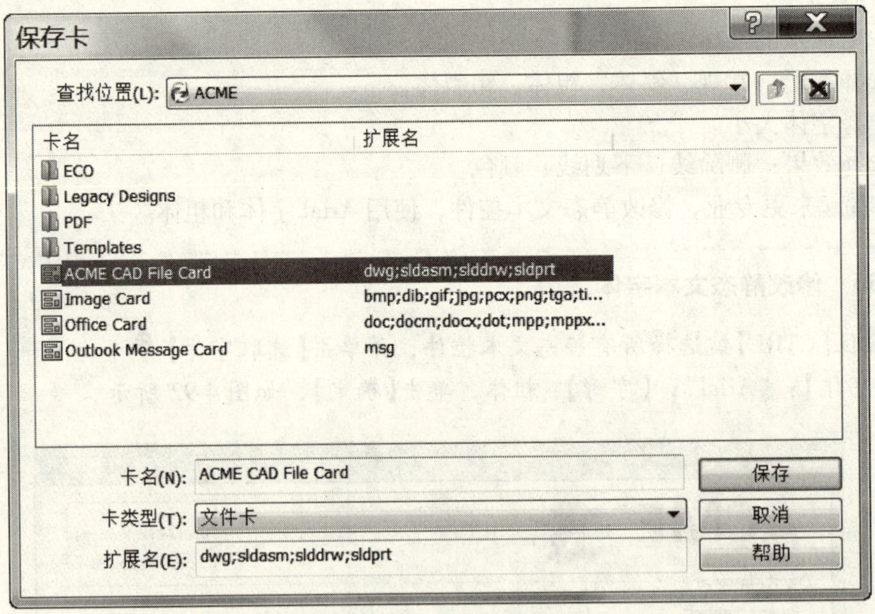

图 4-94 【保存卡】对话框

提示

在输出数据卡时：

- 数据卡内所有控件、变量、图片、内置列表等，都会保存在输出文件内。

数据卡也能从 SOLIDWORKS PDM 管理工具中作为一个“. cex”文件输出。

练习 设计一个文件夹数据卡

设计数据卡前，用户经常有必要去创建一些“构建”用来选择数据卡的值。

操作步骤

步骤1 新建变量

为“Project Country”创建变量。如果需要则创建“additional”变量。

步骤2 创建序列号 见表4-3。

表4-3 序列号

序列号	格式
项目编号	PROJ-xxxxxx

步骤3 创建列表 见表4-4。

表4-4 国家列表

国家	USA	United Kingdom	Brazil	China	Singapore

步骤4 创建数据卡

使用以下条件：

(1)“Project Number”来自序列号“Proiect Number”。

(2)“Project Manager”来自用户列表（全名）。

(3)“Project Country”来自“Country”列表，如图4-95所示。

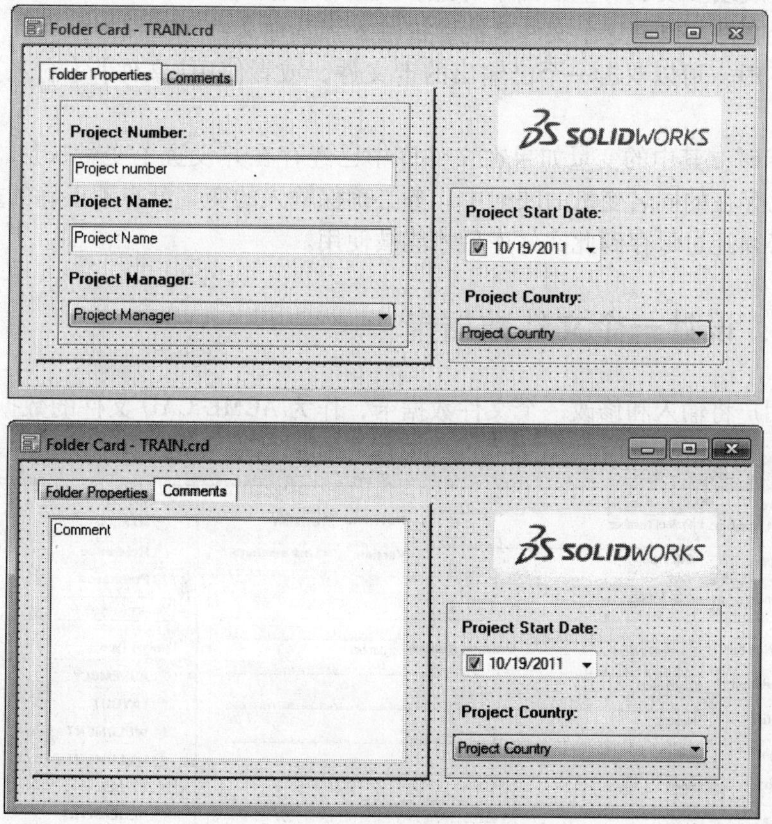

图4-95 创建数据卡

第 5 章　文件卡和搜索卡

学习目标

- 修改已有的卡
- 输入卡

5.1　输入数据卡

如果用户已经生成或修改了一个数据卡并想在另一个文件库中再使用，或者要简单做个备份，用户可以输出卡到一个文件。以后这个文件就能够被输入到其他文件库中使用。

（1）输出数据卡时　可以双击一个已输出的卡文件，或者使用【文件】/【输入】方式输入一个文件到库内。

（2）输入数据卡时　其中的变量如果在文件库中已经存在并设置了变量映射，则新输入的变量的映射将会被合并到已存在的同名变量的映射中。务必确保输入的变量没有不正确的重复。

输入的数据卡必须经过保存到此文件库后才能被使用。

5.2　学习实例：设计一个文件数据卡

在本实例中，用户将输入和修改一个文件数据卡，作为 ACME CAD 文件的数据卡，如图 5-1 所示。

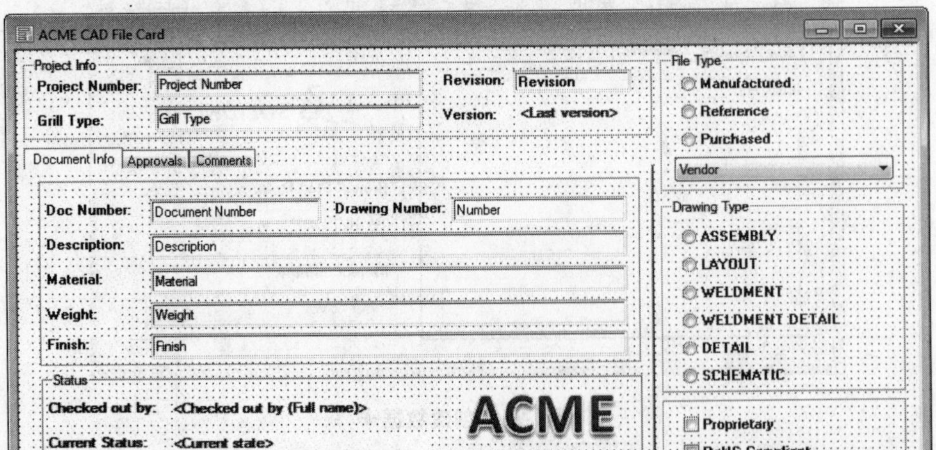

图 5-1　文件数据卡

操作步骤

步骤 1　输入数据卡和工作流程

右键单击 ACME 库，选择【输入】，选择文件“ACME_ CAD_ Card_ and_ Document_ Workflow. cex”，位于“Lesson05 \ Case Study”。

提示　输入数据卡的同时也会输入一个工作流程，具备工作流程后才可以将用来测试数据卡的文件添加到库中。

将所有用户添加到 Documents 工作流程，并指派用户所有的权限。

步骤 2　打开卡编辑器

双击【卡】节点。右键单击【卡】节点，选择【打开卡编辑器】，单击【打开】，浏览找到“ACME CAD File Card”。

已部分完成的卡被打开，如图 5-2 所示。

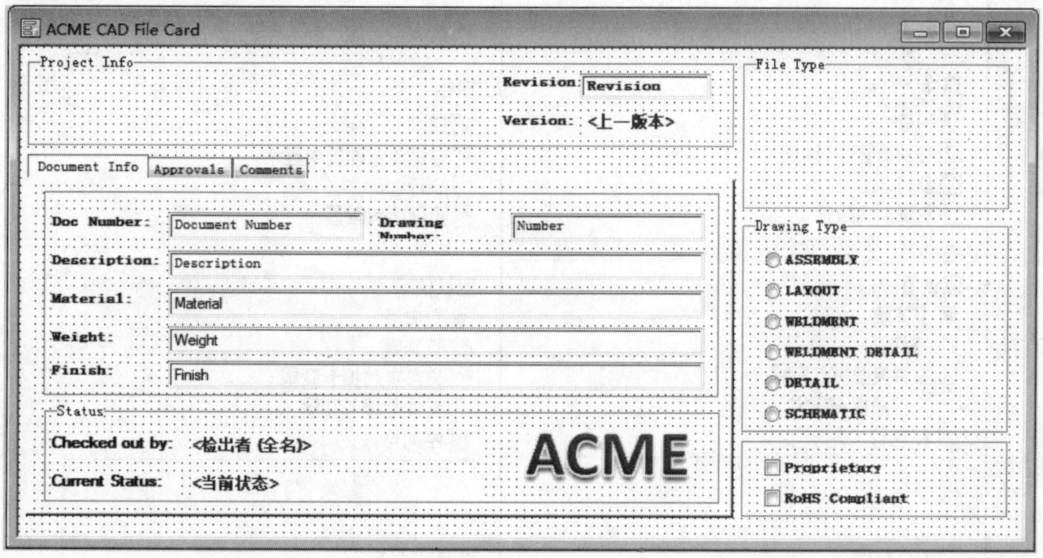

图 5-2　部分完成的文件卡

这个文件数据卡将用于 SOLIDWORKS 零件（sldprt）、装配体（sldasm）、工程图（slddrw）和 AutoCAD 图纸（dwg）文件，如图 5-3 所示。

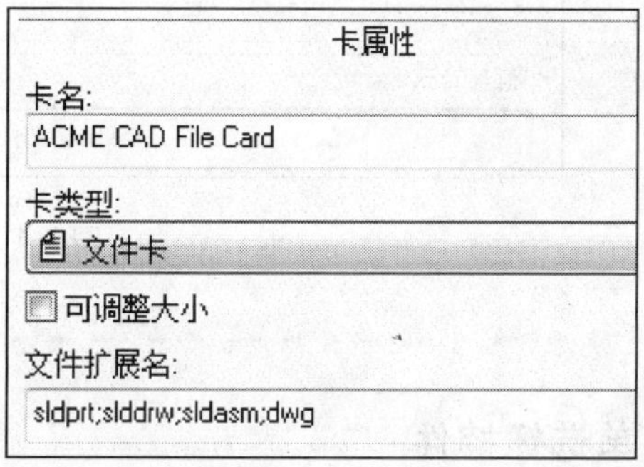

图 5-3　卡属性

步骤 3　添加项目信息控件

添加静态文本控件【Project Number】和【Grill Type】。

添加两个只读编辑控件，分别选择变量“Project Number”和“Grill Type”，并设置默认值为分别读取文件夹数据卡变量“Project Number”和“Grill Type”，如图 5-4 所示。

步骤 4　保存数据卡

选择菜单【文件】/【保存】或者单击【保存】。

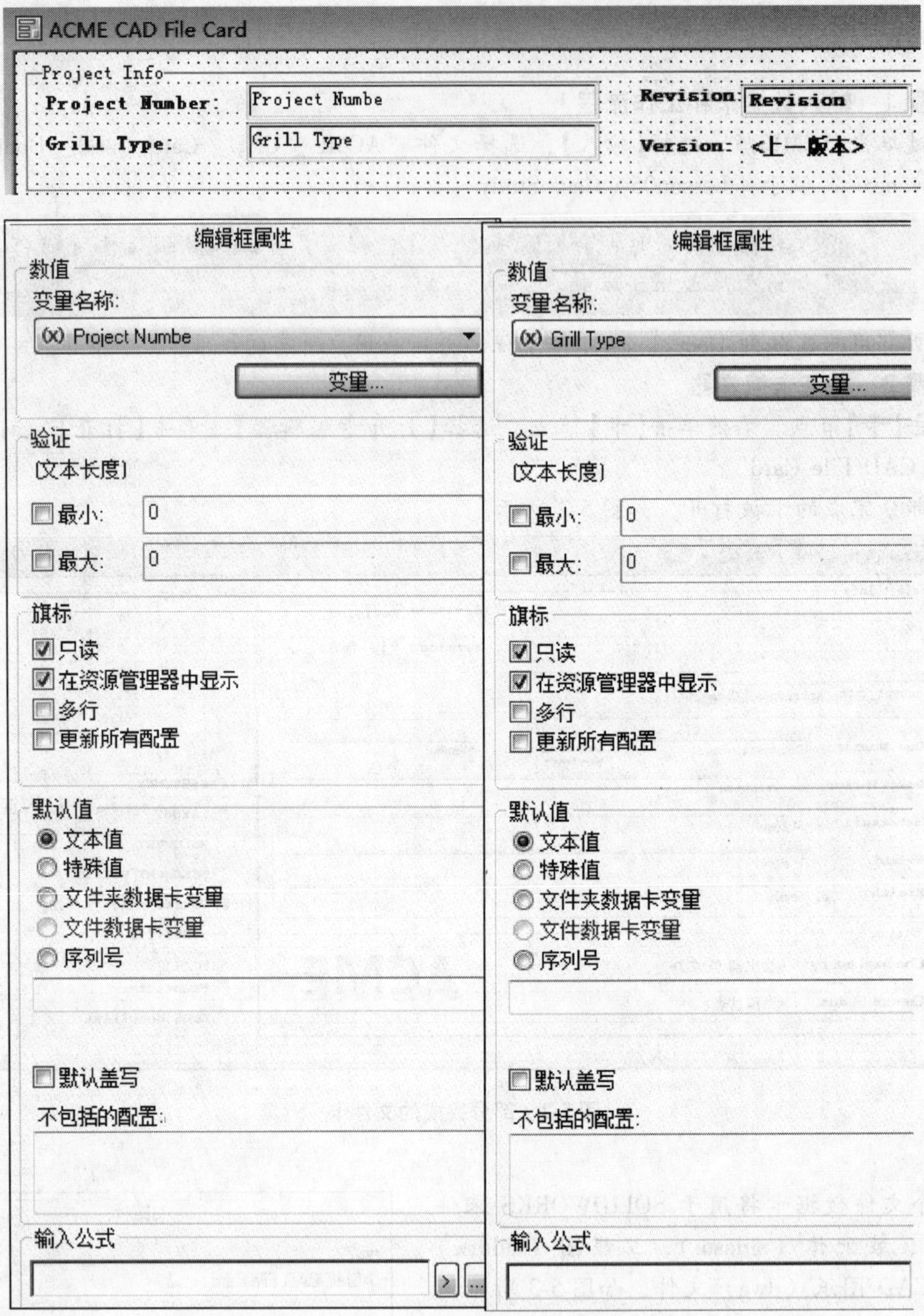

图 5-4　添加项目信息控件

5.2.1　单选钮控件

在数据卡内添加一个单选钮控件，可以让用户选择一个预先设定的数值，将其储存在数据卡的变量内，如图 5-5 所示。

控件图标：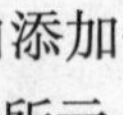

1. 标题　输入一个静态文本作为当用户选择这个单选钮时的变量值。比如，标题“English”会将“English”储存在已定义的变量内。

2. 数值

(1)【变量名称】：选择一个数据卡变量用于储存标题数据。如果添加了多个不同标题的单选钮，并且所有的单选钮都采用同一个变量，只有被选中的单选钮的标题才被储存在该变量内。使用这个方法可以将多个单选钮合并在一个组内，用于在多个数值内进行切换。

(2)【变量】：单击此按钮可以打开变量编辑器。

3. 旗标

(1)【只读】：将单选钮设为只读属性，这样用户无法修改该数值。

(2)【在资源管理器中显示】：所选中的变量名和在变量内保存的标题值会显示在资源管理器内的【预览】选项卡内。

(3)【更新所有配置】：当单击单选钮后，只要在编辑框内输入一个数值，文件内的所有配置页的数据卡就会更新为当前数值。

4. 默认值　指定一个默认值，当生成一个新文件时自动作为单选钮的数值。

(1)【无默认值】：单选钮没有默认值。

(2)【复选】：默认情况下，该单选钮处于被选中状态。如果有多个单选钮连接到同一个变量，则在一个组内只能有一个单选钮处于被选中状态。

(3)【解除复选】：默认情况下，该单选钮处于未被选中状态。

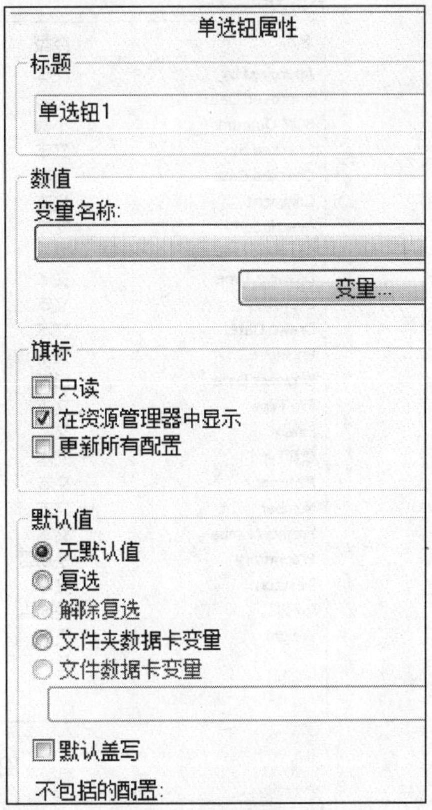

图 5-5　单选钮属性

(4)【文件夹数据卡变量】：指定一个文件夹数据卡变量作为默认值。比如，如果选择文件夹数据卡变量“Language”，而且该变量在文件夹数据卡内被赋予了值“Swedish”，则在该文件夹下创建一个新文件时，标题为“Swedish”的单选钮会作为默认选项。

(5)【文件数据卡变量】：仅用于条目卡片。将从相应的文件数据卡变量读取值。

(6)【默认盖写】：当复制或添加文件时，使用默认值覆盖已有值。

在文件数据卡内添加一组单选钮控件，指向相关的变量。

步骤5　插入单选钮

单击【单选钮】，在“File Type”框内添加单选钮，调整其位置及尺寸大小。

步骤6　生成一个变量

单击【变量】按钮，添加一个新的变量。单击【新变量】，在【变量名称】内输入“File Type”，将【变量类型】设为【文本】。

步骤7　关联到变量到文件属性

单击【新属性】，设置【块名称】为“CustomProperty”，【属性名称】为“File Type”，【文件扩展名】为“slddrw，sldasm，sldprt”。

单击【确定】关闭变量编辑器，如图 5-6 所示。

步骤8　设置单选钮属性

在【标题】栏内输入“Manufactured”。

在【变量名称】内选择“File Type”。

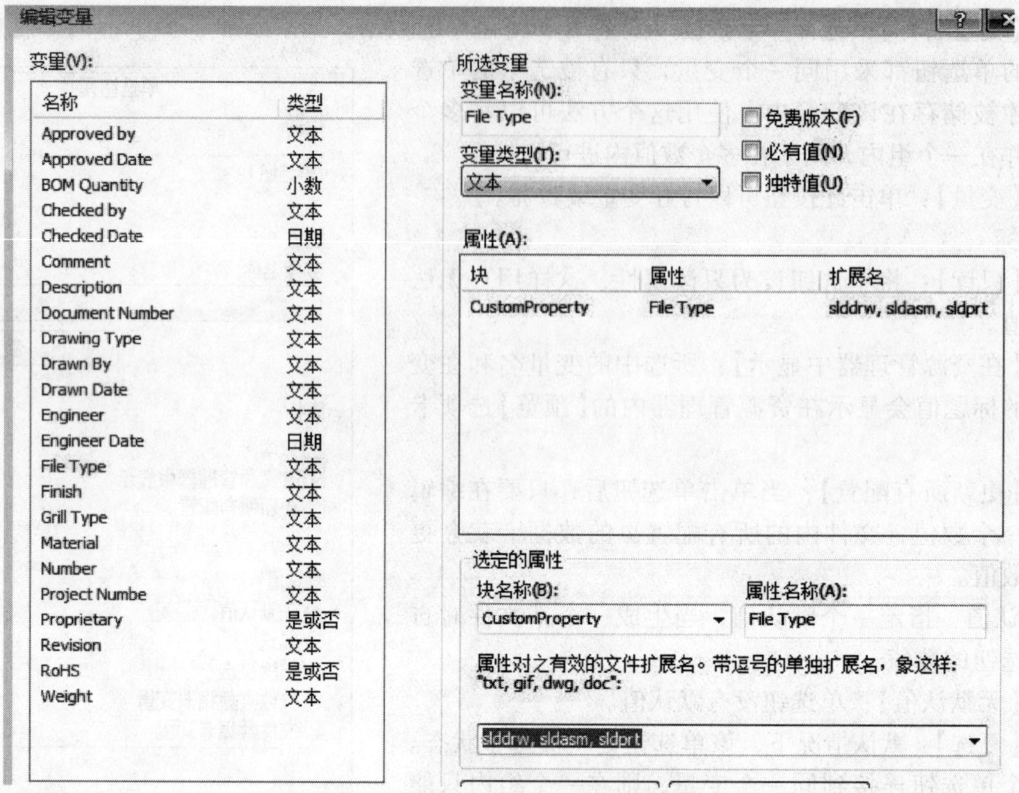

图 5-6　新建“File Type”变量

勾选【在资源管理器中显示】复选框和【复选】选项，如图 5-7 所示。

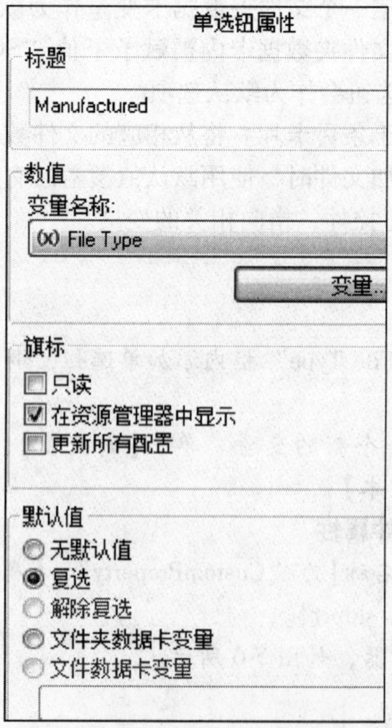

图 5-7　设置单选钮属性

步骤 9 添加其他的单选钮

另外添加两个标题分别为“Reference”和“Purchased”的按钮，两个单选钮在【变量名称】栏内都选择【File Type】，如图 5-8 所示。

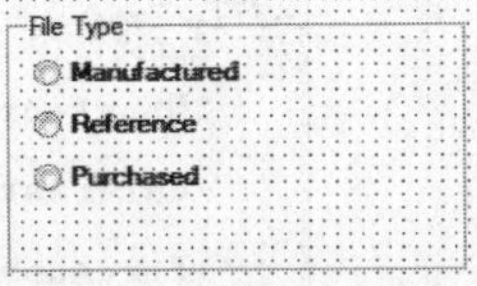

图 5-8 添加其他的单选钮

步骤 10 设置默认值

单击【Manufactured】单选钮，【默认值】中选择【复选】。

步骤 11 保存数据卡

所选中的单选钮的标题会保存在变量“File Type”内，如图 5-9 所示。

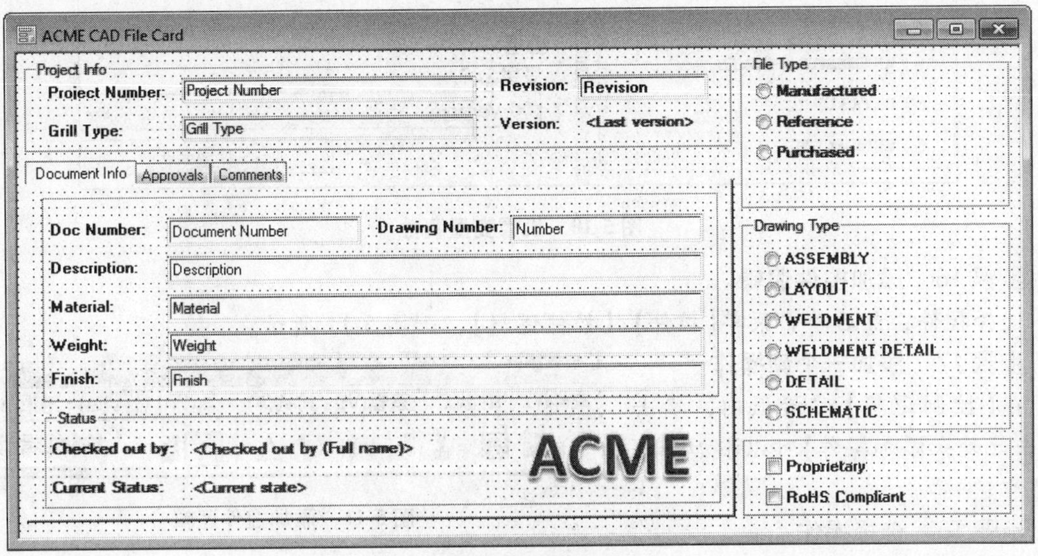

图 5-9 保存数据卡

5.2.2 卡控制逻辑

通过对数据卡控件添加控制逻辑，SOLIDWORKS PDM 可以根据用户设置的特定规则自动显示、隐藏或禁用控件。举例说明，单击一个语言复选框可以显示出特定的语言输入框。

在卡内添加一个控制逻辑：

步骤 12 添加一个控件

在【Purchased】单选钮下方添加一个组合框下拉式列表控件。

步骤 13 生成一个变量

单击【变量】按钮添加一个新的变量，单击【新变量】。在【变量名称】内输入“Vendor”，【变量类型】设为【文本】。

步骤 14 关联到变量文件属性

单击【新属性】，设置【块名称】为“CustomProperty”，【属性名称】为“Vendor”，【文件扩展名】为“slddrw，sldasm，sldprt”。

单击【确定】关闭变量编辑器。

步骤 15 设置变量属性

指定控件变量“Vendor”。在【自由文本】中输入一组“Vendors”名称为“Cogwell Cogs，Spacely Sprockets，Oceanic Airlines，Warbucks Industries”和“Wonka Industries”，如图 5-10 所示。

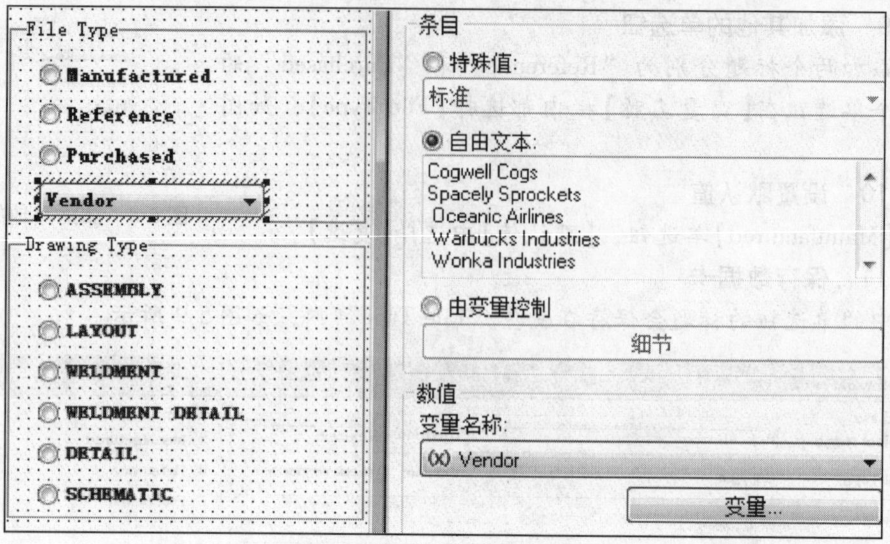

图 5-10　设置变量属性

步骤 16　添加控件逻辑

选择控件，然后单击菜单【控件】/【控件逻辑】，如图 5-11 所示。

步骤 17　添加一个新操作

在【控制逻辑】对话框内，单击【单击此处来添加操作】可以添加一个新操作。

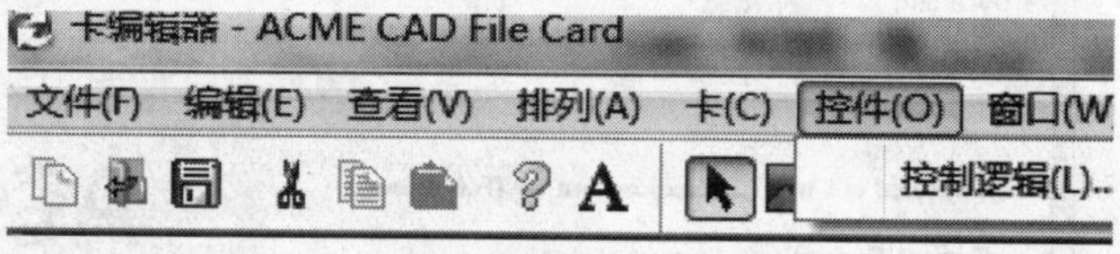

图 5-11　添加控件逻辑

步骤 18　选择操作

在下拉列表内选择【灰色显示】，如图 5-12 所示。

1.【灰色显示】　禁用卡上该控件，即控件虽然被显示但无法进行修改（例如只读）。

2.【隐藏】　隐藏卡上该控件。

步骤 19　设定条件

选中一个动作，选择【单击此处来添加条件】生成一个触发该操作的条件。

步骤 20　选择一个变量

从弹出的变量列表内选择一个变量，该变量的值将决定（触发）所选中的控制逻辑的操作，如图 5-13 所示。

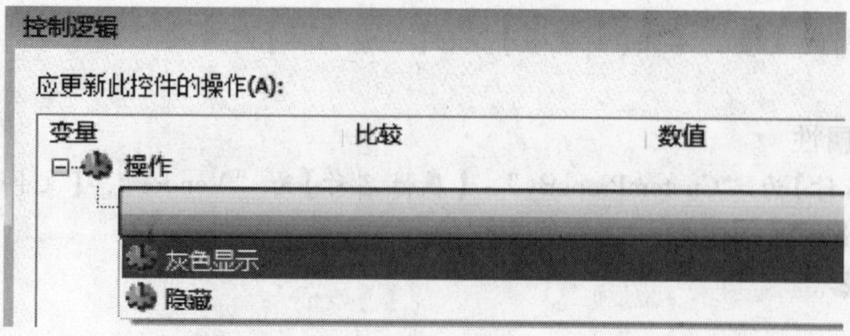

图 5-12　选择操作

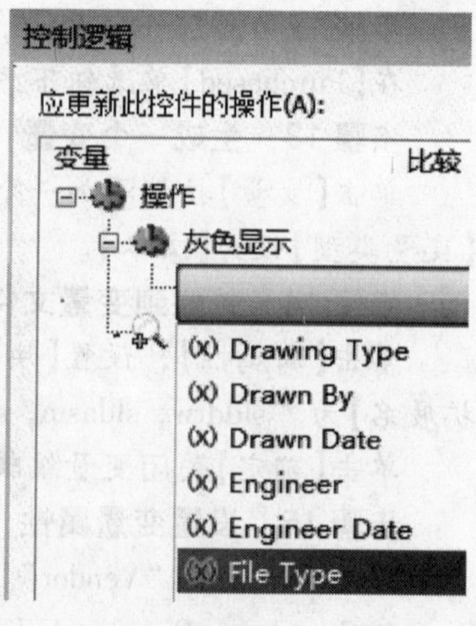

图 5-13　选择一个变量

提示　该变量必须存在于同一卡上的某个控件。

步骤 21　添加条件

输入一个条件，以匹配引发该控制操作。从列表中选择【文本不包含】，然后在数值处输入 “Purchased”，单击【确定】，如图 5-14 所示。

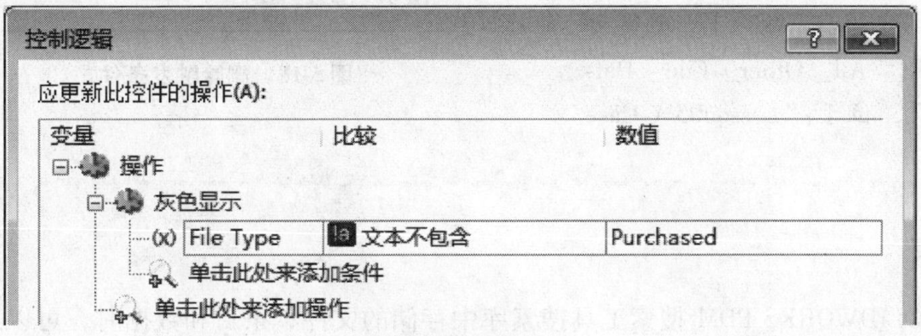

图 5-14　添加条件

这意味着如果变量【File Type】的值内包不含有文本 “Purchased”，则该控件将变为灰色显示，如图 5-15 所示。

步骤 22　保存数据卡

单击【保存】，关闭数据卡。

提示

- 无法同时对多个选中的控件添加控制逻辑，只能对控件逐一进行设置。
- 多个条件之间的逻辑关系总是被认为 “与” 的关系，意思是每个条件都必须满足才能最终触发该动作。例如，只有在 “Author” 和 “Title” 变量都被赋予正确的值时才能激活这个控件，如图 5-16 所示。

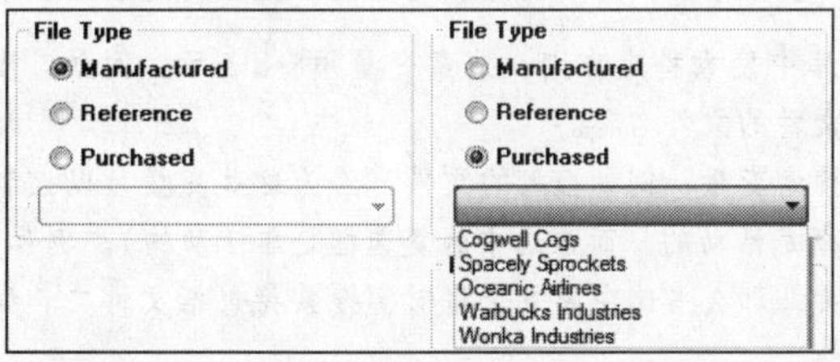

图 5-15　触发控件对比

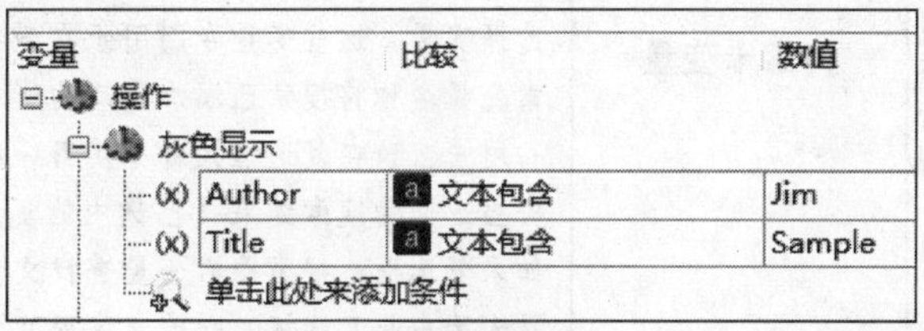

图 5-16　多条件触发设置

- 要想多个条件中任意一个都能触发操作，可在条件列表中使用 “或” 符号，并在它下面设置条件及变量。例如，下面的例子内 “Author” 变量只要是所指定的三个用户名中的任一个，就会隐藏该控件，如图 5-17 所示。

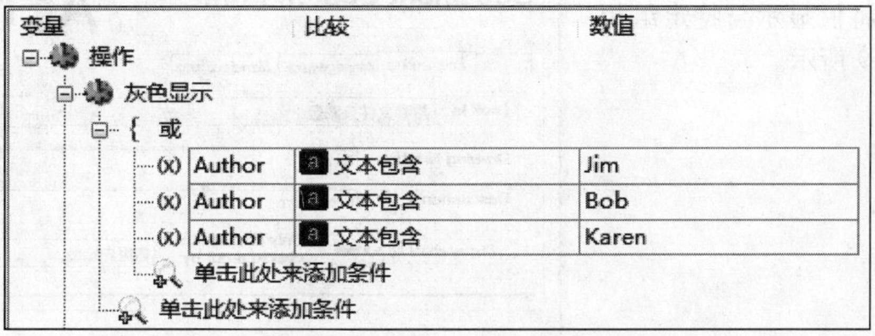

图 5-17　“或” 条件触发设置

- 选中一个条件或动作，从列表内选择【删除】可以将之删除，如图 5-18 所示。

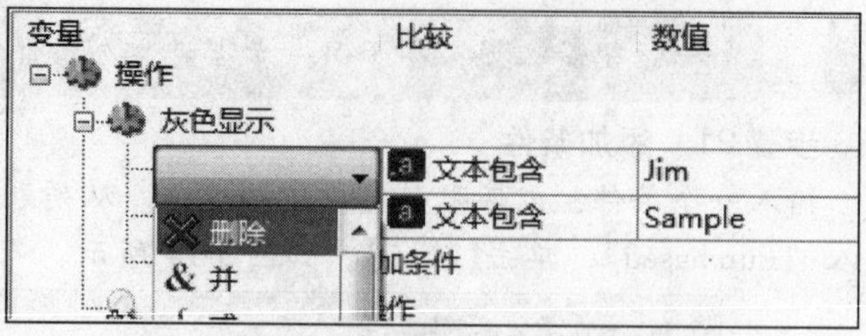

图 5-18　删除触发条件

步骤 23　添加的数据卡

在【管理】工具中，右键单击“ACME 库”，选择【输入】。浏览文件：“ACME_ All_ Other_ File_ Datacards. cex”，位于：“Lesson05 \ Case Study”。

5.2.3　搜索卡

用户使用 SOLIDWORKS PDM 搜索工具搜索库中存储的文件、条目和数据时，可以通过搜索卡以多种方式输入搜索条件。返回文件和文件夹结果的搜索卡，也可在 Windows 资源管理器对话框中访问搜索时使用。

每个搜索卡的布局都可以完全自定义，使用户可以生成包含选项卡和多个搜索字段的高级搜索卡，或生成只包含一个搜索字段的简单搜索卡。

在【卡编辑器】中打开搜索卡时，卡属性窗口会显示关于表格的信息。如果在卡上选择了某个控件，可以单击卡背景的任意位置重新显示卡属性。

知识卡片

搜索卡变量	在搜索卡上添加供用户用于搜索的控件字段后，需将字段链接到变量。例如，要在使用了客户名称变量的所有文件卡和文件夹卡中搜索【客户名称】变量，可在搜索表格中添加编辑控件，并将其链接到【客户名称】变量。 除常用卡变量之外，当卡类型设置为搜索卡时，用户还可以通过搜索变量从变量列表中选择变量，这些变量专门用于在数据库中搜索特定准则。搜索变量用🔍表示。例如，搜索变量名称将搜索已添加到库的所有文件的文件名称。 用户应该在复选框控件中使用一些搜索变量，例如检入的文件，因为这些变量可以控制应当返回的搜索结果（已选中的复选框是活动的，而未选中的复选框是非活动的）。例如，如果复选框链接至搜索变量查找文件夹，那么当选中此复选框时，搜索将包括文件夹。如果未选中此复选框，则搜索仅返回文件。

5.3　学习实例：设计一个搜索数据卡

在本实例中，用户将输入和修改一个搜索数据卡。搜索数据卡将仅显示与特定组相关的搜索条件，如图 5-19 所示。

图 5-19　搜索数据卡

操作步骤

步骤 1 打开卡编辑器

右键单击【卡】节点，选择【打开卡编辑器】。

步骤 2 输入一个数据卡

单击【文件】/【输入】，浏览找到“ACME Quick Search Card. crd”文件，位于文件夹“Lesson05 \ Case Study”，如图 5-20 所示。

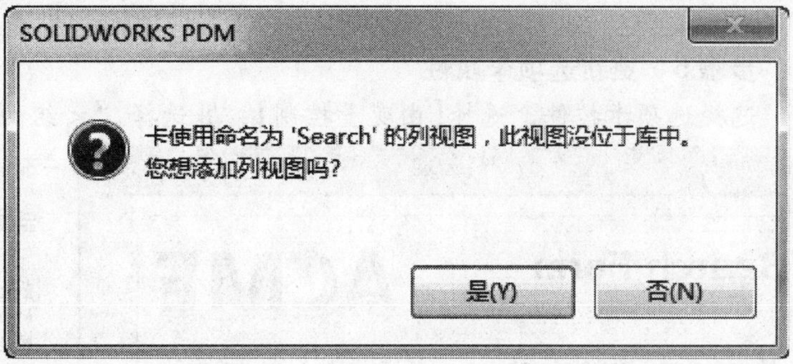

图 5-20 提示

单击【是】，添加列视图。

步骤 3 设置结果列集

搜索卡中已输入列集，但是并没有被识别为搜索列集。

在【管理】工具中，展开【列】节点，右键单击打开【Search】。

设置【类型】为“搜索结果”，单击【确定】，如图 5-21 所示。

图 5-21 设置搜索结果

提示 在第 6 章中将会详细讲解列的运用。

步骤 4 设置列集和权限

在【结果列集】中选取“Search”。在【可使用表格的组】选取“admin”，如图 5-22 所示。

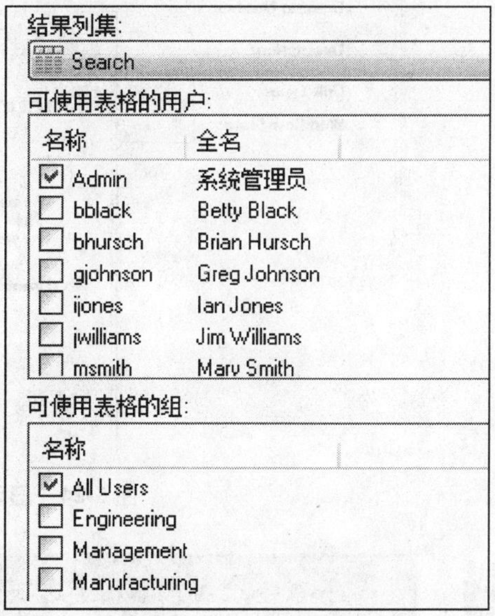

图 5-22 设置列集和权限

5.3.1 控制选项卡

选项卡页面的显示可以由一个变量、用户或者组进行控制。一个数据卡可以有多个布局，根据在卡上选择的内容进行显示。例如，用户有一个用于 office 文件的文件数据卡，但会根据 office 文件类型不同显示卡上特定的内容。

步骤 5　更新选项卡属性

选择选项卡控件，选择【由变量控制】，并选择“<组的名称>”，如图 5-23 所示。

图 5-23　更新选项卡属性

提示　选项卡名称必须与组的名称正确匹配。

步骤 6　保存数据卡

根据登录用户所在的组显示相应选项卡，其他选项卡自身为不可见，如图 5-24 所示。

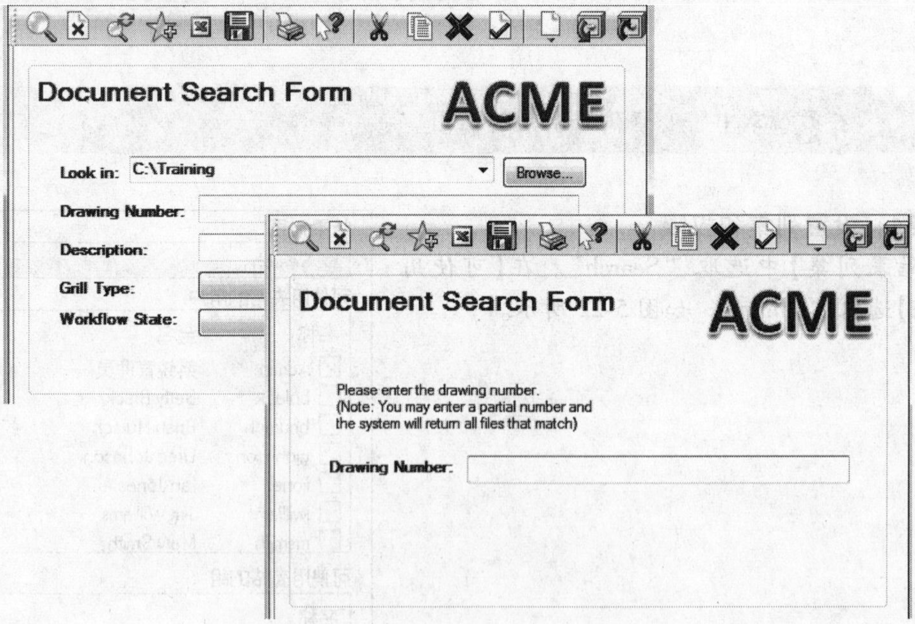

图 5-24　显示登录用户相对应的选项卡

提示　如果登录用户不属于选项卡控件中定义的任何组，选项卡则将显示空白。

5.3.2　粘合控件

在可调整大小的搜索卡中，使用【粘合】工具栏可指定卡控件与搜索卡的边缘始终保持一定间距。

粘合按钮：ㅑ ㅓ ㅛ ㅗ 。

例如：

（1）确认在卡属性面板内已勾选【可调整大小】复选框，如图 5-25 所示。

（2）选中需要调整大小的控件，使用粘合功能，如图 5-26 所示。

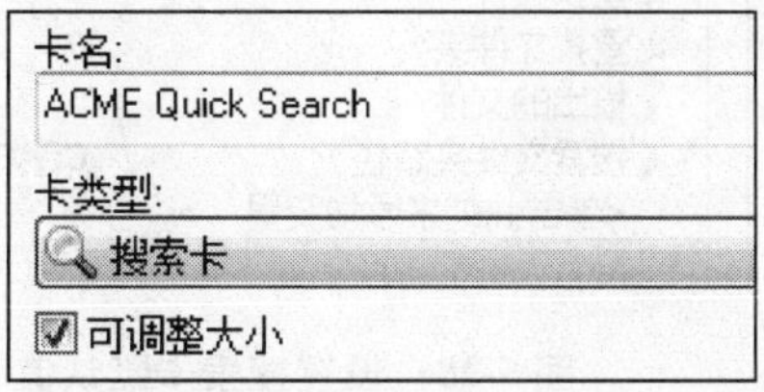

图 5-25　勾选【可调整大小】复选框

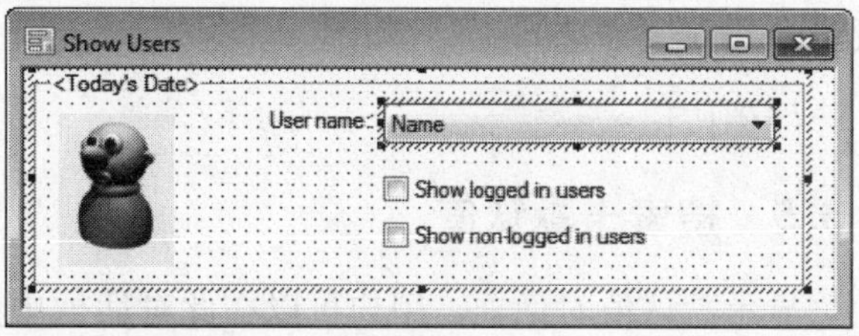

图 5-26　对所选控件使用粘合命令

（3）选择相应的按钮来定义控件，需根据表格的哪个边来自动调整，在本例中选择靠左粘合和靠右粘合 。

（4）在使用搜索表格时，被定义为粘合的控件尺寸大小会随着表格的大小改变而改变，如图 5-27 所示。

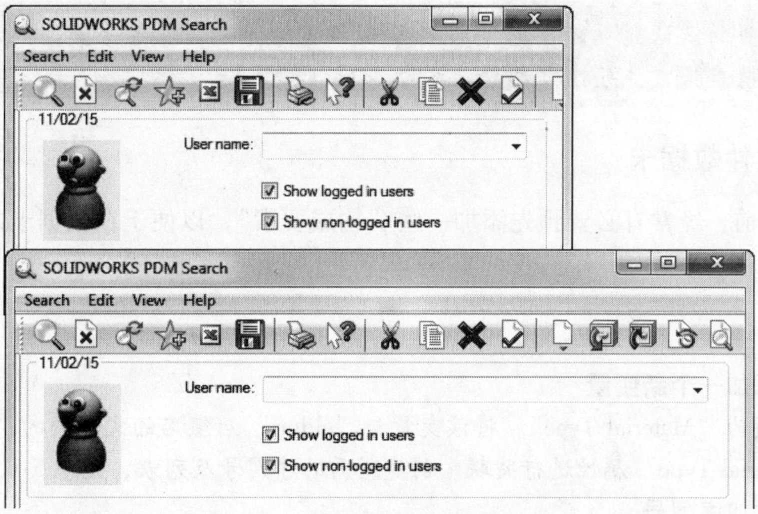

图 5-27　控件尺寸随表格大小变化

修改搜索表格，确保编辑控件可随搜索表格改变大小。

步骤 7　设置粘合控件

选择选项卡与框控件，并且设置靠右、靠左、靠上和靠下粘合控件。

选择【Engineering】选项卡，选择搜索文件夹路径：【Number】、【Description】和【由用户检出】编辑框控件。

设置靠右和靠左粘合控件。

选择“Browse”按钮控件，设置靠右粘合控件。

选择“Display checked out files”复选框控件，设置靠左粘合控件。

步骤 8　保存数据卡

保存并关闭搜索卡，关闭卡编辑器。

5.3.3 卡搜索控件

在搜索表格内添加一个栏目，可以让用户从中选择使用哪个文件数据卡格式。

控件按钮：。

5.3.4 变量搜索控件

在搜索表格内添加一个栏目，可以让用户在搜索中使用变量来建立搜索规则。

控件按钮：。

5.3.5 搜索卡默认值

显示默认值对话框，用户可以在此对话框中为搜索卡使用的变量指定预设值，如图 5-28 所示。

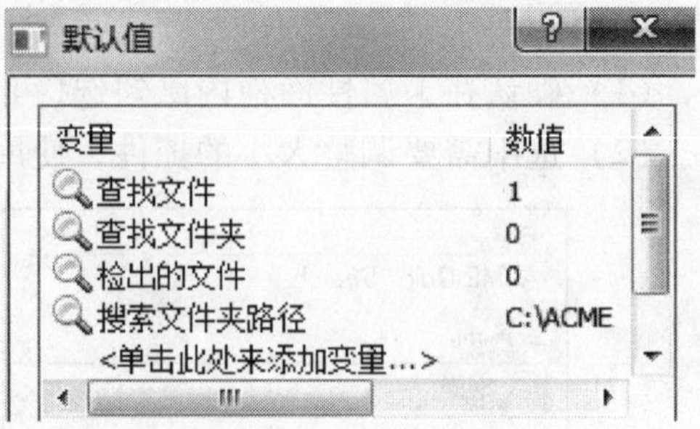

图 5-28 设置搜索卡默认值

有些搜索变量（例如查找文件）要么为启用状态（值为 1），要么为禁用状态（值为 0）。

打开搜索卡时，默认值将自动设置。

如果在搜索工具中打开表格，搜索卡上的复选框始终为选中状态。使用默认值“0”，可令复选框状态为未选中。

提示 用户设置的默认变量值不需要存在于实际搜索卡中。例如，即使卡中没有相应的复选框，也可以将查找文件夹搜索变量设置为“0”（禁用）。

练习 设计一个文件数据卡

在设计数据卡之前，经常有必要预先添加一些“构成要素”，以便于在数据卡内显示及选择。

操作步骤

步骤 1 添加一个新变量

命名新变量为“Material Type”。将该变量与“sldprt”后缀名的文件内的“Custom Property”块的“Material Type”属性进行关联。创建所需的序列号及列表，见表 5-1、表 5-2。

步骤 2 添加序列号

表 5-1 序列号名称

序列号	Part Number	Assembly Number	Drawing Number	Document Number
格式	P-xxxx	A-xxxx	D-xxxx	DOC-xxxxxx

步骤 3 添加列表

表 5-2 列表名称

材料类型	金属材料	塑料材料
Metal	Stainless Steel	ABS
Plastic	Tool Steel	Acry lic
	Carbon Steel	Nylon
	Brass	PBT
	Copper	PVC

知识卡片 文件数据卡	使用 SOLID WORKS PDM 卡编辑器可以对一个文件库内所使用的数据卡进行添加或修改。在本练习中，会生成一个 SOLID WORKS 零件文件类型的数据卡以及一个新的文件夹数据卡。

步骤 4　生成一个文件数据卡并与 SOLIDWORKS 零件类型文件关联

使用如下的约定（图 5-29）：

- 零件编号（Part Number）使用序列号 Part Number。
- 项目编号（Project Number）和项目名称（Project Name）的值从文件夹数据卡内继承。
- 材料类别（Material Type）列表。
- 材料（Material）条件列表，由 Material Type 列表驱动。
- 零件分类：默认设定为自制（Manufactured）。
- 零件分类设定为外购（Purchased）时，会弹出供应商（Vendor）列表（提示：需要添加一个逻辑控制）。

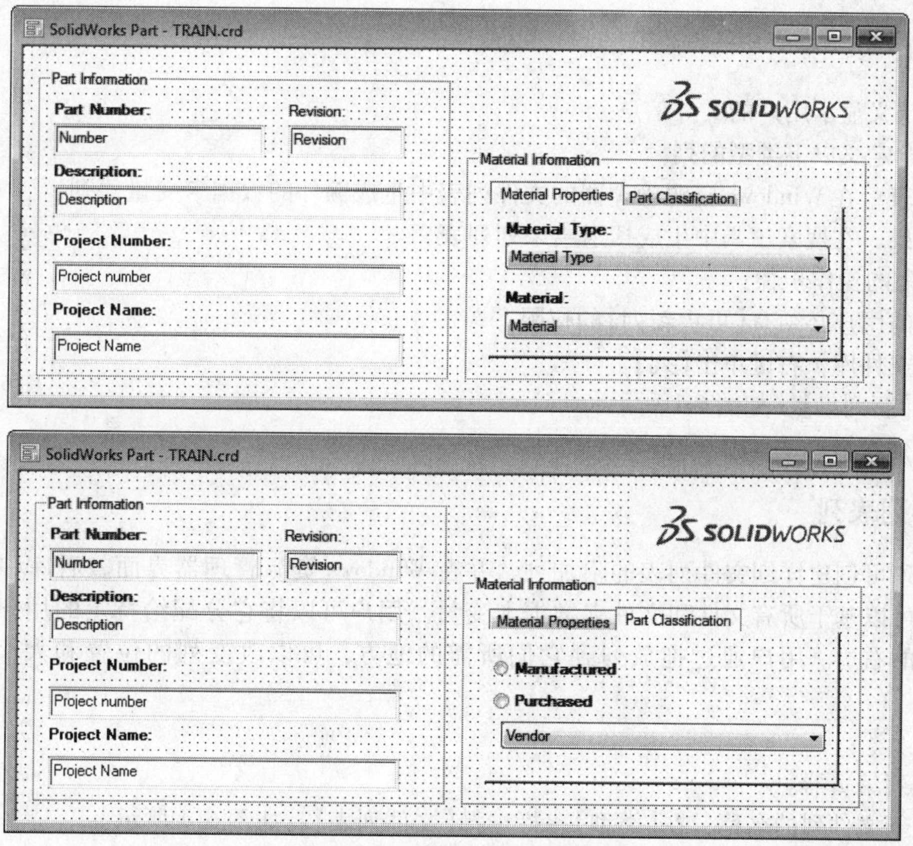

图 5-29　生成的文件数据卡

第 6 章　列和材料明细表(BOM)视图

学习目标

- 创建自定义列视图
- 创建自定义 BOM 视图

6.1　列

列用来自定义显示用户的文件信息。

用户可以自定义以下类型的列。

1. 文件列表　在 Windows 资源管理器的文件列表中生成额外的数据卡变量值列。

2. 搜索结果　在搜索工具中生成搜索结果列列表。

创建新的列的操作步骤：

(1) 登录的用户必须有【可更新列】的权限。

(2) 展开文件库，右键单击【列】。

(3) 选择【新列集】，如图 6-1 所示。

(4) 显示列编辑器，如图 6-2 所示。

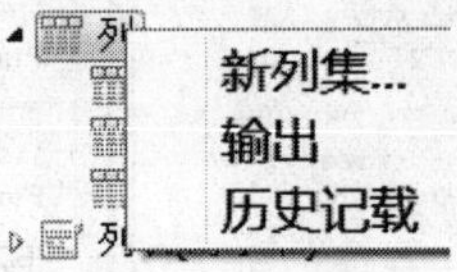

图 6-1　新列集

6.1.1　文件列表列

文件列表列可创建详细文件列表的附加列，并在 Windows 资源管理器界面查看库中文件夹内容时显示。列设置可以基于所有文件和文件夹数据卡变量。用户可以将它分配给特定的用户或组。列可以添加在标准列的右边。用户通过拖放列到它们所需的地方，可以改变列的位置和大小，如图 6-3 所示。

操作步骤如下：

(1) 打开列编辑器。

(2) 输入新文件列的名称，在【类型】一栏选择【文件列表】，如图 6-4 所示。

(3) 单击【新列】。

(4) 选择要在新建列显示的数据卡变量，见表 6-1。

(5) 单击【新列】按钮，创建附加的变量值列。

图 6-2　列编辑器

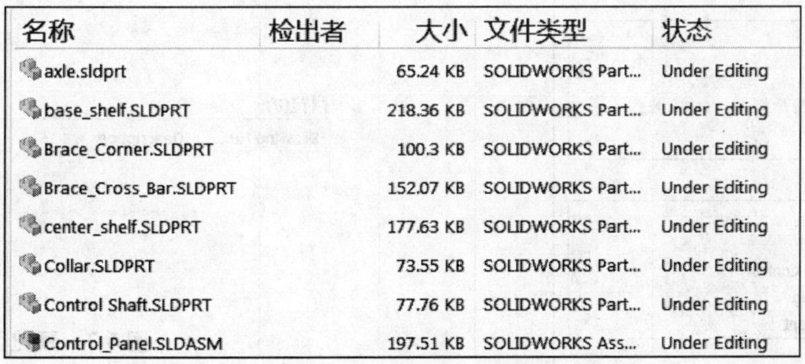

图 6-3　文件列表列

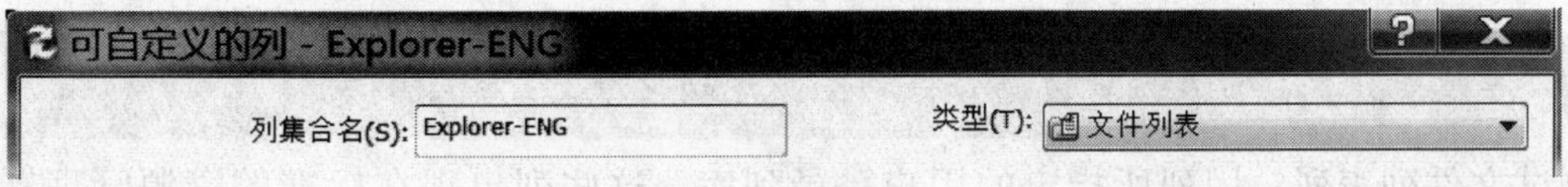

图 6-4　新文件列

表 6-1　数据卡变量

选　项	描　述
变量	选择要获取的数据卡变量（文件或者文件夹），以便其值在资源管理器列表中显示。例如，“Title”或者“Project number”。要注意的是系统变量（用 < > 标出的）不能在文件列表列中使用

（续）

选　项	描　述
名称	出现在资源管理器文件列表中的列名称。用户可以保留为变量名，也可以重命名
排列	列值的排列方式（左、中或右）
默认宽度	列的默认宽度。要注意，之后每个用户还可以自定义这个值
查找所有配置中的变量	默认情况下，如果一个文件包含许多配置选项卡（例如，SOLIDWORKS 配置或者 DraftSight 模型/布局），列中显示的变量值是所有配置里的第一个值。当列出的文件在文件数据卡里没有配置选项卡时，这个选项就不起作用 指定从一个具体的配置来获取变量： （1）选择【在所给配置列表中查找变量】 （2）单击 ⊕，添加一个配置，如图 6-5 所示 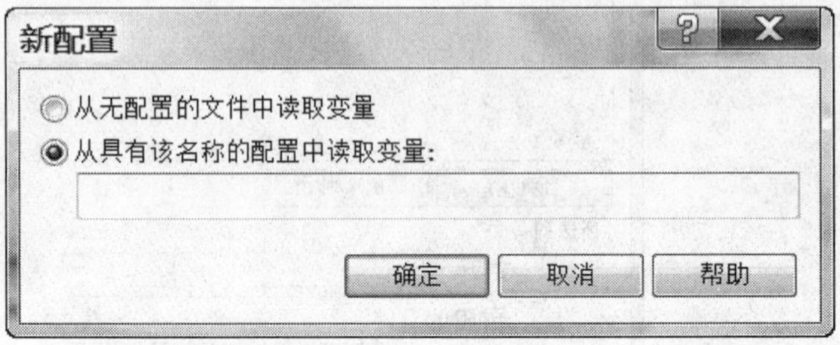 图 6-5　添加新配置 新的配置对话框里有两个选项： （1）从无配置文件中读取变量：选择这个选项将从一个无配置（也就是没有配置选项卡会显示在文件数据卡视图的预览里）的文件的文件数据卡取值 （2）从具有该名称的配置中读取变量：选择这个选项，然后输入文件数据卡上的将要获取变量值所在的配置选项卡名称 在资源管理器列里显示变量值时，SOLIDWORKS PDM Professional 会从配置列表里最前面的配置名开始计算处理。如果找不到相应的值，则会继续查找下一个配置，直到找到为止

（6）选择允许查看该文件列表列的用户或组。要注意每个用户在有权进入的文件库里同时只能有一个文件列表列。用户也可以在用户属性卡中选择使用哪一个文件列表列，如图 6-6 所示。

（7）预览区显示列的明细，如图 6-7 所示。

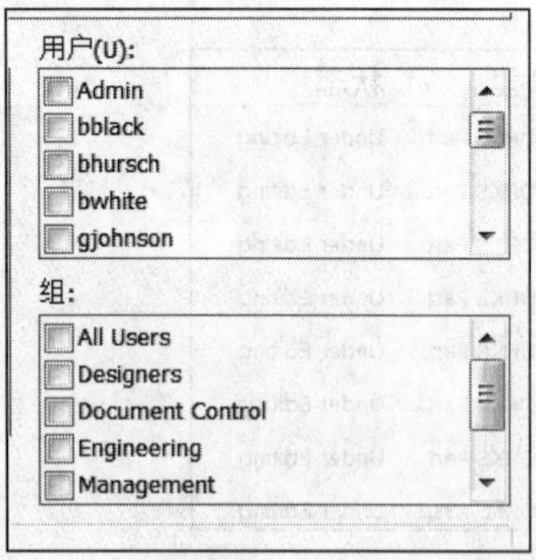

图 6-6　用户组

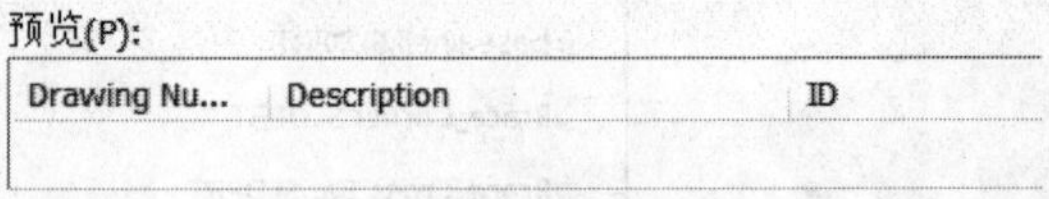

图 6-7　预览区

技巧

要改变列宽，可在预览区选择分割条，拖动它增大或缩小列宽。

（8）测试文件列表列，用列所指定的用户登录到库。这些列出现在标准的资源管理器列的右侧。每个用户通过拖拉来重新组织列的位置和宽度，如图 6-8 所示。

6.1.2　搜索列

此类型的列可创建搜索结果列表，用来自定义搜索表格来显示文件和文件夹。每个搜索表格被指定一个具体的搜索结果列，可以显示文件和文件夹数据卡变量的值，如图 6-9 所示。

图 6-8　可自定义的列

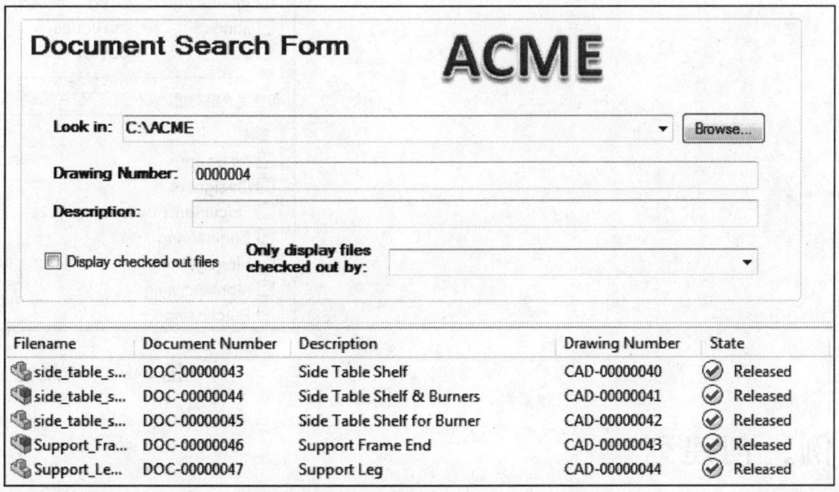

图 6-9　搜索列

创建一个新的搜索结果列的操作步骤如下：

（1）打开列编辑器。

（2）输入新的列集合名，【类型】选择【搜索结果】。

（3）单击【新列】。

（4）选择要在新搜索结果里显示为列的域和数据卡变量。

参考前面的【文件列表】可用列的描述。另外，搜索结果可以使用表 6-2 中的文件具体的变量（用

< >标记的）。

表 6-2　文件变量

列选项	描　述	列选项	描　述
<类别>	文件的类别	<ID>	唯一的文件 ID 号
<检出者>	如果文件已检出，显示执行文件检出的用户	<最新版本>	文件的最新版本
<检出于>	如果文件已检出，显示检出文件所在的系统和路径	<修改日期>	文件最近修改的日期
		<名称>	文件的名称和扩展名
<文件类别>	文件的注册文件类型	<大小>	文件的大小
<查找版本为>	在其中查找搜索准则的最新文件版本	<状态>	文件的当前工作流程状态
<查找位置>	库中的路径，这是查找文件的位置		

（5）单击【新列】，创建附加的变量值列。

（6）预览区显示列明细。

（7）关闭列编辑器，保存搜索结果列。

（8）启动卡编辑器，打开一个要使用刚建立的搜索结果列的搜索表格。

（9）在【卡属性】里，在【结果列集】列表下选择用在这个搜索表格的搜索结果，如图 6-10 所示。

（10）保存搜索表格，关闭卡编辑器。

（11）使用刚修改的搜索表格运行搜索，测试新的结果列。返回的结果按用户指定的搜索结果列的格式显示。要更新搜索结果列次序，可在管理工具里进行。

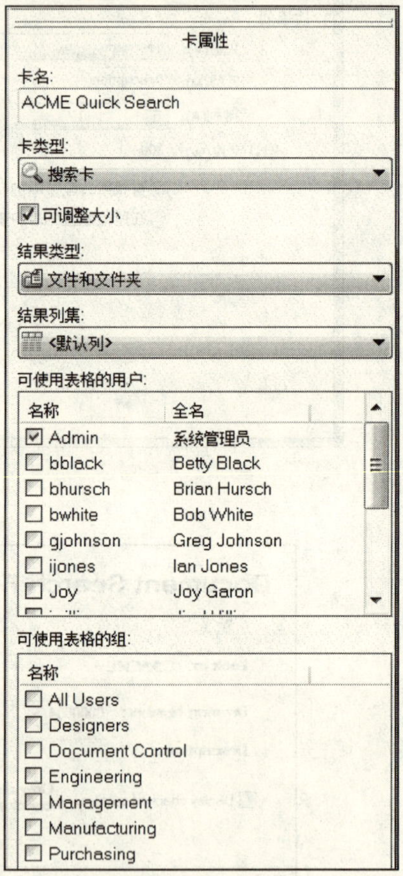

图 6-10　卡属性

6.2　学习实例：创建列

用户将为“Engineering”组创建一个文件列表列。

操作步骤

步骤 1　启动管理工具

在文件库视图里选择【工具】/【Enterprise PDM 管理】来启动管理工具。

步骤2 登录

展开文件库，用“Admin”用户登录。

步骤3 创建新列

右键单击【列】，选择【新列集】。

步骤4 定义列集合名

输入【列集合名】“Engineering”，类型选择【文件列表】。

步骤5 建立新列

单击【新列】/【变量】选择【Drawing Number】，设定【默认宽度】为“100”。

单击【新列】/【变量】选择【Description】，设定【默认宽度】为“200”。

步骤6 设置用户权限

选择【Engineering】组和【Admin】用户。

步骤7 保存和测试

单击【确定】，保存修改。

用一个属于【Engineering】组的用户登录，浏览库并查看新的属性。

6.3 材料明细表

这种类型的列通常作为CAD装配体或工程图的材料明细表（BOM）使用。材料明细表的列可动态显示所选主文件的参考零部件的数据卡变量值，这些值原本就存储在数据库中。用户可以创建多个材料明细表列，具有各自的排列设计和相应配置，以便用户选择所需合适的材料明细表显示形式，如图6-11所示。

Enterprise PDM 可以使用以下BOM种类。

1. 材料明细表（见图6-11）

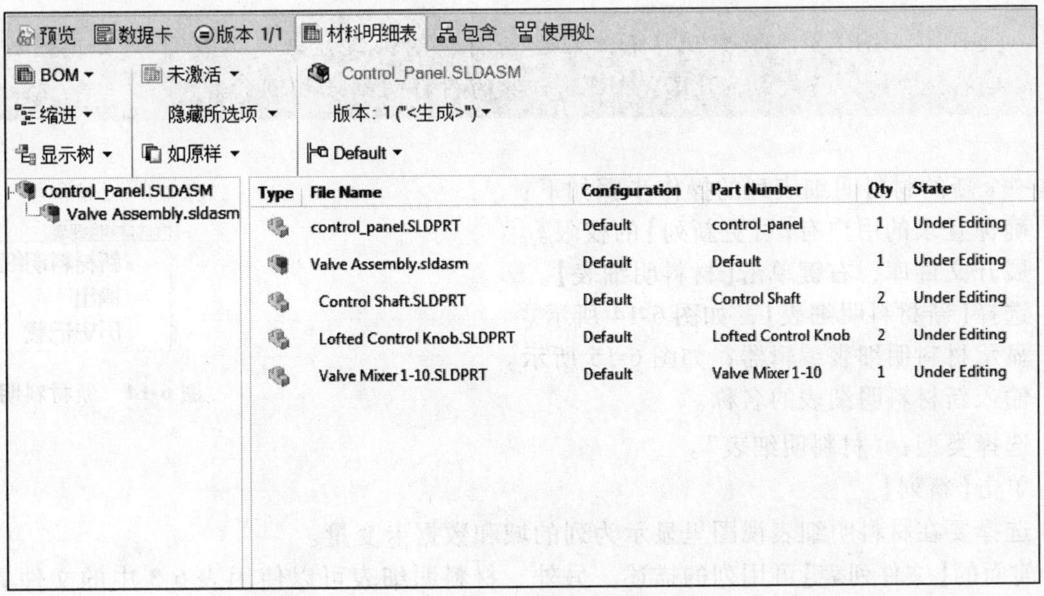

图6-11 材料明细表

2. 焊件切割清单（见图 6-12）

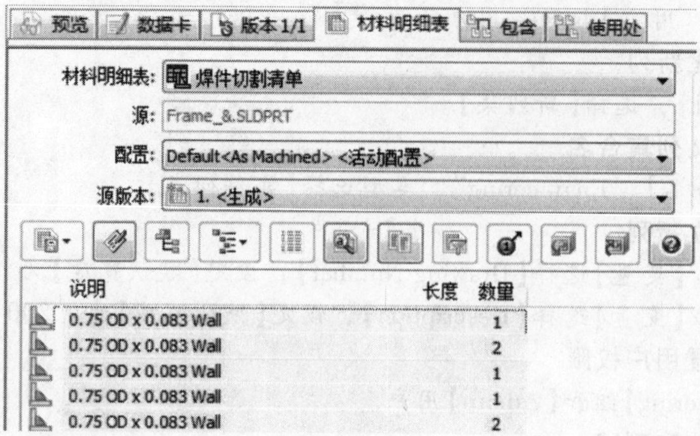

图 6-12　焊件切割清单

3. 焊件材料明细表（见图 6-13）

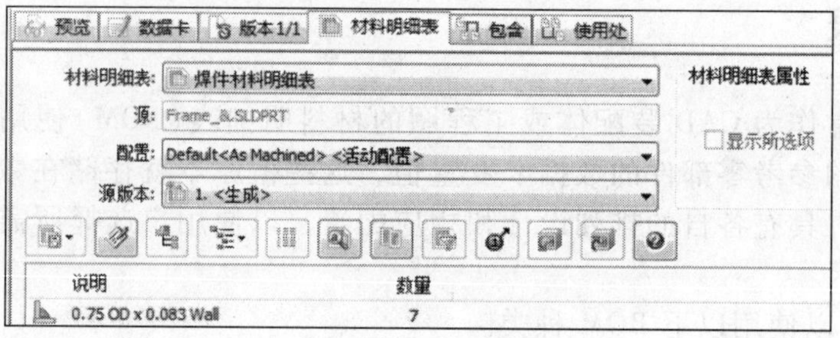

图 6-13　焊件材料明细表

> ⚠ 注意　SOLIDWORKS BOM 装配体和工程图的材料明细表显示是不受管理工具里材料明细表定义影响的，而是由 SOLIDWORKS 自身的材料明细表控制的。

创建一个新的材料明细表列的操作步骤如下：

（1）确保登录的用户有【可更新列】的权限。

（2）展开文件库，右键单击【材料明细表】。

（3）选择【新材料明细表】，如图 6-14 所示。

（4）显示材料明细表编辑器，如图 6-15 所示。

（5）输入新材料明细表的名称。

（6）选择类型："材料明细表"。

（7）单击【新列】。

（8）选择要在材料明细表视图里显示为列的域和数据卡变量。

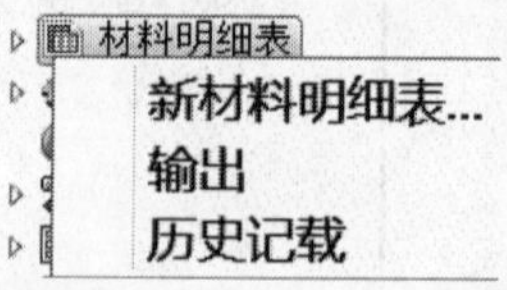

图 6-14　新材料明细表

参考前面的【文件列表】可用列的描述。另外，材料明细表可以使用表 6-3 中的文件具体的变量（用 < >标记的）。

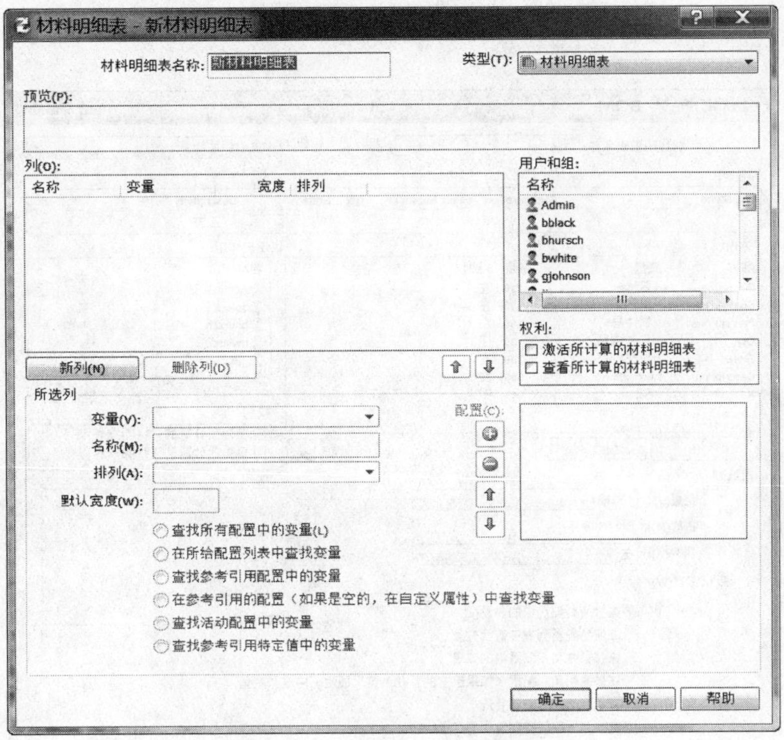

图 6-15　材料明细表编辑器

表 6-3　文件变量

变量选项	描　述	变量选项	描　述
<类别>	文件的类别	<最新版本>	文件的最新版本
<检出者>	如果文件已检出，显示执行文件检出的用户	<修改日期>	文件最近修改的日期
<检出于>	如果文件已检出，显示检出文件所在的系统和路径	<名称>	文件的名称和扩展名
		<零件号>	储存在文件中的零件编号
<配置>	显示配置	<参考计数（忽略材料明细表数量）>	焊件零部件的数量，关联长度属性，计算数量时忽略材料明细表数
<文件类别>	文件的注册文件类型		
<查找版本为>	在其中查找搜索准则的最新文件版本	<参考引用记数>	零部件在装配体中使用的实例数（即数量）
<查找位置>	库中的路径，这是查找文件的位置	<大小>	文件的大小
<ID>	唯一的文件 ID 号	<状态>	文件的当前工作流程状态

表 6-4 的选项说明材料明细表视图如何获取变量值。

表 6-4　BOM 特有选项

查找所有配置中的变量	在参考引用的配置（如果是空的，在自定义属性）中查找变量
在所给配置列表中查找变量	查找活动配置中的变量
查找参考引用配置中的变量	查找参考引用特定值中的变量

（9）单击【新列】，创建附加的变量值列。预览区显示列的预览。

（10）单选或者多选用户和组，设置以下权限：

1）激活所计算的材料明细表。

2）查看所计算的材料明细表。

（11）单击【确定】，保存刚创建的材料明细表列表，如图 6-16 所示。

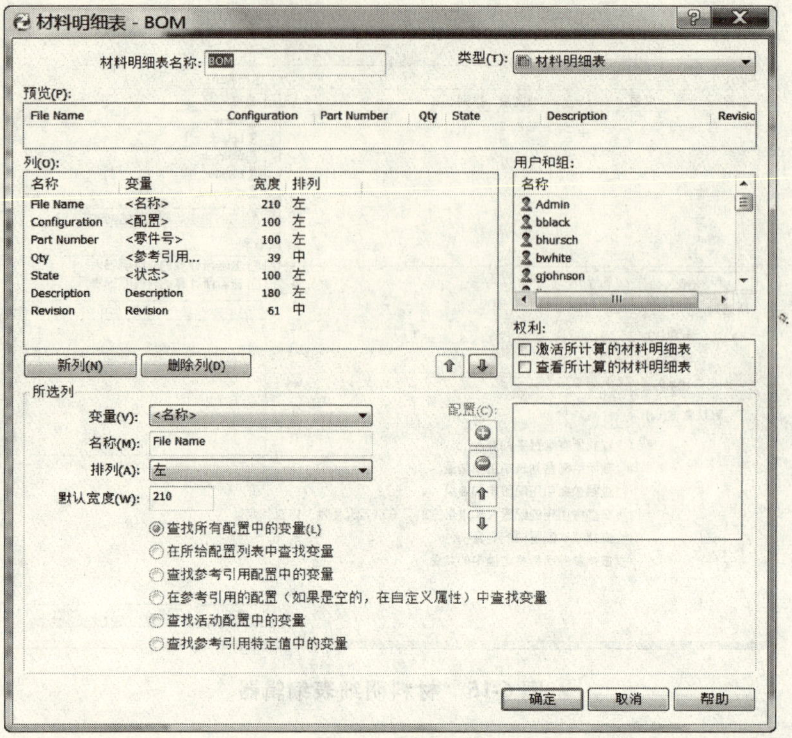

图 6-16　保存材料明细表

（12）测试材料明细表列表，确保在浏览器里选中【材料明细表】选项卡，然后在文件库里选择一个装配体文件。

（13）从【材料明细表】下拉列表中选择所需 BOM 选项，如图 6-17 所示。

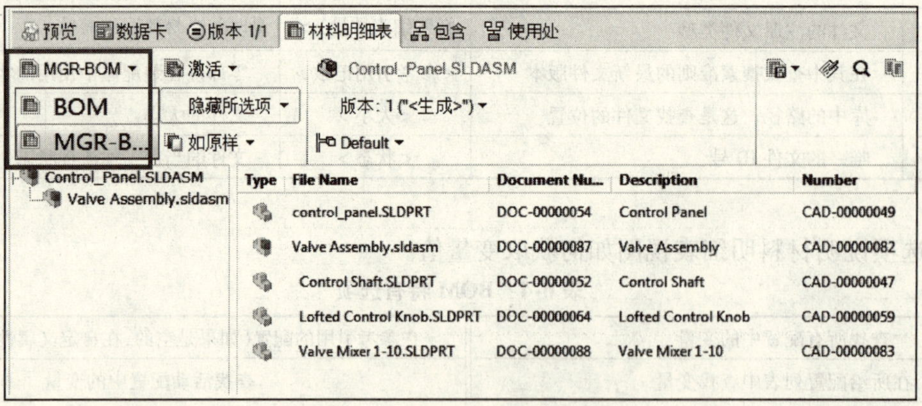

图 6-17　测试材料明细表列表

6.4　学习实例：创建材料明细表

通过管理器创建材料明细表。

操作步骤

步骤1　新建材料明细表列

右键单击【材料明细表】并选择【新材料明细表】。

步骤2　定义 BOM 名称

输入“MGR-BOM”作为材料明细表名称并选择【材料明细表】作为类型，如图 6-18 所示。

图 6-18　定义材料明细表

步骤3　新建列

单击【新列】，选择 <名称> 作为变量，选择“File Name”作为名称，并设置默认宽度为“100”。

单击【新列】，选择【Document Number】作为变量，设置默认宽度为“100”。

单击【新列】，选择【Description】作为变量，设置默认宽度为“150”。

单击【新列】，选择【Number】作为变量，选择“Drawing Number”作为名称，设置默认宽度为“100”。

步骤4　设置用户权限

选择“Management”组与“Admin”用户。

勾选【激活所计算的材料明细表】与【查看所计算的材料明细表】复选框。

步骤 5　保存后测试

单击【确定】保存。

用一个属于“management”组的用户登录，浏览库并查看新的属性。

步骤 6　输入已有的材料明细表

进入管理工具，右键单击“ACME”文件库并选择【输入】。

从文件夹“Lesson06 \ Case Study”中打开文件“bom_ views. cex”。

选择【确定】完成输入信息。

练习　创建列视图和材料明细表视图

在本例中用户将为“Engineers”（工程师）和“Managers”（管理人员）组的创建列视图，并为“Manufacturing”（制造人员）组创建一个附加的材料明细表视图。

1. 列视图

为“Engineering”和“Management”组创建一个新的【文件列表】视图。

添加属性：

- Description。
- Document Number。
- Number。

2. 材料明细表视图

为“Manufacturing”组创建一个新的材料明细表（BOM）视图。

给予“Manufacturing”组【查看所计算的材料明细表】权限，但是不选【激活所计算的材料明细表】。

配置下列属性：

- Document Number。
- Part Number（Number）。
- Description。
- Quantity（<参考引用记数>）。
- Configuration（<配置>）。

通过预览调整适合的列宽度。

第 7 章　工 作 流 程

学习目标

- 生成类别，使不同文件可以被发送到不同的工作流程
- 生成修订版号和修订版号组件
- 生成工作流程来管理文件
- 使用变换属性来控制修订版格式

7.1　工作流程概述

工作流程用来表示公司内部的实际工作处理流程。一个工作流程通过定义哪些用户或组有权访问不同状态的文件，可对文件、项目或过程的生命周期进行控制。举例说明，工程部在产品的第一阶段应对工程文件拥有所有的权限，而制造组仅在文件被批准（Approved）后方可访问这些文件，如图 7-1 所示。

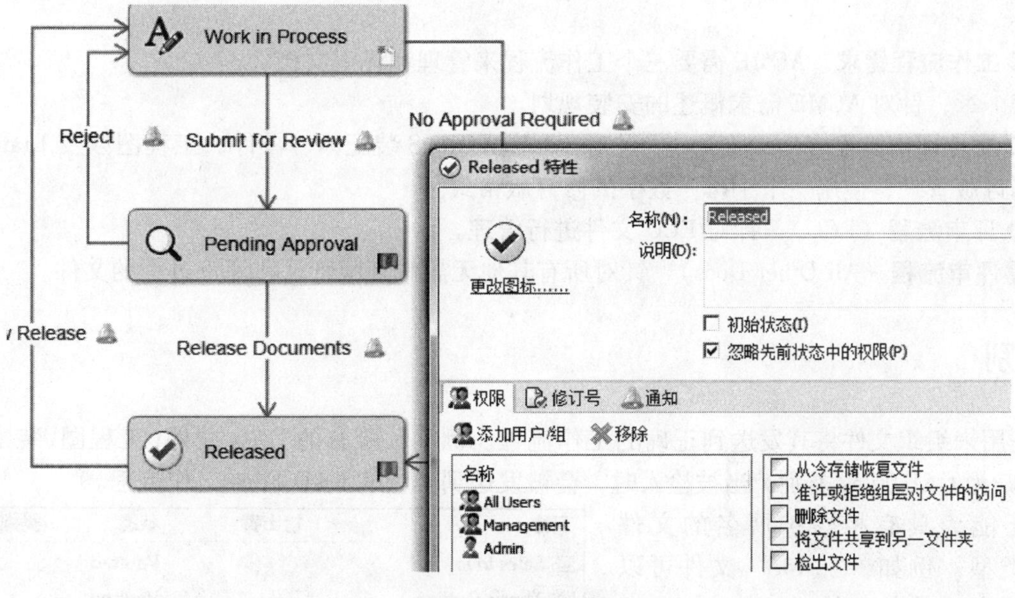

图 7-1　工作流程

另外，工作流程可能被用来控制发生在一些特定文件上的操作。这些操作包括：设定变量、递增修订版本、发送邮件、输入或输出 XML 数据或者执行自定义操作。

最好能在向文件库添加文件前，完成其工作流程的设定。不过，随着工作的深入和文件库的发展，用户仍可以对工作流程进行修改。

在生成一个新的文件库时，使用默认标准配置或 SOLIDWORKS 快速启动配置，系统会自动添加一个预设的默认工作流程。用户可以修改这个工作流程或者新生成一个，以符合自己公司的实际情况。

使用空白配置不会添加任何工作流程。

工作流程通过状态(states)和变换(transitions)来定义。

每个状态代表一个文件在生命周期内所经过的不同阶段。对于每个状态，可以对一组用户或组进行授权，决定哪些用户可以对当前状态的文件进行添加或更名、检出、删除或销毁、设置修订版本、读取或共享。

每个工作流程必须至少有一个状态，而且必须指定一个(只能有一个)状态为初始状态。所有添加到工作流程中的新文件都以初始状态开始，如图 7-2 所示。

工作流程变换代表文件或流程从一个状态转换到另一个状态的进展情况。

每个流程变换都有相应的名称，例如“提交等待批准”和“请求更改”。流程变换可以触发某些操作，例如向团队成员发送电子邮件或运行某个程序。

在工作流程编辑器中，工作流程变换显示为一个框，其中包含变换名称、几个操作按钮和一个从源状态到目的状态的箭头，如图 7-3 所示。

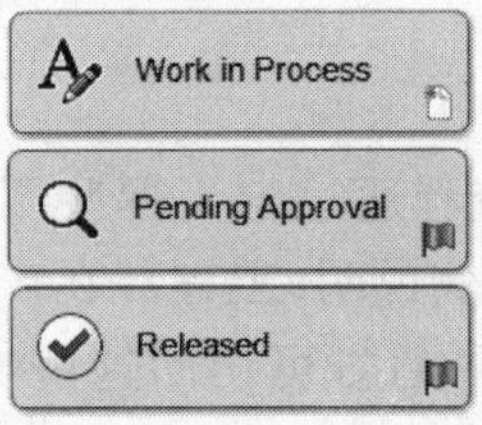

图 7-2　工作流程状态

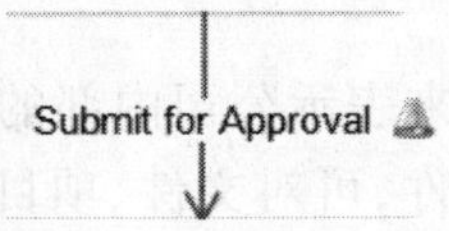

图 7-3　工作流程变换

ACME 工作流程需求　ACME 需要三个工作流程来管理和评审文档。

参考第 1 章，针对 ACME 需求概述的安装规划。

1. CAD 文件评审流程（CAD Files）　针对 SOLIDWORKS 装配体、零件、工程图以及 DraftSight dwg 文件进行修订版管理，使用一个字母—数字的修订版格式。

2. ECO 评审流程（ECO）　针对 ECO 文件进行管理。

3. 无需评审流程（All Other Docs）　针对所有其他无需修订版管理和评审过程的文件。

7.2　类别

类别是用来组织文件将其发送到正确的工作流程。例如，所有的 CAD 文件(工程图、装配体、零部件等)都被归为 CAD Files 类别，当被检入时，会被发送到相应的 CAD Files 工作流程。

类别还能为具有相同扩展名的文件指定文件类型。例如，“. doc”文件可以是技术说明书或其他文件。

当定义一个类型时，一个重要的事是要确保每个类别条件都是唯一的。

在默认情况下，新生成的文件库使用一个默认类别(-)。所有新文件被检入时都被指派到这个类别，除非有新类别被定义，如图 7-4 所示。

名称	检出者	状态	类别
Sales Invoice1		Vaulted	-
Thesis Outline		Vaulted	-
Project Overview		Vaulted	-
realview7.TIF		Vaulted	-
Final-Launch-Motion		Vaulted	-

图 7-4　默认类别

知识卡片	操作方法	• 从 SOLIDWROKS Enterprise PDM 管理工具中展开文件库，右键单击【类别】并选择【新类别】。

7.3 学习实例：新建类别

用户将为所有 CAD 文件生成一个类别。

操作步骤

步骤1 显示类别

展开【类别】节点，显示所有已定义的类别。

步骤2 创建一个新类别

右键单击【类别】并选择【新类别】，如图7-5所示。

步骤3 输入类别名称和说明

在名称内输入“CAD Files”，在说明一栏内填上“Parts, assemblies and drawing files”，如图7-6所示。

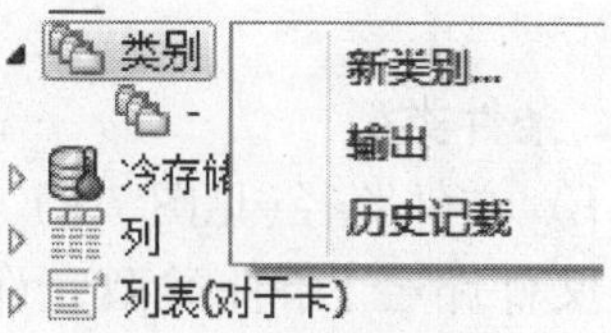

图7-5 新建类别

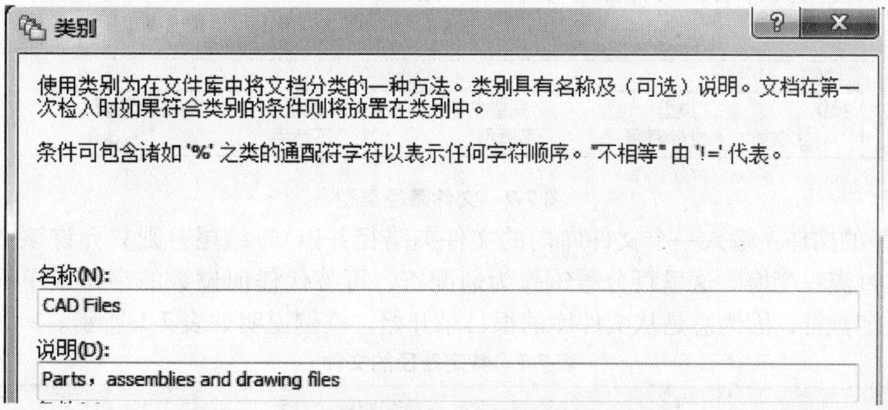

图7-6 输入类别名称和说明

7.3.1 类别条件

文件被指派给一个类别时，必须满足一系列条件，包括文件路径、对象类型(文件或材料明细表)、修订版或者变量值等设置。

文件被初次检入时会检查其是否符合某个类别条件，并将之归类于所满足的类别内。

类别条件可以是“与”关系，也可以是“或”关系，或者是两者组合。

1. 通配符 在编辑类别条件时，使用百分比符号(%)可替代任何的字母或数字。

添加条件的操作方法如下：

(1) 打开类别对话框，显示【条件】栏，如图7-7所示。

(2) 单击【新建】，可以添加一个新条件。

一个新条件被加入到条件栏内。

(3) 在【类型】列内单击会显示条件类型列表，如图7-8所示。

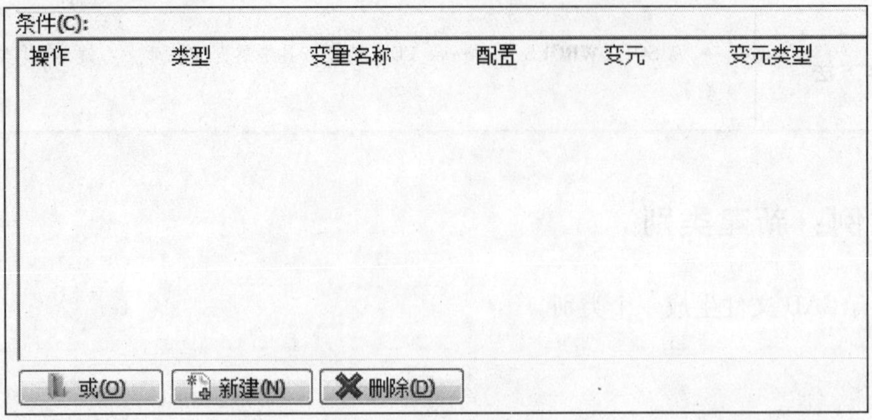

图 7-7　条件对话框

2. 条件类型

（1）文件路径（见图 7-9）

【文件路径】条件类型允许只有符合特定文件名、扩展名或者文件路径的文件才能通过流程变换。

在【类型】列选择【文件路径】。在【变元】内添加所需的字符串，可以使用文件名，文件路径或者以下条件的组合。

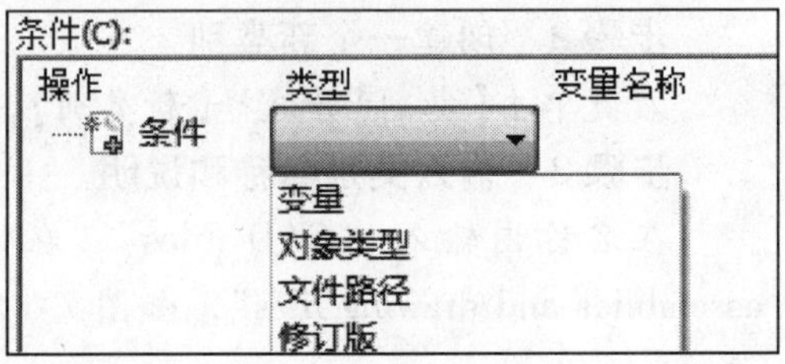

图 7-8　新建条件

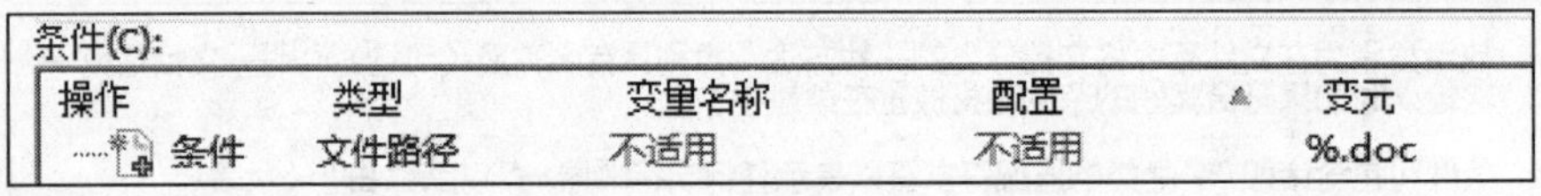

图 7-9　文件路径类型

1）特定路径的文件：输入一个文件库内的文件夹路径并以\%结尾，则只允许该文件夹及其子文件夹内的文件通过流程变换。这里百分号%作为通配符，可替代任何位数的字符或单词。在指定文件夹路径时无需指定盘符，因为总是从文件库的根目录开始。举例说明如表 7-1 所示。

表 7-1　特定路径的文件

变　元	说　明
administration\%	匹配根目录下名为“administration”的文件夹内的所有文件
%\documents\%	匹配文件库内任何路径下名为“documents”的文件夹内的所有文件
%\proj%	匹配所有名称以“proj”开头的文件夹内的所有文件，例如，“\project 13\documents 或者\drawings\proj A1\layout”

2）特定的文件名称或扩展名：输入文件名或者部分文件名、扩展名加通配符%组合。使用通配符%加上文件名或文件名的一部分又或者是扩展名。举例如表 7-2 所示。

表 7-2　特定的文件名称

变　元	说　明
%.pdf	匹配文件库内的所有“.pdf”文件
%drawing%	匹配所有文件名包含有“drawing”的所有文件，例如，“basedrawing_3.dwg”
%\i%.bmp	匹配所有以 i 开头的 bmp 文件，例如，“instruction1.bmp”或者“…\projectA1\i-4501.bmp”

（2）对象类型（见图 7-10）

【对象类型】条件可以只允许【文件】或【材料明细表】有效通过。

图 7-10 对象类型

在【类型】列选择【对象类型】。在【变元】内选择【文件】或【材料明细表】。

(3) 修订版(见图 7-11)

图 7-11 修订版类型

指定【修订版】类型条件将只允许特定修订版的文件有效通过。

【类型】列选择【修订版】。在【变元】内输入字符串，用户可以定义怎样的修订版号来设置条件。可以使用通配符“%”，例如，以“Rev A. %”为变元，则可以表示为“Rev A. 1”、“Rev A. 2”等。

(4) 变量(见图 7-12)

图 7-12 变量类型

指定【变量】类型条件将只允许包含有特定的文件数据卡变量值的文件有效通过。

在【类型】列选择【变量】，然后在【变量名称】列表内选择一个文件数据卡变量。

如果只查看一个特定文件数据卡配置内的变量值(配置/模型/布局)，在【配置】一栏内输入配置名。如果配置栏内为空，则会查找文件数据卡内的所有配置页面。在【变元】一栏内输入所需匹配的变量值。可以使用通配符“%”。例如，“%wrench”可表示为“socket wrench”、“universal wrench”等。

3. 条件运算符 在条件变元里，除了使用%通配符，用户还可以使用表 7-3 中的操作符。

表 7-3 条件运算符

运算符	说明	范例
>	大于	>123
<	小于	<123
>=	大于或等于	>=123
<=	小于或等于	<=123
!=	不等于	!=123
%	任何包含零个或多个字符的字符串	“%computer%”将匹配所有包含“computer”的字符串
_(underscore)	任何单个字符	“_ean”将匹配所有四个字母并以“ean”结尾的字符，如“Dean”、“Sean”等
[]	字符集或字符范围中的任意单个字符([a-f])或者([abcdef])	“[C-P]arsen”将匹配以“arsen”结尾并 C 和 P 之间某个字母开始的字符串，如“Carsen”、“Larsen”、“Karsen”等
[^]	字符集或字符范围外的任意单个字符([^a-f])或([^abcdef])	de[^1]%将匹配所有以“de”开头且下一个字母不是 1 的字符串

4. 多重条件 用户可以单击【新建】，继续生成多个条件，并设置其条件类型和变元。所有定义的条件之间是采用与的运算关系，即只有在所有的条件都得到满足的情况下，文件才可以通过流程变换。

在下面的例子中，只有作者(“Author”变量)为“Jim”且项目名称(“Project”变量)以数字 05 结尾的 doc 文件才满足所定义的条件，如图 7-13 所示。

条件(C):

操作	类型	变量名称	配置	变元
条件	文件路径	不适用	不适用	%.doc
条件	变量	Author		Jim
条件	变量	Project		%05

图 7-13　多重条件

如果用户希望只需要满足其中某个条件即可，单击【或】按钮可以添加或类型的条件。不管或列表内有多少个条件，只需要匹配其中一个条件即可。用户可以通过拖放的方式，将已有的条件拖到或列表内。

在下面的例子中，作者（“Author”变量）为“Susan”的任何 doc、xls 或 txt 文件都将满足条件，如图 7-14 所示。

操作	类型	变量名称	配置	变元	变元类型
或					
条件	文件路径	不适用	不适用	%.doc	文本
条件	文件路径	不适用	不适用	%.xls	文本
条件	文件路径	不适用	不适用	%.txt	文本
条件	变量	Author		Susan	文本

图 7-14　“或”条件

5. 删除条件　要删除一个条件，选中条件所在行，单击【删除】按钮。

步骤 4　按文件类型归类

将所有的 CAD 文件归入到“CAD Files”类别内。创建一个“或”条件，因为文件可能是零件、装配体或工程图文件。

单击【或】，然后单击【新建】，如图 7-15 所示。

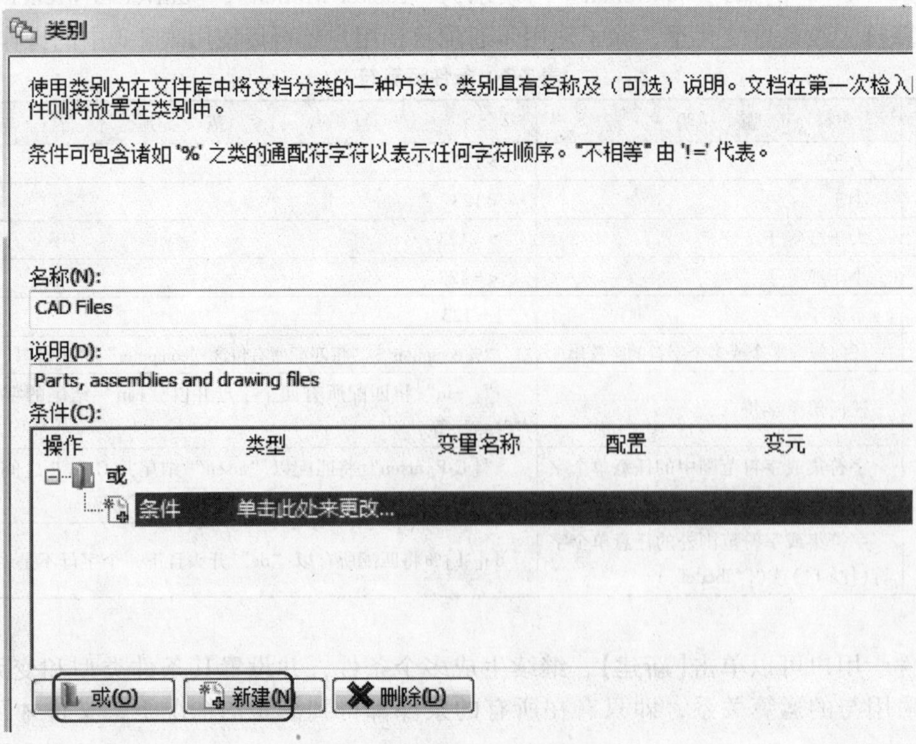

图 7-15　创建“或”条件

步骤5 设置第一个条件

单击添加的第一个条件，在列表内【类型】一栏选择【文件路径】。

在【变元】一栏，输入“%. dwg”，即表示所有后缀名为dwg的文件，如图7-16所示。

条件(C):

操作	类型	变量名称	配置	变元	变元类型
或					
条件	文件路径	n/a	n/a	%.dwg	文本

图7-16 设置变元

步骤6 设置第二个条件

将所有的SOLIDWORKS类型的文件定义为第二个条件。因为所有的零件、装配体及工程图文件的后缀名都以“. sld”开头，所以可以使用通配符来将这几种文件类型表示在同一个条件内。

单击【新建】，单击新添加的条件，在【类型】栏选择【文件路径】。

在【变元】内输入“%. sld%”。这包含了所有扩展名以“sld”开头的文件，如图7-17所示。

条件(C):

操作	类型	变量名称	配置	变元	变元类型
或					
条件	文件路径	n/a	n/a	%.dwg	文本
条件	文件路径	n/a	n/a	%.sld%	文本

图7-17 添加第二个条件

单击【确定】以保存类别。

步骤7 创建ECO类别

ECO文件使用不同的工作流程。此类别用来归类文件，将ECO文件发送到正确的流程。ECO's是文件名以前缀ECO开始的Excel文档。

在【管理】工具内，右键单击【类别】，然后从快捷菜单内选择【新类别】。

步骤8 设置类别名称和说明

将新添加的类别命名为“ECO”。在说明一栏内输入“ECO”文件。

步骤9 设置条件

单击【新建】，在【类型】栏选择【文件路径】。在【变元】栏输入“% \ECO-%. xls%”。

单击【确定】以保存类别，如图7-18所示。

条件(C):

操作	类型	变量名称	配置	变元	变元类型
条件	文件路径	n/a	n/a	%\ECO-%.xls%	文本

图7-18 设置条件

步骤10 创建Office Documents类别

此类别用来归类Word、Excel、Powerpoint和PDF文档。

在【管理】工具内，右键单击【类别】，选择【新类别】。

步骤11 设置类别名称和说明

将新添加的类别命名为Office Documents，在说明一栏内输入All generic office documents。

步骤 12　设置条件

创建一个“或”条件，因为文件可能是文档、数据表或报表。单击【或】，然后单击【新建】。

在【类型】栏选择【文件路径】。在【变元】栏输入 %. doc%。单击【新建】，单击新添加的条件，在【类型】栏选择【文件路径】。在【变元】栏输入 %. xls%。

单击【新建】，单击新添加的条件，在【类型】栏选择【文件路径】。在【变元】栏输入 %. ppt%。

单击【新建】，单击新添加的条件，在【类型】栏选择【文件路径】。在【变元】栏输入 %. pdf。

单击【确定】以保存类别。

6. 唯一类别　有些情况下，同样文件类型的文件需要归到不同的类别。例如，ECO's 需要走评审批准流程，但其他 Excel 文档则不一定需要。

注意　确保没有设置类别条件使得多个类别同时生效。

步骤 13　定义唯一性条件

ECO 文件是 Execl 文档，当前符合 ECO 和 Office Documents 类别条件。我们要确保 ECO 文件正确归类。

右键单击 Office Documents 类别，并选择【属性】。

单击【新建】，生成一个新条件，设置【文件路径】为“ =% \ ECO – %. xls%”，如图 7-19 所示。

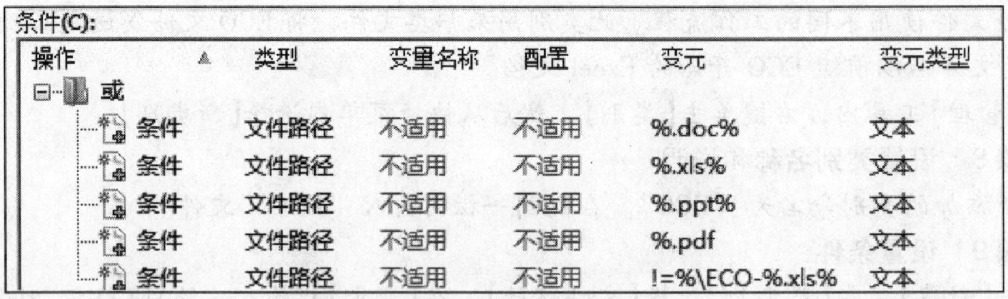
条件(C):

操作	类型	变量名称	配置	变元	变元类型
或					
条件	文件路径	不适用	不适用	%.doc%	文本
条件	文件路径	不适用	不适用	%.xls%	文本
条件	文件路径	不适用	不适用	%.ppt%	文本
条件	文件路径	不适用	不适用	%.pdf	文本
条件	文件路径	不适用	不适用	!=%\ECO-%.xls%	文本

图 7-19　定义唯一性条件

提示　通过设定“！ =”，则不含有所指定后缀名的文件才被允许归为此类别。

单击【确定】以保存类别。

7.3.2　无类别匹配

如果用户尝试检入一个文件，却无类别条件可以匹配，则会显示如图 7-20 所示的警告信息。

要确保所定义的所有类别应涵盖整个文件库内的所有文件类型。

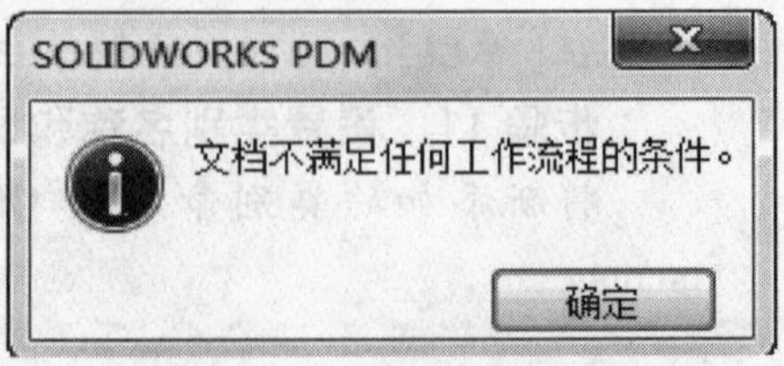

图 7-20　无类别匹配信息

提示　生成一个没有设置任何条件的类别，以便让不满足其他任何类别条件的文件匹配此类别。

7.3.3　重命名类别

如需要对一个类别进行更名，可以在类别节点内，右键单击这个类别，选择【属性】，然后在【属性】对话框内的名称一栏内输入新的类别名称。

7.3.4　删除类别

如需要删除一个类别，可以在类别节点内，右键单击这个类别，选择【删除】。需注意的是，如果在文件库内已有文件被归属到一个类别内，则无法删除该类别。

提示　工作流程条件增加了名为【类别】的条件类型。在下面的例子中，只有满足“CAD Files”类别条件的文件才会被允许进入这个工作流程。

【类型】选择【类别】，在【变元】栏的下拉列表中选择所需要匹配的类别，如图 7-21 所示。

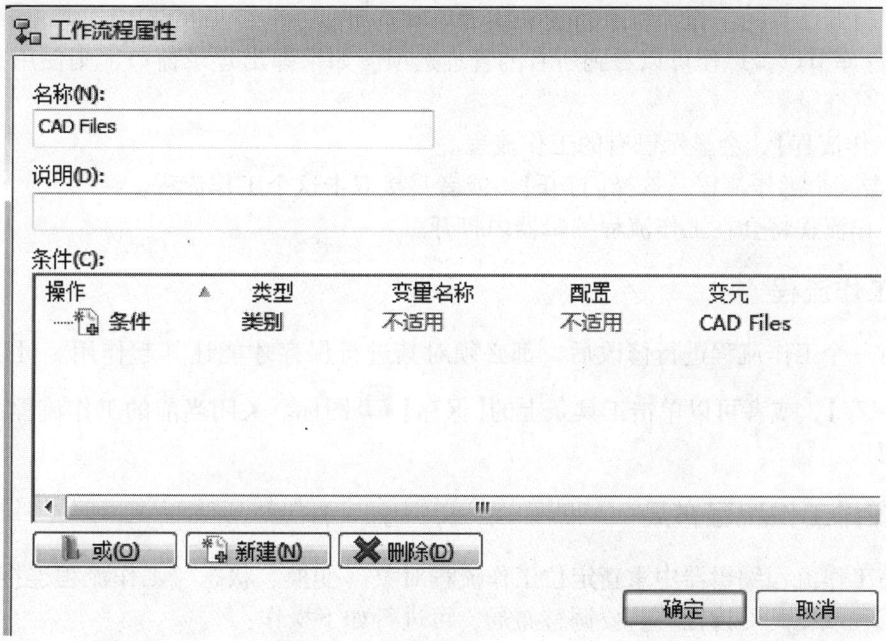

图 7-21　增加【类别】条件类型

步骤 14　测试类别

文件第一次检入到文件库时，会根据条件匹配将文件指定到对应的类别。不满足任何类别条件的文件将被指定到默认类别，即归于类别“－”内。从文件夹“Lesson07 \ Case Study”复制文件夹 Categories 到文件库中并检入。

步骤 15　查看文件库

查看结果，三个文件分别归属于三个不同的类别，如图 7-22 所示。

名称	检出者	状态	类别
BOM Scaling		Vaulted	Office Documents
ECO-00000001		Vaulted	ECO
Saddle		Vaulted	CAD Files

图 7-22　查看文件库

7.3.5 新建流程

在管理工具内，工作流程可通过图形化的工作流程编辑器进行编辑。通过新建工作流程定义，满足流程条件特定的文件审批流程。

知识卡片	新建流程	• 在本地视图，选择【工具】/【SOLIDWORKS PDM 管理】，打开管理工具。 • 单击【开始】/【所有程序】/【SOLIDWORKS PDM】/【Administration】。

1）展开文件库节点，以便看到所有的管理选项。如果弹出登录窗口，则使用有权对工作流程进行修改的用户名登录。

2）右键单击【工作流程】，选择【新建流程】。

3）在工作流程属性对话框中：指定工作流程【名称】，输入流程【说明】，新建库文件触发工作流程的【条件】，单击【确定】。

新的工作流程总是从一个名为 Initiated（已初始化）的状态开始。

用户也可以打开已有的工作流程进行查看或者编辑。

1）展开文件库节点，以便可以看到所有的管理选项。如果弹出登录窗口，则使用有权对工作流程进行修改的用户名登录。

2）展开【工作流程】，会显示已有的工作流程。

3）右键单击某个工作流程，选择【打开】，或者直接双击这个工作流程。

被选中的工作流程将会在工作流程编辑器内打开。

7.3.6 保存工作流程

任何时候对一个工作流程进行修改后，都必须对其进行保存才能让其起作用。可以使用下拉菜单内的【文件】/【保存】，或者可以单击工具条上的【保存】图标。关闭当前的工作流程窗口时，也会弹出提示保存的窗口。

7.3.7 重新安排工作流程布局

用户可以在工作流程编辑器中重新定位工作流程对象（变换、状态、工作流程连接、箭头），以更好地反映工作流程或提高可读性。若要调整布局，可进行如下操作：

1）要移动状态、变换或工作流程连接，可将鼠标指针移动到对象上，从而使对象高亮显示，此时指针变成✥，然后拖动对象。箭头将自动移动从而保持连接。

2）要重新定位箭头，可将鼠标指针移动到箭头区域，从而使箭头高亮显示，此时指针变成↕（垂直移动）或↔（水平移动），然后拖动箭头。箭头连接点不受影响。

3）也可以拖动线的端点，使指针变成✥。

7.4 学习实例：新建工作流程

库中 Documents 工作流程包含一种状态 Vaulted。该流程是对于文档无需审核直接发布的工作流程。对于 CAD 文件，我们新建一个工作流程。CAD Files 工作流程包含以下状态：

- Work in Process。
- Pending Approval。
- Released。

对于 ECO 文档，我们输入一个流程，该流程包含以下状态：

- ECO Requested。
- ECO In Process。
- ECO Canceled。
- ECO Completed。

操作步骤

步骤 1　创建新工作流程

右键单击【工作流程】，选择【新工作流程】。

步骤 2　设置工作流程属性

将新工作流程命名为 CAD Files，在【说明】一栏内，输入“All CAD documents”。

步骤 3　设定条件

我们可以对所有 CAD 类型的文档设置单独条件，或者直接使用之前创建的类别。单击【新建】，在【类型】列表内选择“类别”，在【变元】列表内选择 CAD Files，如图 7-23 所示。单击【确定】。

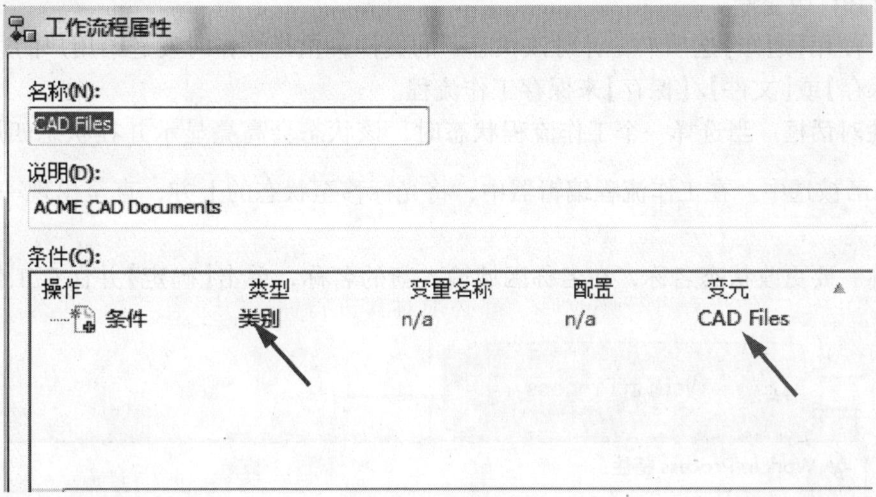

图 7-23　设定条件

7.4.1　工作流程状态

每个工作流程必须至少有一个状态，而且必须指定唯一一个状态为初始状态。所有添加到工作流程中的新文件都以初始状态开始。文件检入文件库后就处于工作流程状态中。

在工作流程编辑器中，状态显示为一个框，框的左边显示状态名称、说明图标，右边显示状态图标。

对于最终用户而言，文件的状态显示在 SOLIDWORKS PDM 资源管理器视图文件列表的【状态】列中，如图 7-24 所示。此外，如果设置了数据卡，则【历史记录】对话框和【版本信息】选项卡将显示文件的状态。

名称	检出者	状态	类别
BOM Scaling		Vaulted	Office Documents
ECO-00000001		Vaulted	ECO
Saddle		Vaulted	CAD Files

图 7-24　工作流程状态

1. 生成工作流程状态　用户可以在新工作流程或现有工作流程中生成新状态，以表示新的流程阶段。

1）在工作流程编辑器中，右键单击要放置新状态的空白区域，然后选择【新状态】，或者单击【新状态】（工作流程工具栏），再单击要放置状态的位置。

2）在新状态属性对话框中，为状态输入名称。

> **提示**　在同一个工作流程中，状态名称是唯一的。

3）要选择状态图标，可以：单击更改图标；在选择图标对话框中，单击一个图标；单击【确定】。

4）要将该状态标记为初始状态，选择【初始状态】。

5）若不想继承之前状态的访问权限，而是把它们忽略，选择【忽略先前状态中的权限】。

6）使用权限选项卡授予状态访问权限：单击【添加用户 /组】；在【添加用户/组】对话框中，选择要添加的组和用户；单击【确定】。在【权限】选项卡上，在左侧栏中选择用户或组，并从右侧列表中选择应该拥有的权限。

7）当用户对该状态下的文件执行【设置修订版】命令时，使用【修订版号】选项卡来指定可更新的修订版号组件和修订版变量。

8）（可选）使用【通知】选项卡，针对该状态下的文件，执行操作时发送给用户的通知。

9）单击【保存】或【文件】/【保存】来保存工作流程。

2. 状态属性对话框　当选择一个工作流程状态时，该状态会高亮显示并在状态四周出现一个蓝色的框表示该状态已被选中。在工作流程编辑器中，将光标移至状态的上方，直至出现一个手形图标，然后单击鼠标左键。

3. 状态名称　要更改状态名称，在名称区域输入新的名称，单击【确定】并保存工作流程，如图 7-25 所示。

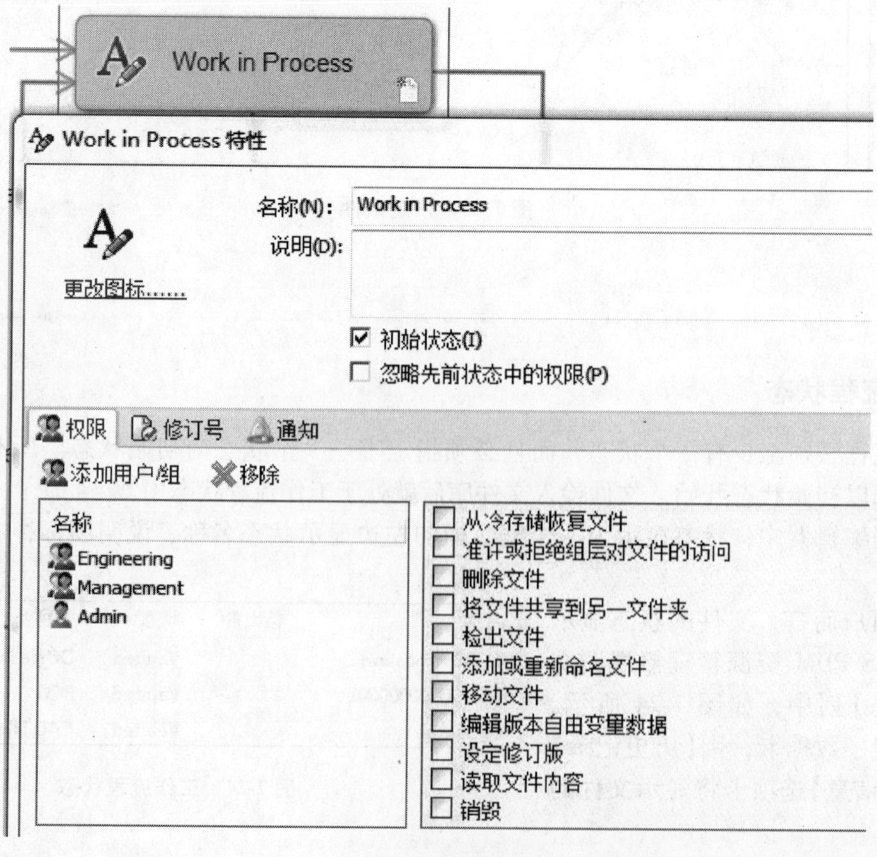

图 7-25　更改状态名称

状态名称会在所有的库视图内立即更新，以便让用户看到名称的变化。

4. 初始状态　设置该状态为工作流程初始状态，所有添加到工作流程中的新文件都以初始状态开始。在【状态】对话框中显示图标。

5. 忽略先前状态中的权限　应用状态访问权限以覆盖所有从之前状态继承来的访问权限，在【状态】对话框中显示图标。

6. 状态权限继承　任何时候，当一个文件通过一个工作流程状态时，先前状态下对文件版本的访问权限会被继承。这意味着如果需要删除已通过 Work in Process（工作在进行中）、Pending Approval（等待批准）和 Released（已发布）状态的文件，用户或组必须在这三个状态下都有删除文件的权限。

此选项还可以控制用户或组在文档的工作流程周期中可以看到哪些版本的文件。例如，如果用户只对处于“通过”状态的文件具有读取权限，那么直到文件视图中列出的文件进入“通过”状态时，该用户才能看到文件。而对于先前状态中生成的所有文件版本，该用户都无法访问，【获取版本】对话框如图7-26所示。

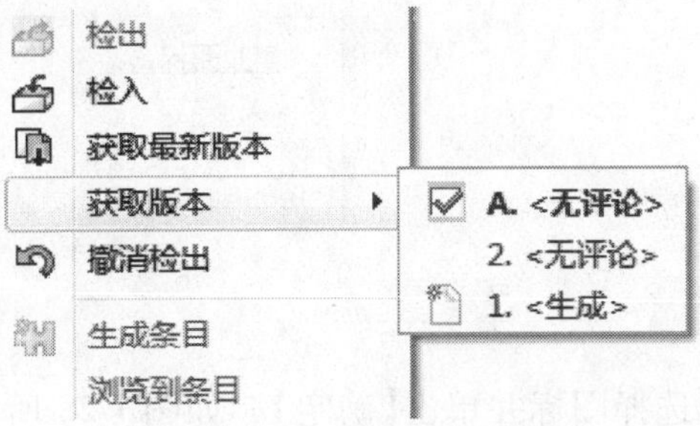

图7-26　【获取版本】对话框

7. 状态访问权限　利用属性对话框定义状态属性、状态访问权限、版本数据和新建通知。

状态访问权限见表7-4。

表7-4　状态访问权限

名　称	含　义
添加或重新命名文件	用户或组可以在当前所选中的状态下添加或重命名文件
检出文件	用户或组可以在该选中状态下检出文件的最新版本以进行编辑
删除文件	用户或组可以在该选中状态下删除文件版本。被删除的文件会移到 SOLIDWORKS PDM 回收站内
销毁	用户或组可以从文件夹属性对话框的已删除项栏内将文件彻底从库内删除。用户如果拥有这个权限，也可以在删除文件的同时按住 Shift 键，将文件直接删除而无需经过 SOLIDWORKS PDM 回收站
编辑版本自由变量数据	用户或组无需检出文件即可更新版本自由变量
移动文件	用户或组可将文件夹中的文件移动到另一个文件夹中
准许或拒绝组层对文件的访问	用户可以选择文件夹内的一个文件，使用文件属性对话框的文件权限选项卡控制，使所有用户还是属于特定组的用户才可以看到这个文件
读取文件内容	用户或组可以查看处于所选中状态下的文件版本
从冷储存恢复文件	用户或组可以恢复储存中存档的文件
设置修订版	用户或组可对选定状态中的文件使用设置修订版命令
将文件共享到另一文件夹	用户或组共享处于所选状态的文件版本

首先选中一个用户或组，然后在【权利】一栏内勾选项目，可以在所选状态下对用户或组进行相应的赋权。

提示　可以按住 Ctrl 键，或者通过拖动生成一个选择框的方式，选择多个目标对象。如果权限选择框内显示一个小正方形□，则表示该权限是从一个组成员继承而来，或者是由于多个所选对象中的某个对象而不是全部被选。

8. 更改状态图标　若要更改状态图标，可单击状态并选择【更改图标】，如图7-27所示。

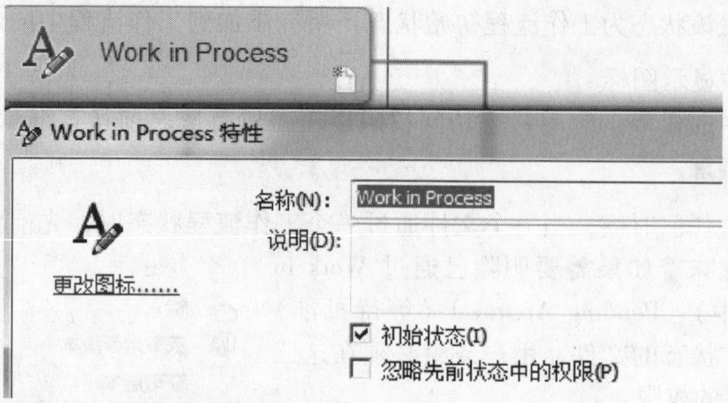

图 7-27　更改图标

选择图标并单击【确定】，如图 7-28 所示。

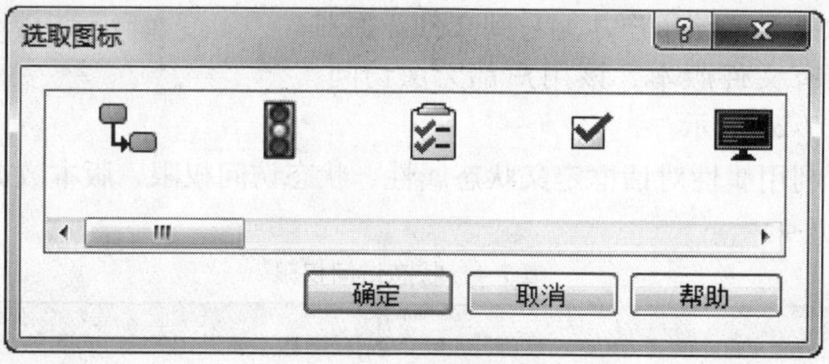

图 7-28　选择图标

9. 关闭状态属性对话框　单击【确定】，关闭【属性】对话框。

步骤 4　定义初始状态

新的工作流程总是从一个名为 Initiated（已初始化）的状态开始。将名称更改成 Work in Process，如图 7-29 所示。

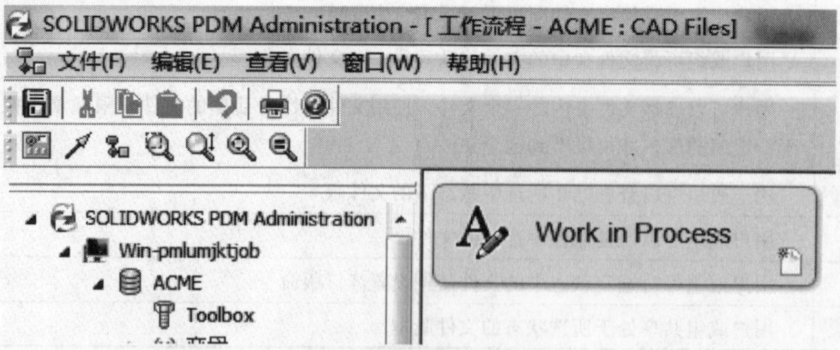

图 7-29　定义初始状态

步骤 5　新建状态

在【工作流程】窗口中右键单击，选择【新建状态】。输入状态名称为 Pending Approval，单击【确定】。

另外再添加一个状态，命名为 Released。

步骤 6　调整状态位置和更改状态图标

拖动状态将其按顺序摆放，更改状态图标，选择恰当的状态图标，如图 7-30 所示。

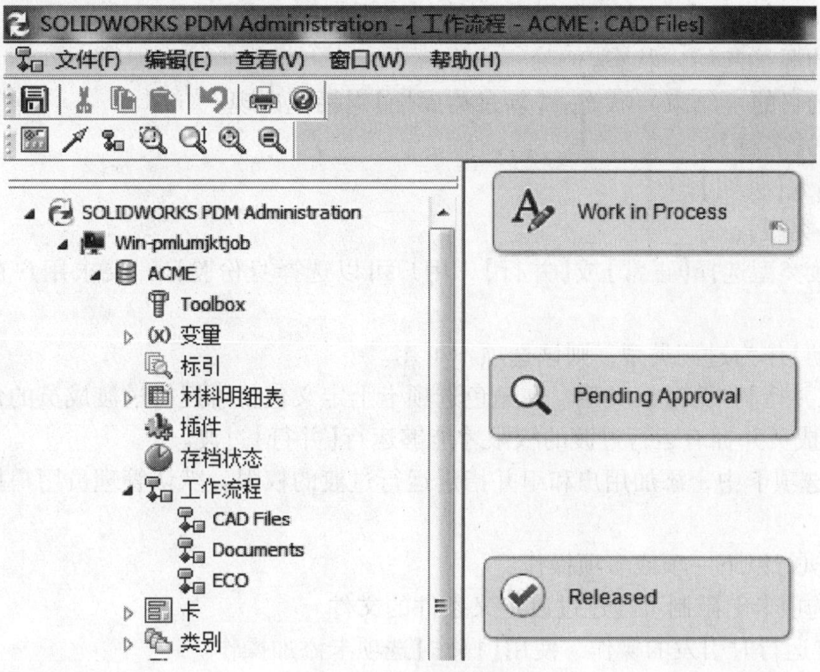

图 7-30　更改状态图标

7.4.2　工作流程变换

状态变换可以用来改变文件在流程内的状态。变换必须总是要有一个源状态和一个目标状态（或者流程链接）。在两个流程之间可以有多个并行的变换动作。

在工作流程编辑器中，工作流程过渡显示为从源状态到目的状态的箭头中间的标签。

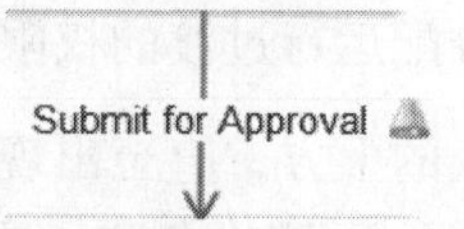

当用户右键单击一个已检入的文件，并选择【更改状态】，则当前状态下该文件可用的变换就会显示出来，如图 7-31 所示。

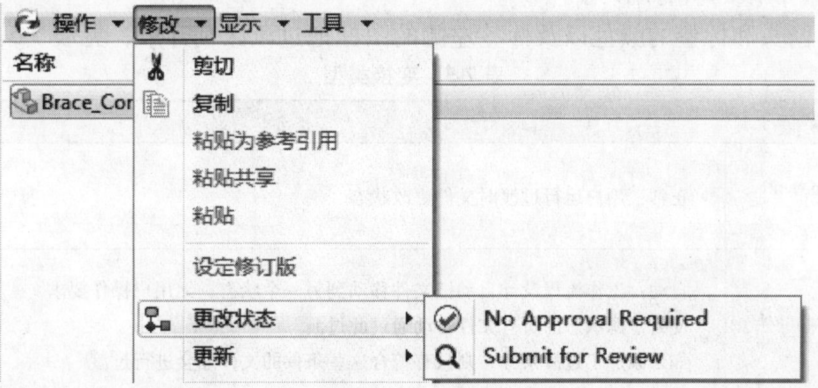

图 7-31　更改状态

- 更改文件状态时，所有当前状态可执行的变换都会显示出来。
- 当选择一个文件夹，当前登录用户所有可执行的变换都会显示出来。更改状态对话框显示文件可执行的变换。

1. 生成工作流程变换　用户可以在新工作流程或现有工作流程中生成新变换：

1）在工作流程编辑器中右键单击空白区域，然后选择【新过渡】，或者单击【新过渡】

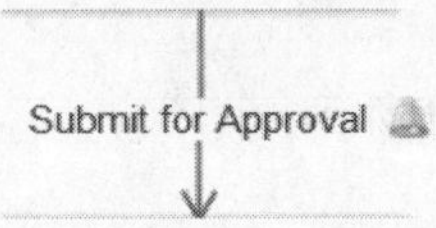

（工作流程工具栏）。

2）单击变换的源（起始）状态。

3）单击变换的目的（结束）状态。【新过渡属性】对话框出现。

4）输入过渡的【名称】。

5）（可选）输入【说明】。

6）选择过渡【类型】。

7）如果为过渡类型选择【正常】或【并行】，用户可以选择身份验证，要求用户在运行过渡时输入密码。

如果选择【自动】作为过渡类型，则该选项不可用。

8）如果选择【并行】作为过渡类型，在角色选项卡上定义包括可运行过渡成员的角色。用户必须是指派到过渡的角色成员并拥有运行过渡的权限才能够运行【并行】过渡。

9）在【权限】选项卡中，添加用户和组并指定运行过渡的权限。默认管理员用户拥有运行过渡的权限。

10）（可选）执行以下一项或多项操作：

- 在【条件】选项卡上限制可通过过渡定义条件的文件。
- 要指定过渡运行时引发的操作，使用【操作】选项卡添加操作。
- 要定义过渡运行时通知的人员，使用【通知】选项卡添加文件夹通知。

11）单击【确定】。过渡在工作流程中出现。一个箭头从源状态开始到目标状态结束。过渡名称在箭头中间。

12）单击【保存】或【文件】/【保存】以保存工作流程。

2. 变换属性对话框 使用过渡属性对话框可以更改过渡的名称或说明，定义文件通过过渡所需要的条件，更改修订版号计数器以及指定过渡所触发的操作。也可以使用该对话框指定平行过渡角色。分配运行过渡的权限和添加过渡通知。要显示转换的对话框，可以在工作流程编辑器中将光标移至转换的上方，直至出现一个手形图标，然后单击鼠标左键。

3. 变换名称 要更改变换名称，可以在名称区域输入新的名称，单击【确定】并保存工作流程。新变换适用于具有相应权限的所有用户。

4. 变换类型 箭头和标签的颜色以及标签左侧的图标把过渡区别开来，见表 7-5。

表 7-5 变换类型

分类	图　标	含　义
左侧图标	Submit for Approval	正常：用户运行过渡时文件更改状态
	Submit for Approval	自动：工作流程设计自动把文件移动到另一个状态，无用户操作要求 使处于源状态的所有文件自动通过此过渡。 如果添加了过渡条件，则只有符合这些条件的文件才会进行过渡
	✓ Submit for Approval	并行：特定数量的用户审批过渡之后才会更改文件状态
右侧图标	🔔	过渡包含通知
	✔	运行过渡的用户需要身份验证

5. 身份验证 通过此过渡更改文件状态的用户提供密码。选择此选项后，【更改状态】对话框将包括密码字段，为所有需要电子签字的过渡选择此项。

6. 选中同级平行过渡时隐藏 在下列情形中对用户隐藏过渡：

- 此源状态中的多个过渡之一。
- 其他平行过渡之一。
- 经用户初始化的平行过渡。

7. 角色选项卡 角色选项卡只在选择平行作为过渡类型时才可用，使用它可以添加、移除和编辑可参加平行状态更改的成员角色。

1）添加角色。打开【添加角色】对话框，让用户创建角色并添加成员。如果已经定义角色，可以展开添加角色控件并从中选择。

2）移除角色。从角色列表中移除选定角色。如果其他过渡使用该角色，它仍然定义在数据库中并且在添加角色下可用。如果不再使用该角色，可将它从数据库中移除。

3）编辑角色。为选定的角色打开【编辑触角】对话框，这样就可以进行修改。该对话框包括与【添加角色】对话框相同的控件。

4）角色。列出其成员当前可运行过渡的角色。

5）所需的用户数。显示必须运行过渡从而改变状态的用户数，后面是角色中的用户数。确保所需用户数不超过添加到使用过渡的库目录角色的用户数。组可拥有具有不同目录访问权限的用户。通过选择组添加用户至某个角色时，检查多少组成员可访问运行过渡的目录。如果需要三名用户批准文件夹 X 中的文件过渡，必须至少添加三名可访问文件夹 X 的用户至该角色。

提示 如果为角色或平行过渡输入“.cex”文件，向含有同名角色的库中添加角色，输入角色的数据不会替换现有角色或与现有角色合并。不会显示任何信息。

8. 权限选项卡 使用权限选项卡控制，可在该过渡中发送文件的用户和组。

1）添加用户和组。打开添加【用户/组】对话框，可以选择拥有运行过渡权限的用户/组。

2）Remove。从可运行过渡的组列表中移除选定的用户或组。

3）名称。列出拥有运行过渡权限的用户或组。

权限列表：

- 不允许相续状态更改。用户不能对同一文件执行两个连续的状态过渡。例如，用户可以使用此选项防止用户批准他们自已的文件。
- 准许。用户可以通过所选过渡发送文件。即使过渡是自动的，用户也必须拥有此权限。

9. 条件选项卡 生成条件来定义哪些文件可以通过过渡。

1）变量。列出禁止状态变更的条件。从变量列表中选择或从下列选项中选择：

- Or。创建 OR 容器。默认情况下，所有条件必须为真（AND）。如果只有一个条件必须为真，则可使用 OR 容器将多个条件组合在一起。
- 类别。根据数值指定的类别匹配文件和条目。
- 文件路径。针对文件，根据数值指定的文件名、扩展名或路径匹配。
- 对象类型。根据数值指定的对象类型（材料明细表、文件或条目）匹配文件。
- 修订版。根据数值指定的修订版号匹配文件。
- 移除。在选择现有条件时可用。移除选定的条件。
- 变量名称。列出库中所有的变量并可匹配特定的数值。

2）比较。列出每个条件的比较运算符。展开列表选择文本、数字或日期比较运算符。表 7-6 中的例子显示了这些运算符颜色上的区别。

表 7-6 比较运算符

图 标	含 义	图 标	含 义
（蓝色）	文本不包含	（绿色）	日期不等于
（棕色）	数号小于	（黄色）	Yes 或 No 等于

提示 可用比较运算符取决于您所选的变量类型。

- 数值。设置用于确定哪些文件符合条件的值。
- 配置。指定数据卡配置选项卡搜索值。

此选项只在条件是一个变量时可用。要搜索所有配置，请保持配置空白。

10. 操作选项卡 定义过渡触发的事件。这些操作将按它们在操作列表中的顺序运行。

1）添加操作。打开【过渡操作】对话框，用户可以定义事件作为过渡结果运行。

2）移除操作。移除选定的操作。

3）编辑操作。为选定操作打开【过渡操作】对话框，这样就可以修改操作。

4）上移。将所选操作在列表中往上移动。

5）下移。将所选操作在列表中往下移动。

6）类型。指明在【过渡操作】对话框中选定的操作类型。

7）说明。显示【过渡操作】对话框中的说明。

11. 修订版号选项卡 使用修订版号选项卡可以指定如何为源状态增量定义修订版号零部件或重设为通过工作流程过渡的文件。

1）名称。列出与目标状态相关联的修订版号零部件。

2）递增为。设置在使用设置修订版变换操作时使用的递增数（通常为 1）。

3）重设到。指定计数器重置时的数字。

4）预览。显示修订版号零部件如何寻找指定重置值。

12. 通知选项卡 使用通知选项卡，可以在文件通过该工作流程过渡时，自动给用户发送通知。

1）添加文件夹通知。提醒用户要添加通知的文件夹，然后显示【文件夹通知】对话框。

2）移除通知。删除选定的通知。

3）编辑通知。显示【通知】对话框，把选定的通知置于编辑模式下。

步骤 7 添加变换

在工作流程窗口内右键单击，选择【新建变换】。

选择状态 Work in Process，然后选择状态 Pending Approval。输入变换名称为 Submit for Review。

适当调整变换的位置，如图 7-32 所示。

步骤 8 添加其他变换

添加变换，如图 7-33 所示。

步骤 9 添加权限

现在已经定义好了流程的框架，现在需要定义对于每个状态和变换，哪些用户能进行特定的操作。对 CAD Files 而言，组 Engineering、Management 以及 Admin 用户可以将文件检入到库并将之置于流程的初始状态。

- 选中 Work in Process 状态，单击【权限】选项卡。单击【添加用户/组】，勾选 Admin 用户和组 Engineering 以及组 Management ，单击【确定】。选中 Admin 用户，赋予所有权限。同时选中组 Engineering 和组 Management，赋予除了设定修订版的所有权限，如图 7-34 所示。

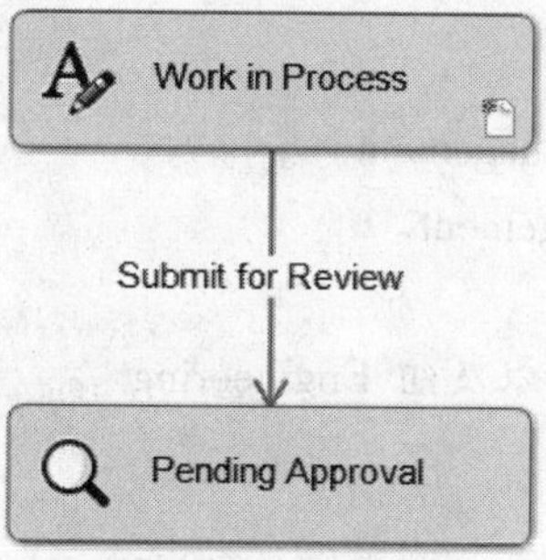

图7-32 添加变换

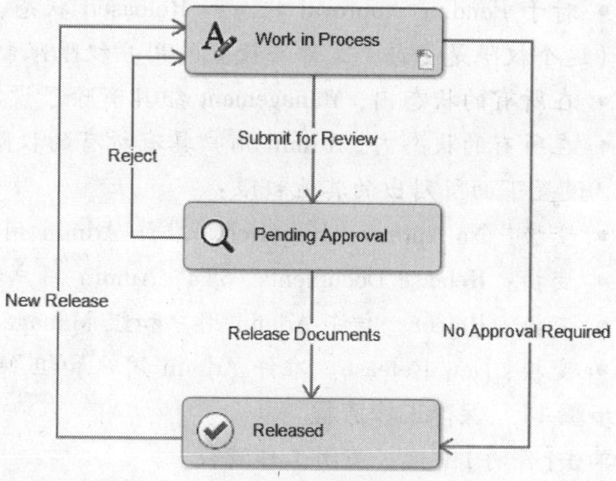

图7-33 添加其他变换

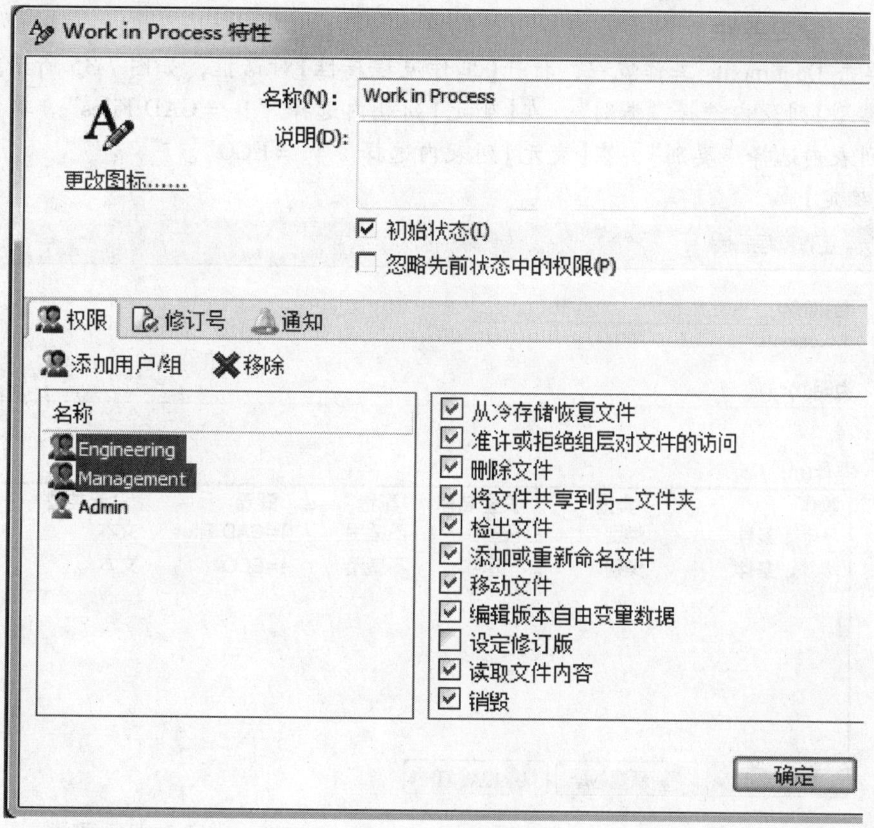

图7-34 添加权限

同时，需要赋予组 Engineering 和组 Management 变换权限：文档从 Work in Process state 状态变换到 Pending Approval 状态。

- 单击变换 Submit for Review，选择权限选项卡。单击【添加用户/组】，勾选 Admin 用户和组 Engineering 以及组 Management，单击【确定】。同时选中 Admin 用户和组 Engineering 以及组 Management，勾选【准许】。

步骤10 添加其他权限

①设置状态权限：

- 对于 Pending Approval 状态和 Released 状态，给予所有用户和组【读取文件内容】的权限（这个权限是受每个文件夹设置的用户权限限制的）。
- 在所有的状态内，Management 组具有除了设定设定修订版外的所有权限。
- 在所有的状态内，Admin 用户具有所有的权限。

②设置下面所列出的其他权限：

- 变换：No Approval Required。准许 Admin 用户和组 Management。
- 变换：Release Documents。准许 Admin 用户和组 Management。
- 变换：Reject。准许 Admin 用户和组 Management。
- 变换：New Release。准许 Admin 用户和组 Management 以及组 Engineering 。

步骤 11　保存工作流程

单击【保存】图标，关闭工作流程。

步骤 12　输入 ECO 工作流程

右键单击库名称，输入文件 Lesson07 \ Case Study \ ACME_ ECO_ Workflow. cex。

步骤 13　设定条件

右键单击 Documents 工作流程，打开【工作流程属性】对话框，如图 7-35 所示。单击【新建】，在【类型】列表内选择“类别”，在【变元】列表内选择“！ = CAD Files”。单击【新建】，在【类型】列表内选择“类别”，在【变元】列表内选择“！ = ECO”。

单击【确定】。

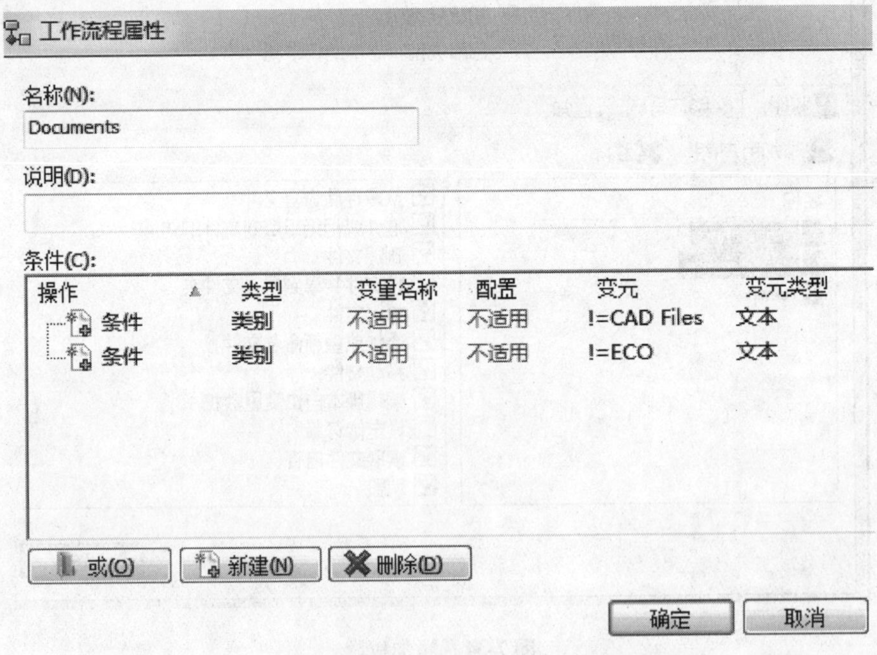

图 7-35　设定条件

7.5　修订版

通过使用修订版号功能，用户可以设置修订版号，以对应公司实际使用的版本规则。修订版号由能自动递增的修订版号组件生成，这样对一个文件可以每次赋予一个新的修订版号。比如，一个修订版号可以为 01，02，03... 或者 A. 01，A. 02，A. 03...

在文件库内，任何当前工作版本的文件（每次检入一个修改过的文件时）都可以被指定一个修订版号，可在工作流程的变换时自动添加，或者是有足够权限的用户手动添加。修订版号可以作为一个文件版本的最基本的标识符，这样方便用户找到正确的版本或者设置访问限制，如图 7-36 所示。

修订版号可以根据需要赋予文件及其引用的其他文件（工程图、装配体和零件）。用户可以在不同的工作流程内，设置不同的修订版号，以适应不同文件类型的管理需要。

修订版号组件是一个自动计数器，每当修订版号应用到一个文件时，它所关联的修订版号组件就会增长。

1. 组件名称　输入组件名称。在对组件进行命名时，最好能包含一些对该组件的一些描述性的文字，例如，版本计数器、版本号或其他类似描述。

2. 初始计数器值　任何时候使用这个组件的修订版号，在首次对文件添加版本时，都会从初始计数器值内设定的值开始，默认值为 1。例如，如果使用数字格式字符串，则组件的值从 1 开始，然后是 2，3，4 等。如果使用英文字母格式字符串，则组件的值从 A 开始，然后是 B，C，D 等。

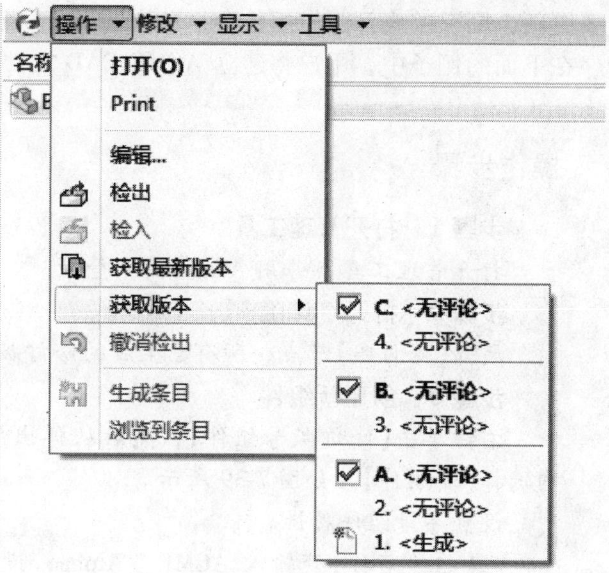

图 7-36　修订版

3. 格式字符串　选择格式字符串，可以创建一个基于预定义计数形式的修订版号组件。输入计数器初始值，然后单击 > ，从列表中选择一个预定义的计数形式，如图 7-37 所示。

选中一个计数器后，其会显示在格式字符串框内，表示所选中的是哪个计数器。举例说明，选中【数号】▶【000】会添加一个三位的数字计数器。如果使用这种计数方式，且初始值设置为 1 的话，则产生的值为 001，002，003 等。

4. 列表中的值　如图 7-38 所示，这个选项允许用户使用自己定义的值列表。例如，如果文件修订版总是只使用 -，A，B，C 等。用户可以生成一个只包含这几个字符的数列。选择一个选项，以便当版本号达到列表最后一个值时告知如何操作。如果勾选【并发送电子邮件到】复选框，用户可从下拉列表中选择一个用户或组，向其发送邮件提示版本号已用完，需要添加更多的版本号。

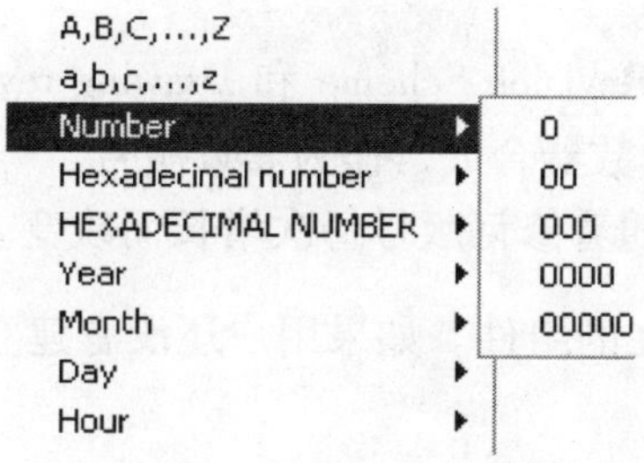

图 7-37　格式字符串

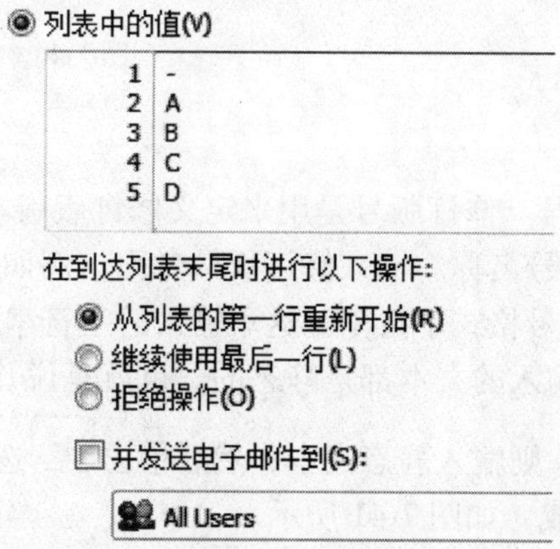

图 7-38　列表中的值

7.6 学习实例：生成新修订版格式

此修订版号是由静态文本和一个或多个修订版本号组件组成的。如果一个文件上用的这个修订版号要更新，则它的修订版号组件会自动增长。

在下面的例子中，用户将建立 ACME CAD 文件的版本格式，如下：A，B，C...

操作步骤

步骤 1　打开管理工具

打开管理工具，并用 Admin 用户登录。

步骤 2　打开修订版

展开【修订版】节点，所有已生成的修订版号和修订版号组件都会被列出。

步骤 3　创建新组件

右键单击【修订版号组件】，然后从弹出的菜单内选择【新组件】，如图 7-39 所示。

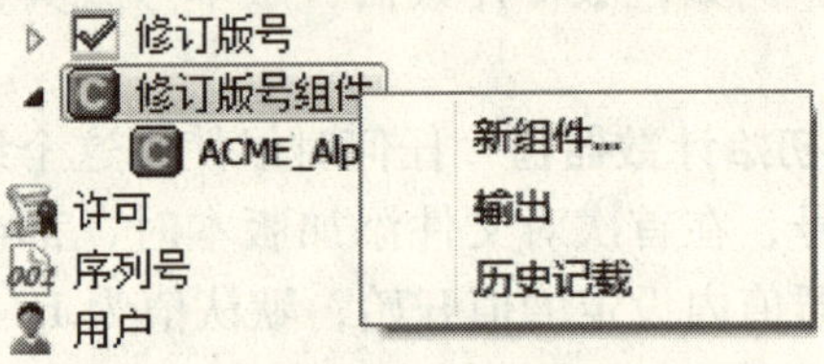

图 7-39　创建新组件

设置字母组件属性。

在【组件名称】处输入 ACME_ Alpha，设置【初始计数器值】为 1。选择【格式字符串】，单击 > 选择【A，B，C，...，Z】，如图 7-40 所示。

单击【确定】。

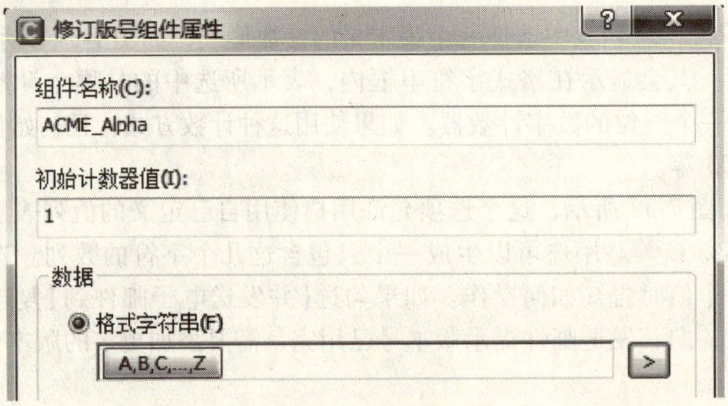

图 7-40　设置组件属性

1. 修订版号　修订版号是用来定义修订版版本格式的。

1）修订版号名称。输入修订版号名称，例如，Alpha Revision Scheme 和 Drawing revision。

2）修订版号格式字符串。这里输入的字符串由组件计数器合成，作为修订版号。

任何直接输入的文本都是静态的，也就是说，它不会随着修订版号每次增长而改变。

如果需要，则输入静态文本，然后单击 > 选择已存在的组件。如果用户还没有建立组件，可以选择【新组件】生成，如图 7-41 所示。

一旦用户已经定义了一个可计数组件，就可以建立修订版号。

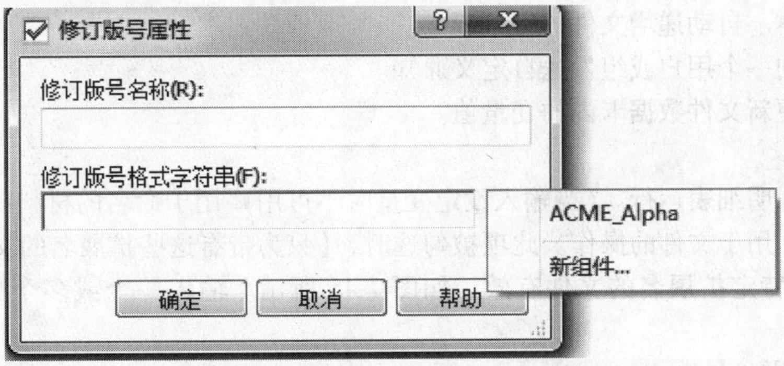

图 7-41 修订版号格式字符串

步骤 4 创建新修订版号

右键单击【修订版号】，然后选择【新修订版号】，如图 7-42 所示。

- 设置修订版号名称。输入 ACME_ Alpha_ Scheme 作为名称。
- 设置修订版号格式字符串。在【修订版号格式字符串】栏单击 >，从列表中选择 ACME_ Alpha，如图 7-43 所示。

单击【确定】。

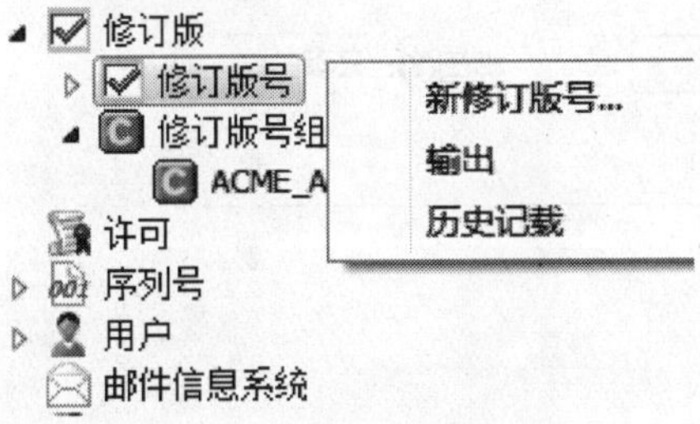

图 7-42 创建新修订版号

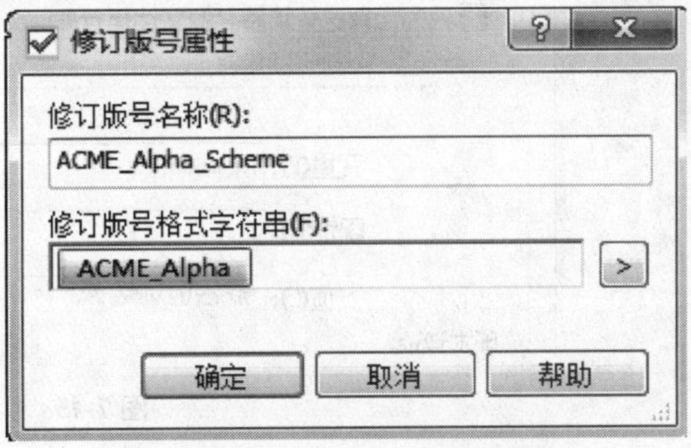

图 7-43 设置修订版号格式字符串

2. 变换条件 如果只让符合特定标准的文件通过变换，用户可以设置变换条件。举例说明，用户可以设置条件只允许 doc 文件通过，对于 dwg 文件可另设条件，或者阻止一个文件的状态被改变，除非其含有一个由条件指定的特定值。

3. 变换操作 变换操作是指当一个文件通过变换时可以触发一个或多个预先定义的动作。举例说明，用户可以对这个文件赋予一个新的版本号或更新变量 Approved 的值为审核该文件的用户名（如电子签名），如图 7-44 所示。

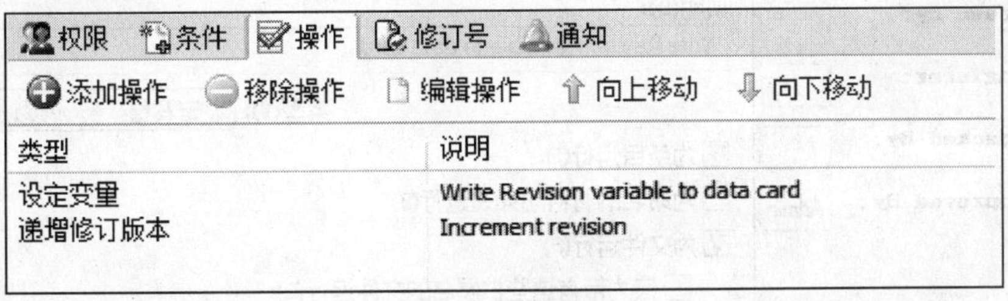

图 7-44 变换操作

4. 操作类型 在变换内可以设定如下七种操作：

1）执行命令。可以运行某个程序。

2）执行任务。可以运行某个任务。

3）将数据输出到 XML。运行输出脚本，导出 XML 格式数据。

4）从 XML 输入数据。运行输入脚本，导入 XML 格式数据。

5）递增修订版本。自动递增文件的修订版本。

6）发送邮件。向一个用户或组发送自定义通知。

7）设定变量。更新文件数据卡内的变量值。

用户可选项：

1）为命名的材料明细表运行。（当输入设定变量时不可用）用于命名的材料明细表的操作。

2）为文件运行。用于文件的操作。此项被勾选时，【只为带有这些扩展名的文件运行】可选，用户可以限制此操作只对特定扩展名的文件有效，如图 7-45 所示。输入一个或多个文件扩展名，以分号（;）隔开。

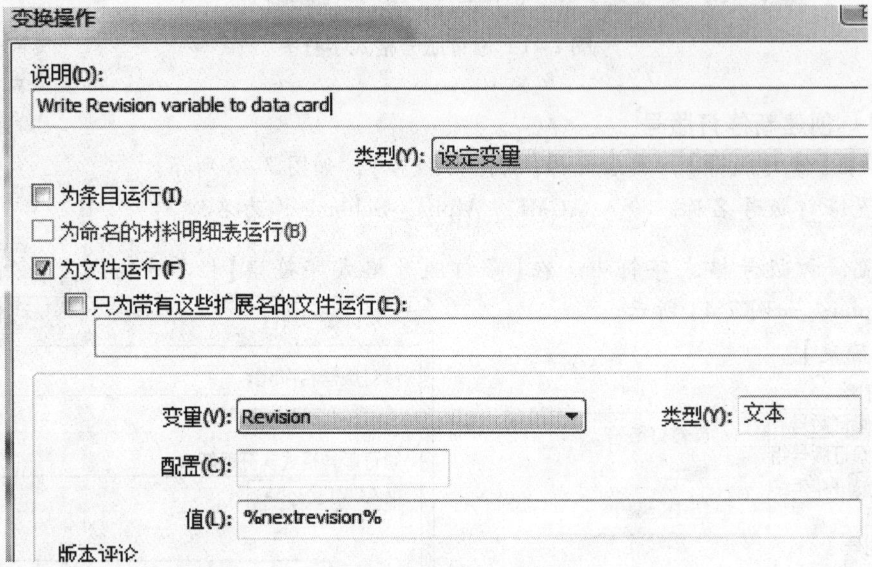

图 7-45　为文件运行

5. 设定变量值　当一个文件通过变换时，用户执行操作修改文件数据卡内变量的值。当在变换操作内更新数据卡变量的值时，通过变换的文件会自动生成一个新版本。如果文件含有参考文件随之一起通过变换，则文件生成新版本后，参考文件自动更新以匹配最新版本的文件。

图 7-46 所示为如何通过一个变换操作，更新文件数据卡中变量“Approved By”的值。

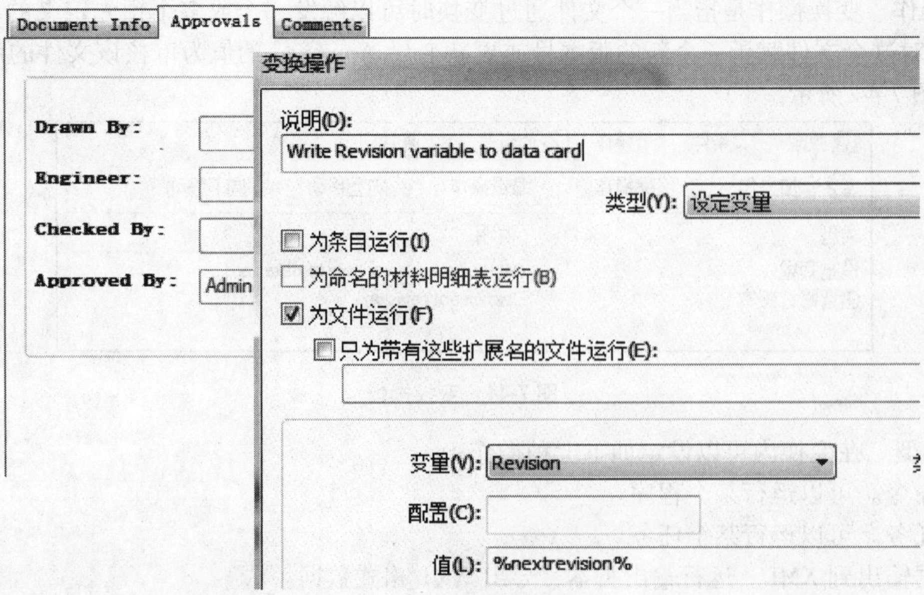

图 7-46　设定变量值

6. 可用变量　以下变量能够在变换操作的描述中以及邮件信息的内容中使用，结果显示为值，见表 7-7。

表 7-7　可用变量

可用变量名称	说　　明
日期	变换发生的日期
目的状态	变换指向的目标状态
电子邮件	执行变换的用户属性卡上填写的电子邮件
文件名	通过变换的文件名
文件夹路径	文件夹的路径，该文件夹包含通过变换的文件
全名	执行变换的用户属性内所填写的用户全名
名缩写	执行变换的用户属性内所填写的名缩写
下一个修订版	文件的下一个可用修订版号
下一个版本	文件的下一个版本号
修订版	通过变换的文件当前修订版本号（指通过变换之前的）
源状态	变换指向的源状态
时间	变换发生的时间
变换评论	进行变换时用户输入的评论
用户	执行变换的用户的登录名
用户数据	执行变换的用户属性内的用户数据
变量	使用当前数据卡内另一个已有变量的值更新定义的变量。从弹出的子菜单内选择要读取的变量
版本	通过变换的文件当前版本（指通过此变换动作之前的）
版本评论	文件最新的版本（检入）评论

7. 递增修订版　此操作可以对通过所选变换的文件自动设置下一个修订版号。

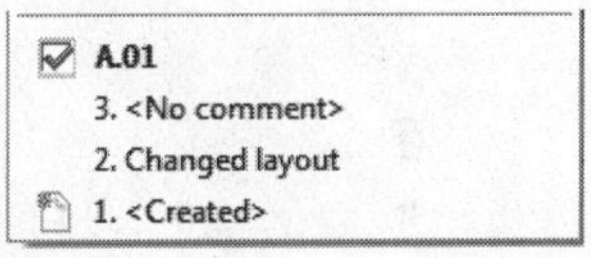

图 7-47　版本变化历史记录

提示　在进行此类操作前，用户首先要定义用于目标状态内的修订版号。图 7-47 所示为文件通过变换操作而更新修订版号后产生的版本变化历史记录。

提示　此操作仅仅赋予文件下一个修订版本，并不会将修订版号写入到文件数据卡变量内。如果需要同时将修订版号写入到文件数据卡内，则需要添加额外的变换操作。

8. 多个变换操作　单击【新建】创建多个变换操作，如图 7-48 所示。

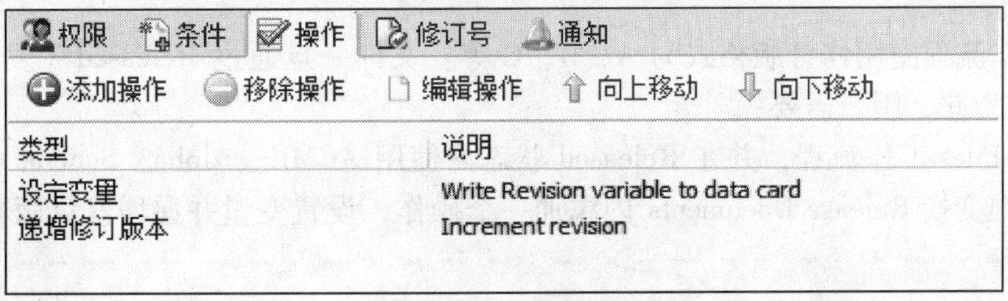

图 7-48　多个变换操作

需要注意的是，如果用户建立了多个设定变量的操作以更新不同的变量，结果只会生成一个新的文件版本。各个变换操作按它们在列表内的排列顺序依次执行。选中一项，可以单击【向上移动】或

调整上下位置。

> **提示** 在 2010 SP3 版本之前，当对一个变量值进行更新并对文件进行递增版本的操作时，因为更新变量会生成一个新的文件版本，所以应当总是将【递增修订版本】操作置于最后一个。如果递增修订版本操作先于变量更新，则修订版号被赋予在前一个版本上，看下面的例子：

1）不正确操作。如果在更新变量之前进行【递增修订版本】的操作，则通过此变换的文件版本历史记录会显示，在递增修订版本操作之后还自动生成了版本 2，如图 7-49 所示。

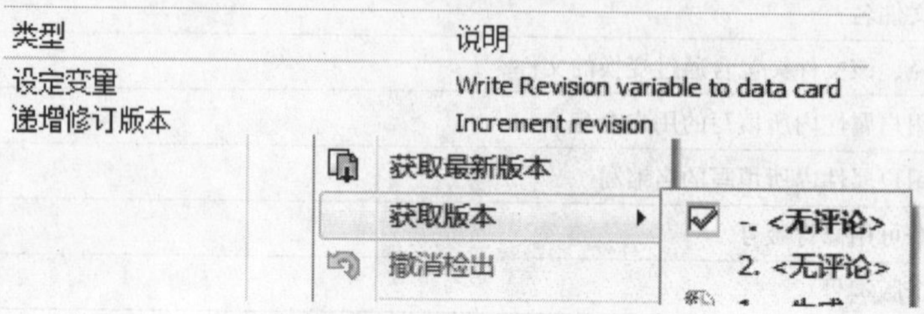

图 7-49 不正确的操作

2）正确操作。如果将【递增修订版本】的操作放在最后，则通过此变换的文件版本历史记录会显示，在自动生成“版本 2”之后正确地对文件赋予了预设的修订版号，如图 7-50 所示。

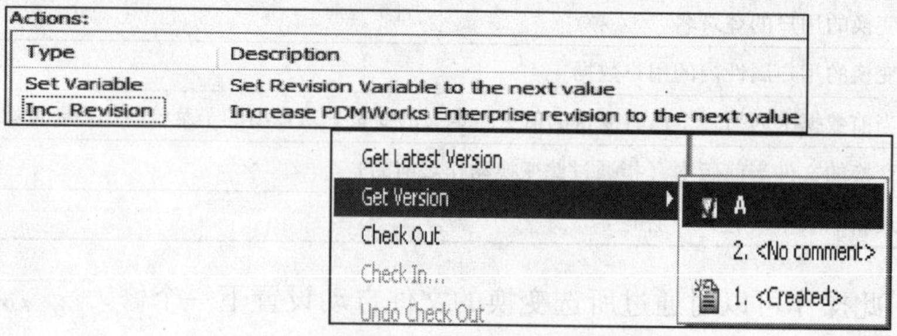

图 7-50 正确的操作

> **提示** 如果用户想通过同一个变换操作更新文件数据卡以及将修订版本的值自动添加到数据卡内，可以使用系统变量 Next Revision，否则修订版变量的值将会为当前的修订版本，即文件在通过此变换之前的值。使用系统变量 Next Version 会令其值保持一致。

7.7 学习实例：CAD Files 修订版格式

CAD Files 工作流程使用修订版格式为 A、B、C 等。文件一旦通过 Released（发布），将会更新为下一个修订版号。为此，用户需要：

1）修改 CAD Files 工作流程，并在 Released 状态内使用 ACME_ Alpha_ Scheme 版本格式。

2）在通过批准变换 Release Documents 内添加一个操作，设置变量并递增修订版本。

操作步骤

步骤 1 打开管理工具

打开管理工具并用 Admin 用户名登录。

步骤2 打开工作流程

展开【工作流程】节点，打开 CAD Files 工作流程。

步骤3 指定修订版格式

单击 Released 状态，选择【修订号】选项卡。

从下拉列表中选择 ACME_ Alpha_ Scheme，如图 7-51 所示。

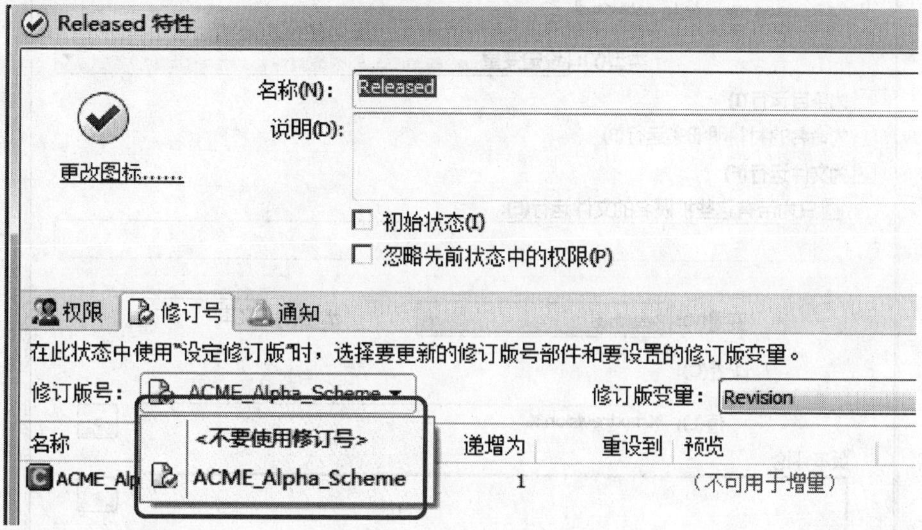

图 7-51 指定修订版格式

设置【递增为】数值为 1，设置【修订版变量】为 Revision，如图 7-52 所示。

单击【确定】关闭属性对话框。

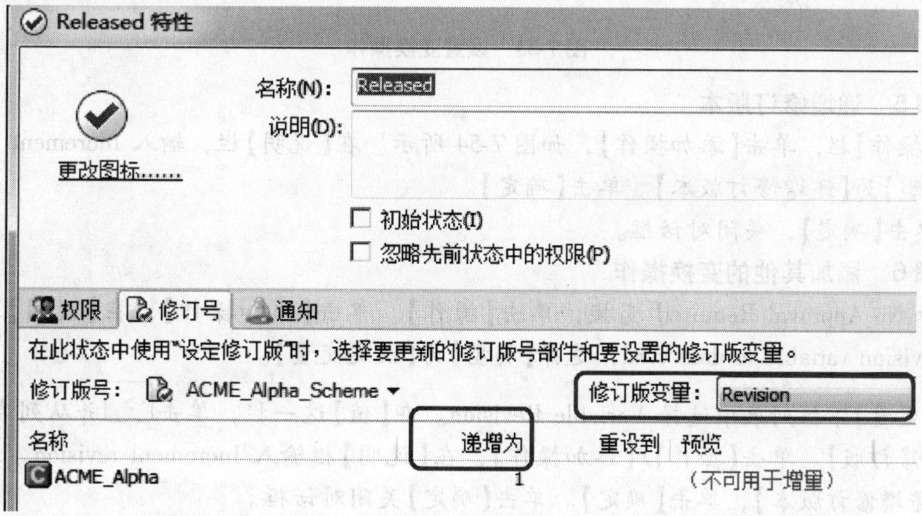

图 7-52 设置修订版变量

步骤4 设置修订版变量

选择 Release Documents 变换，单击【操作】。单击【添加操作】，在【说明】栏输入 Write Revision variable to data card。选择【类型】为【设定变量】。

从【变量】下拉列表中选择 Revision。

在【值】一栏，单击 > 并从列表中选择【下一个修订版】，如图 7-53 所示。

单击【确定】。

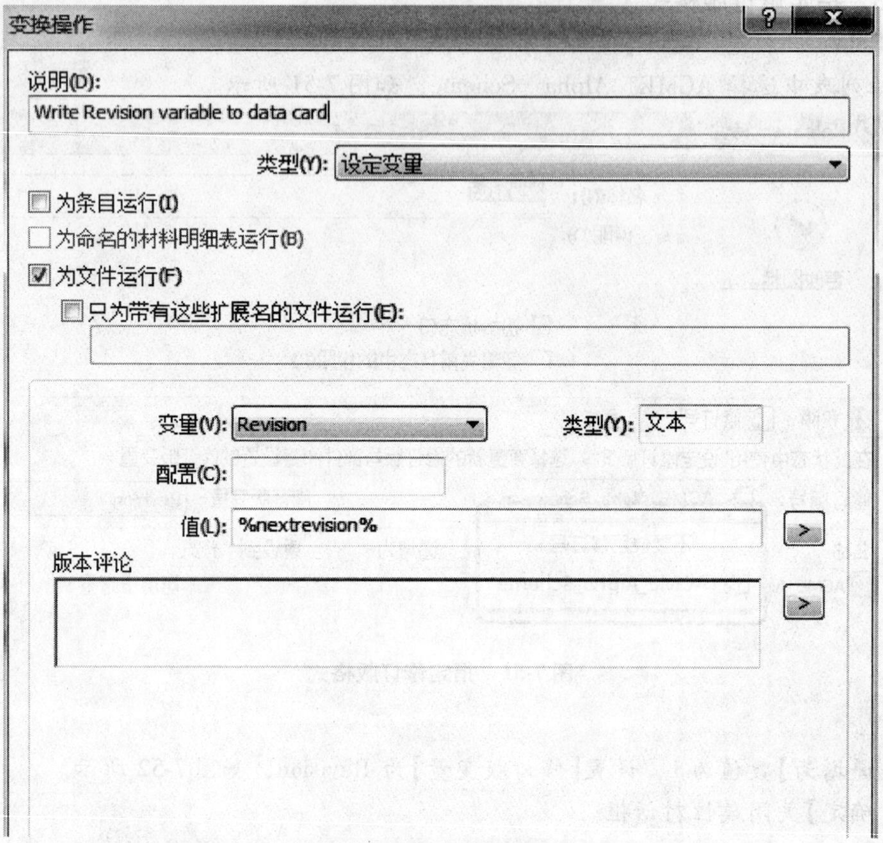

图 7-53 设置变换操作

步骤 5 递增修订版本

在【操作】栏，单击【添加操作】，如图 7-54 所示。在【说明】栏，输入 Increment revision。选择【类型】为【递增修订版本】。单击【确定】。

再单击【确定】，关闭对话框。

步骤 6 添加其他的变换操作

选择 No Approval Required 变换，单击【操作】。单击【添加操作】，在【说明】栏输入：Write Revision variable to data card，选择【类型】为【设定变量】。

从【变量】下拉列表中选择 Variable Revision。在【值】这一栏，单击 > 并从列表中选择【下一个修订版】。单击【操作】/【添加操作】，在【说明】栏输入 Increment revision，选择【类型】为【递增修订版本】，单击【确定】。单击【确定】关闭对话框。

步骤 7 保存工作流程

步骤 8 测试修订版格式

用 Admin 用户名登录，按〈Shift Delete〉键销毁 Categories 文件夹。这是要必须操作的，因为文档在 CAD Files 工作流程创建之前已经添加入库。

从文件夹 Lesson07 \ Case Study \ Categories 内复制文件 Saddle. SLDPRT 到库文件夹并检入。当前状态为 Work in Process。选择这个文档，从右键菜单中选择【更改状态】/【Submit for Review】，如图 7-55 所示。

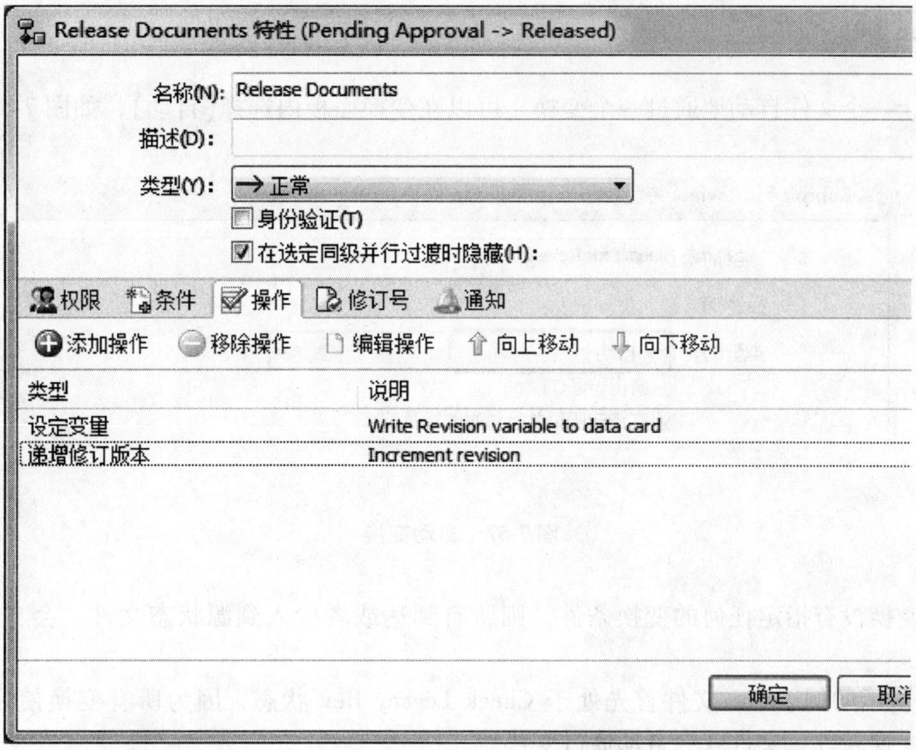

图 7-54 递增修订版本

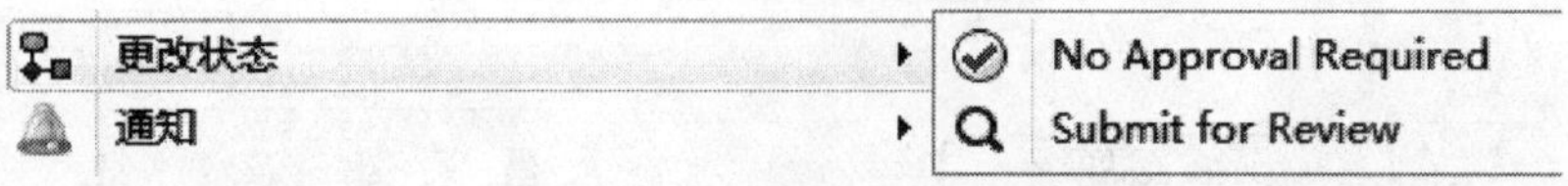

图 7-55 选择更改状态

输入评论：Please review and approve，当前状态为 Pending Approval。

再右键单击这个文档，选择【更改状态】/【Released Documents】。输入评论：Approved for release，当前状态为 Released，并且 Revision 设置为 A，如图 7-56 所示。

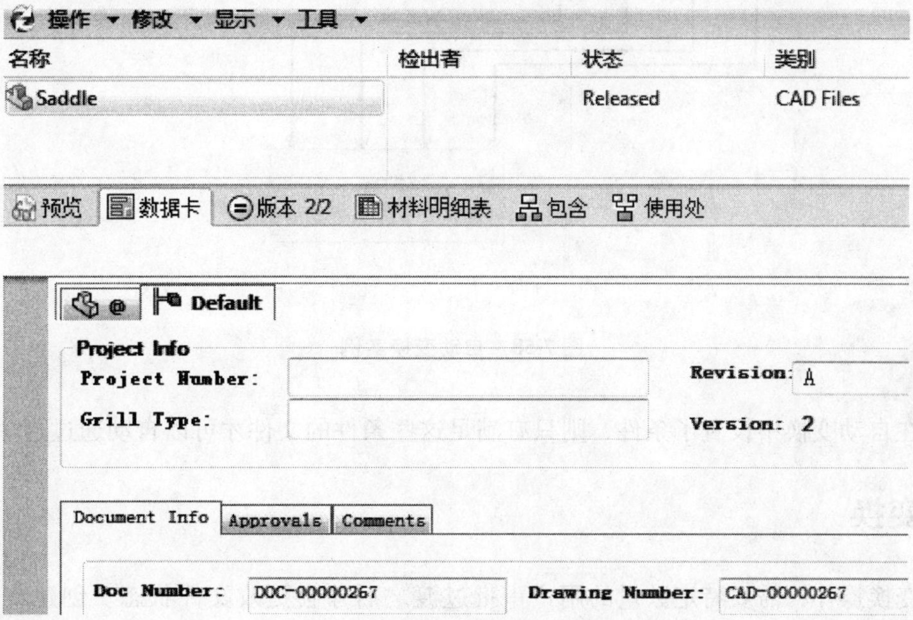

图 7-56 设置选项

7.8 自动变换

如果需要让一个文件自动地通过一个变换，可以在变换面板内选择【自动】，如图 7-57 所示。

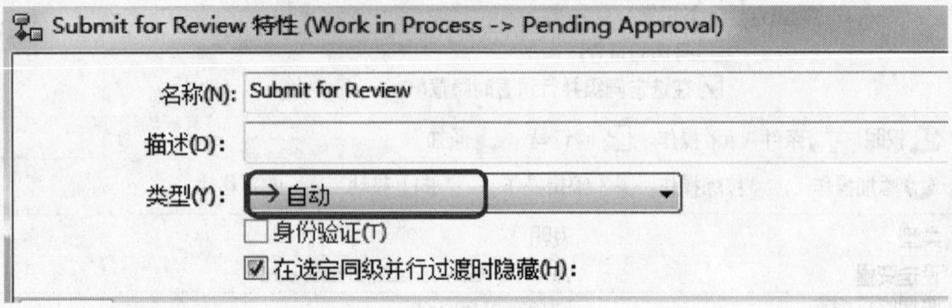

图 7-57 自动变换

如果自动变换没有指定任何的变换条件，则所有到达或者检入到源状态文件，会自动通过所选变换。

如图 7-58 所示的例子中，文件首先处于 Check Legacy Rev 状态，因为所有变换使用了自动变换，只要变量满足变换条件，文件就会自动通过变换。

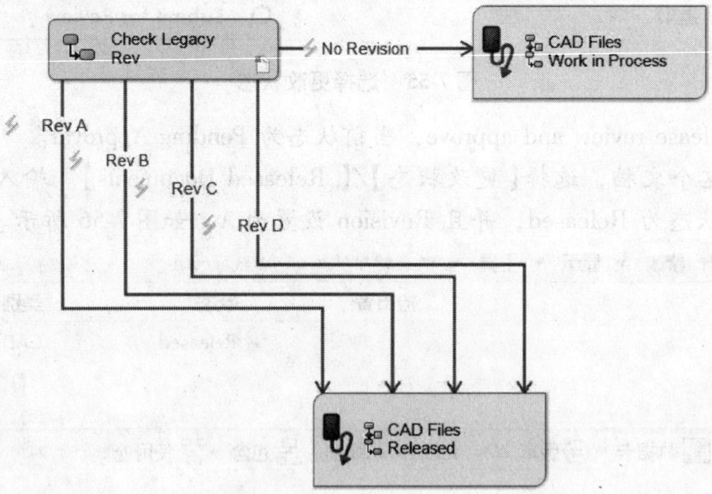

图 7-58 自动变换实例

如果用户在自动变换中设置了条件，则只有满足这些条件的文件才可以自动通过这个变换。

7.9 并行变换

通过并行变换操作，需要特定数量的用户审批过渡之后才会更改文件状态。创建或编辑工作流程过渡时，用户可以选择平行作为过渡类型。这需要多个用户运行过渡才能使文件移至新状态，如图 7-59 所示。

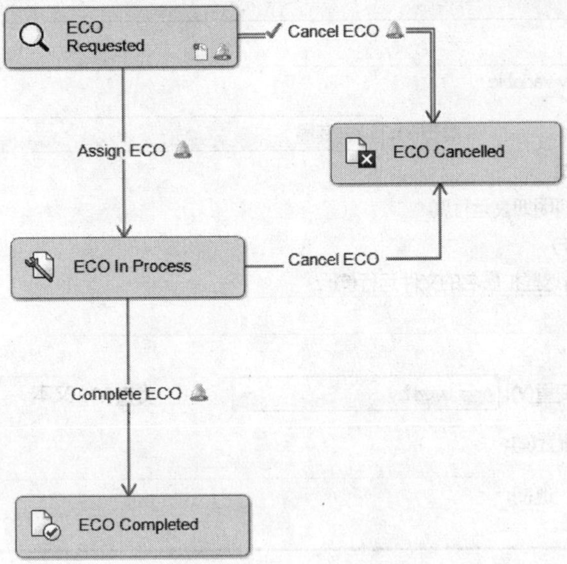

图 7-59　并行变换

用户在管理工具的工作流程编辑器中创建平行过渡。选择平行作为过渡类型时，将添加角色选项卡，该选项卡允许指定能够批准过渡的用户和组别，以及更改文件状态所需的批准数量，如图 7-60 所示。

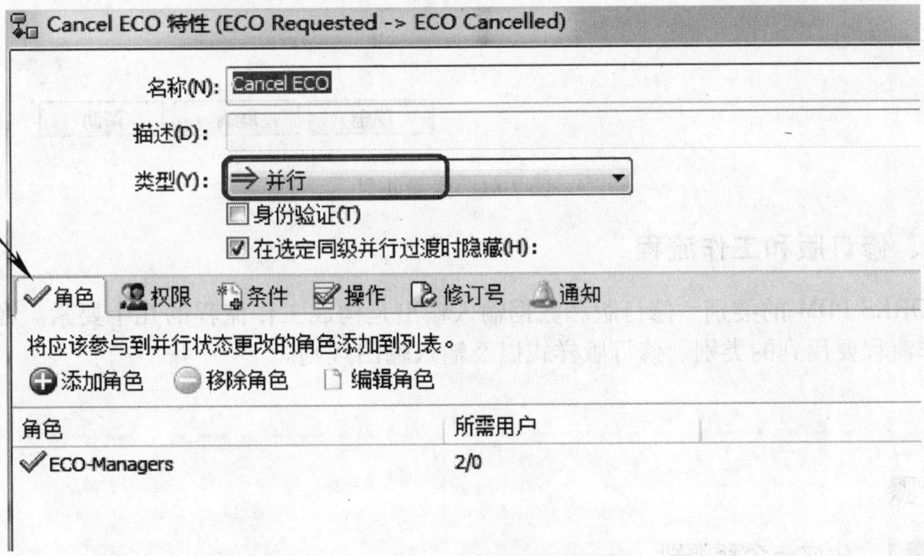

图 7-60　角色选项卡

如果平行过渡有效，当用户右键单击文件并选择更改状态时，将显示其他用户已批准的过渡数量以及更改文件状态所需的总数量。如果由于未达到所需批准数量而导致状态更改未发生，已批准过渡的用户可能取消其过渡。用户选择更改状态时，撤销选项可用。

当对并行变换的【变换操作】选项卡设定变量时，变量映射基于用户，组或者发起【更改状态】的角色，如图 7-61 所示。

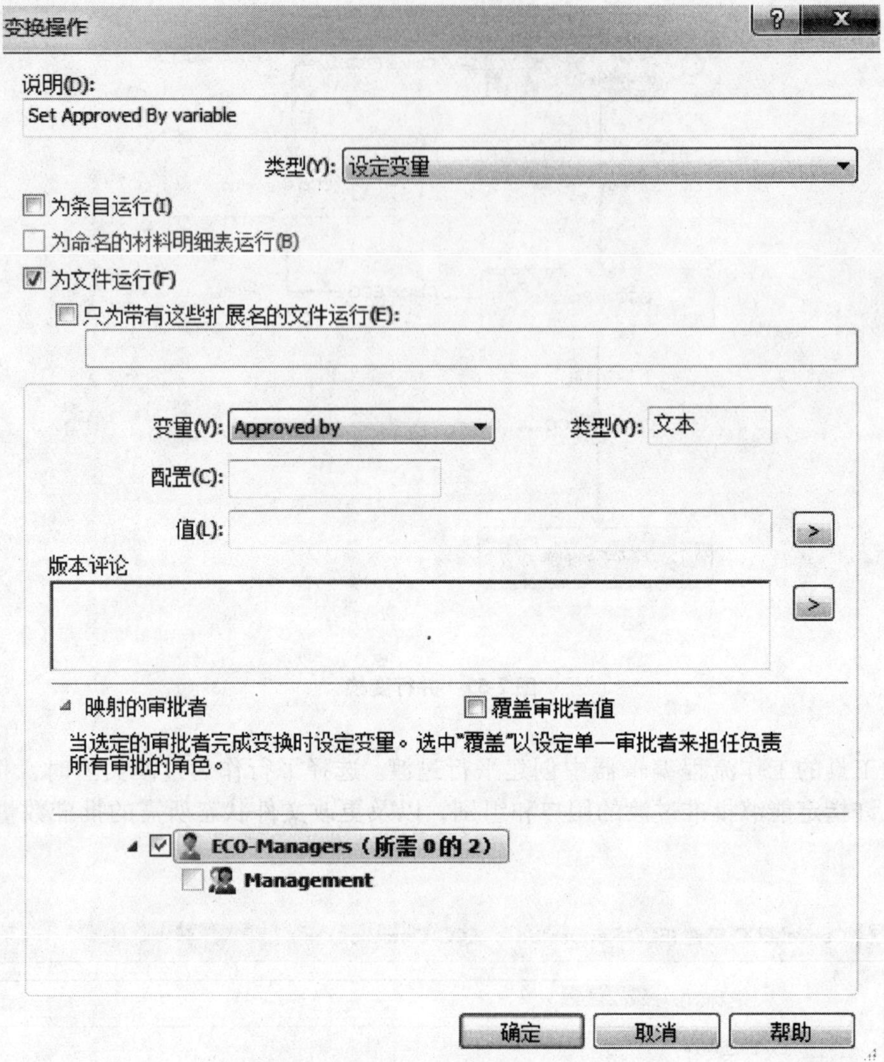

图 7-61　变量映射

练习　类别、修订版和工作流程

SOLIDWORKS PDM 的类别、修订版和数据输入输出是构成工作流程的几个要素。在本练习中，我们将创建工作流程要用到的类别、修订版样式以及输入输出规则。

1. 类别

操作步骤

步骤 1　生成一个新类别

- 为 CAD 类型的文件，如“.dwg”“.sldprt”“.slddrw”“.sldasm”生成一个类别。
- 为 Office 类别的文件，包括“.doc”“.xls”“.ppt”“.txt”等生成一个类别。
- 为技术说明书文档生成一个新类别，其后缀名为“.doc”，文件名以 SPEC－开头（例如，SPEC－xxxxx）。

创建测试文档以测试生成的新类别。

2. 工作流程　在本练习中用户将为不同的文件类型创建不同的工作流程。各个流程会使用合适的修订版样式。另外，CAD 文档的工作流程中会在文档审核通过后，将其材料明细表（BOM）数据输出为一个 XML 文件。

3. Office 文档工作流程

步骤2 生成一个用于所有 Office 文档（除技术说明书文档外）的工作流程

这个工作流程将只有一个状态，因此这些文件将不需要版本管理，也不需要审核。为流程添加适当的权限。

4. 技术说明书文档工作流程

步骤3 生成一个用于技术说明书文档的工作流程

这个工作流程内包含初始状态 WIP、状态 UNDER REVIEW 以及状态 APPROVED。在状态 WIP 和 UNDER REVIEW 之间，状态 UNDER REVIEW 和 APPROVED 之间，以及状态 APPROVED 和 WIP 之间应当设置变换操作。文件一旦审核通过，将会被标识为用英文字母表示的版本（A，B，C，...）。为流程添加适应的权限。

5. CAD 文档工作流程

步骤4 新建一个用于 CAD 文档的工作流程

修改已存在的默认审批流程（ Default Workflow)，用于管理 CAD 文档。设置修订版样式，如 A，B，C…需确认设置了适当的变量，以便在数据卡上显示修订版更新信息。同时确保递增修订版操作处于正确操作顺序位置上。为流程添加适当的权限。

第 8 章　通知与任务

学习目标

- 创建自动通知
- 配置与执行任务

8.1　通知

通知是发送给用户或用户组的信息

通知有两种类型：

（1）明确发送的手动通知。

（2）由对象状态更改而生成的自动通知。

通知是在文件已更改状态或访问的文件放行时，起到通知、提醒或警告用户的作用。

所有子文件夹均可继承所有通知和通知设置，除非已在子文件夹中更改过。

知识卡片	操作方法	• 菜单：选择【工具】/【通知】。 • 使用【通知编辑器】添加通知和查看或编辑已有的通知，如图 8-1 所示。

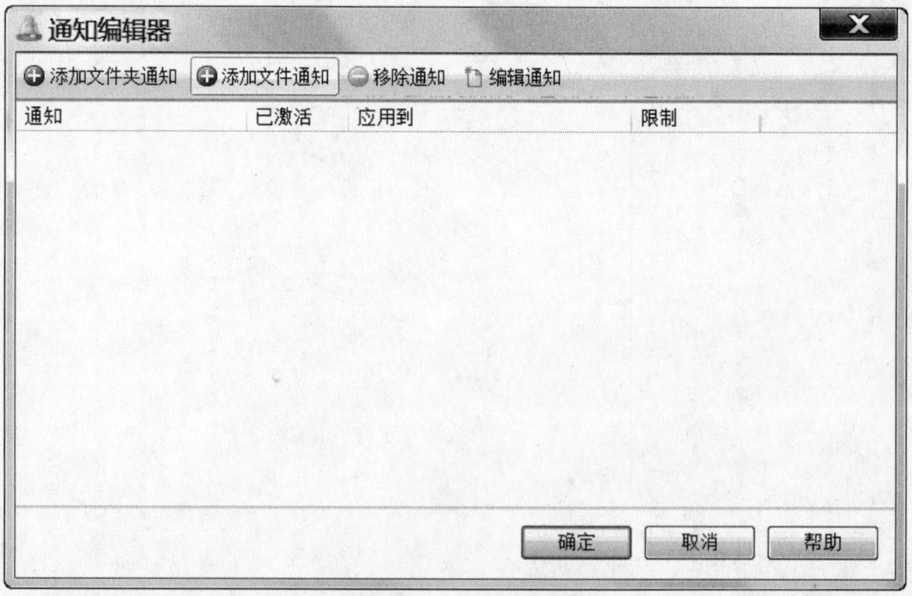

图 8-1　通知编辑器

工作流程通知　通过设置工作流程通知，可实现当文件到达一个特定状态时，相关的用户或组会收到一封通知邮件的效果。举例来说，一旦一个文件提交校对，则“Management”组内的所有成员将会收到一个通知，提醒他们现在有一个文件需要校对。

用户可以同时给状态和变换设置工作流程通知。

1. 状态通知　状态通知是指检入或检出特定状态和位置的文件时，通知相关的用户或组。

如果文件在一个状态中停留时间过长，可以做相关的通知提醒。例如，当项目文件被工程师修改时，则需要告知项目经理。

操作步骤

步骤1　单击工作流程状态，打开【状态属性】对话框。

步骤2　在【通知】选项卡中，单击【添加文件夹通知】。

步骤3　在【选择文件夹】对话框中，选择包含想引发通知文件的文件夹。

所选文件夹的所有子文件夹均会被指派相同的通知，除非为这些子文件夹设定不同的通知。

步骤4　在【文件夹通知】对话框中，【类型】选择下列选项中的一项，如图8-2所示。

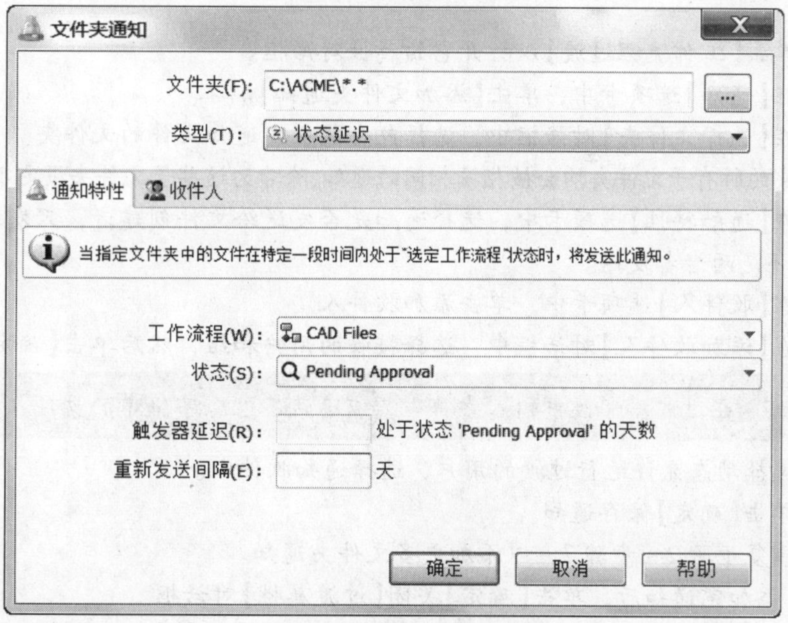

图8-2　文件夹通知选项

(1)【检入】。文件从该文件夹检入时发送通知。

(2)【检出】。文件从该文件夹检出时发送通知。

(3)【状态延迟】。文件在该状态下时间超过指定时间时发送通知。

步骤5　在【通知特性】选项卡中，用户选择的通知类型决定了此处可用的选项：

(1) 对于检入和检出通知，通知权限仅限于文件创建者或最后状态的用户接收通知。

(2) 对于状态延迟通知，可以指定在引发通知之前，文件停留在状态中的天数，以及重新发送通知的间隔。

步骤6　在【收件人】选项卡中，单击添加收件人。

步骤7　在【添加收件人】对话框中，选择组或单个用户以使其拥有接收通知的权限，包括选择一个或更多组、展开所有用户或组、选择单个用户。

注意 在过滤器字段中输入字符串以显示仅包含该字符串的用户和组的名称。

步骤 8 单击两次【确定】。

步骤 9 重复步骤 2 ~ 步骤 8，添加更多文件夹通知。

步骤 10 完成通知后，单击【确定】，关闭【过渡的属性】对话框。

步骤 11 要保存工作流程更改，可以单击【保存】或【文件】/【保存】。

注意 当用户发起操作生成一个通知时，通知并不会发送给用户自己。例如，检出通知不会发送到检出文件的用户。

使用【通知】选项卡可以添加新的通知和删除现有的通知。

2. 过渡通知 使用过渡通知，可以向用户或组通知文件的更改状态。例如，当文件未通过批准或需要更改时应通知工程师。

操作步骤

步骤 1 单击【工作流程过渡】以打开它的属性对话框。

步骤 2 在【通知】选项卡中，单击【添加文件夹通知】。

步骤 3 在【选择文件夹】对话框中，选择包含想引发通知文件的文件夹。

所选文件夹的所有子文件夹均会被指派相同的通知，除非为这些子文件夹设定不同的通知。

步骤 4 在【通知特性】选项卡中，选择通知是否发送给文件创建者，只发给最后修改文件状态的人员还是两者都发送。

步骤 5 在【收件人】选项卡中，单击添加收件人。

步骤 6 在【添加收件人】对话框中，选择接收的用户和组，然后单击【确定】。

注意 可以在过滤器字段中输入字符串，以隐藏不包含字符串的收件人。

步骤 7 选择动态允许运行过渡的用户，选择通知收件人。

步骤 8 单击【确定】保存通知。

步骤 9 重复步骤 2 ~ 步骤 7，以添加更多文件夹通知。

步骤 10 添加完通知后，单击【确定】关闭【过渡属性】对话框。

步骤 11 要保存工作流程修改，可以单击【保存】或【文件】/【保存】。

当用户收到过渡通知时，该消息中含有触发通知文件的相关链接和信息。

8.2 学习实例：设置通知

通过修改 CAD Files 工作流程来设置标准通知。

操作步骤

步骤 1 修改工作流程

展开【工作流程】节点并打开 CAD Files 工作流程。

步骤2　创建过渡通知

单击提交到 Review 的过渡，选择【通知】选项卡并选择【添加文件夹】通知。选择库的根文件夹并单击【确定】。

选择【收件人】选项卡，选择【添加收件人】，选中“Management”组并单击【确定】，如图 8-3 所示。

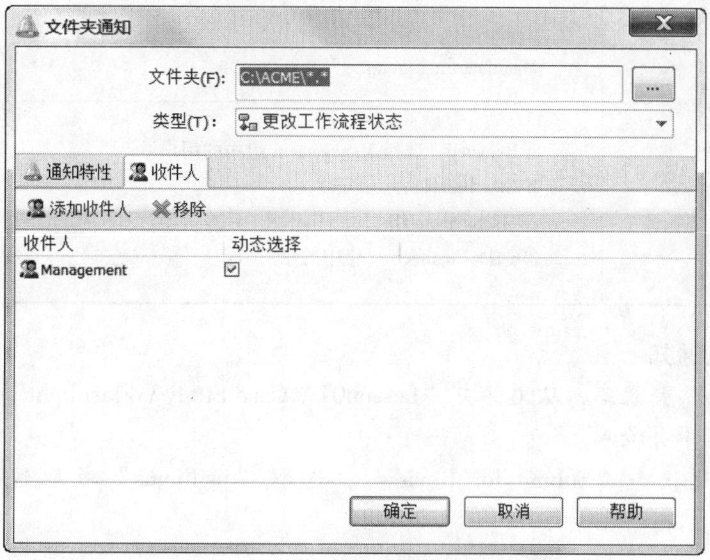

图 8-3　创建过渡通知

为“Management”组添加动态选择。

单击【确定】，关闭【过渡通知】对话框。

步骤3　新建状态通知

单击状态“Pending Approval”，选择【通知】选项卡并选择【添加通知文件夹】。

选择库的根文件夹并单击【确定】。

选择【收件人】选项卡，单击【添加收件人】，选中 Management 组并单击【确定】。

选择【通知特性】选项卡，在【类型】中选择【状态延迟】，设置【触发器延迟】3 天，并设置【重新发送间隔】2 天，单击【确定】，如图 8-4 所示。

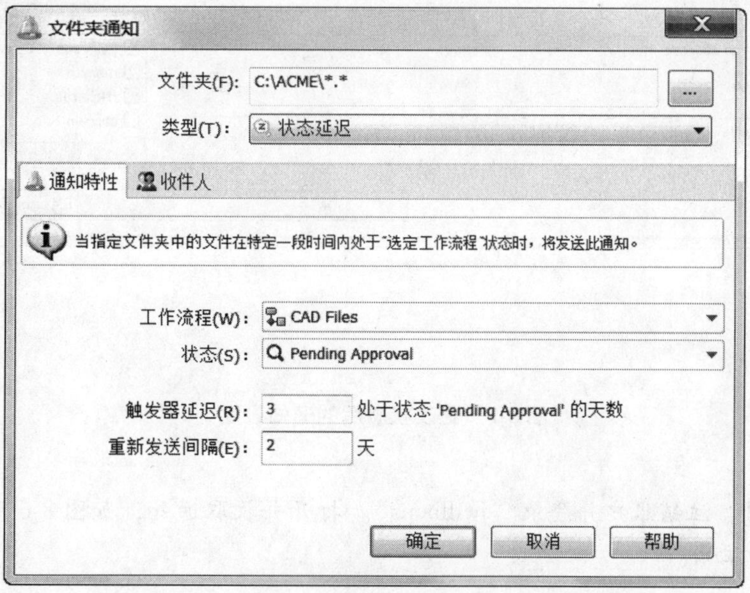

图 8-4　新建状态通知

单击【确定】，关闭属性对话框。

步骤 4　按 ACME 安装规划设置其他通知（见表 8-1）

表 8-1　其他通知

目标状态	组或用户
Released	Engineering group Manufacturing group
Work in Process	If Rejected：选择 Management 组中的用户 If New Release： ①Management 组 ②选择 Engineering 组中的用户

步骤 5　测试通知

使用“bwhite”登录库，从文件夹“Lesson07 \ Case Study \ Flashlight”复制“Lens Cover. SLDPRT”到库中并检入。

在文件上更改状态“Submit for Review”，选取“jwilliams”收取通知，如图 8-5 所示。

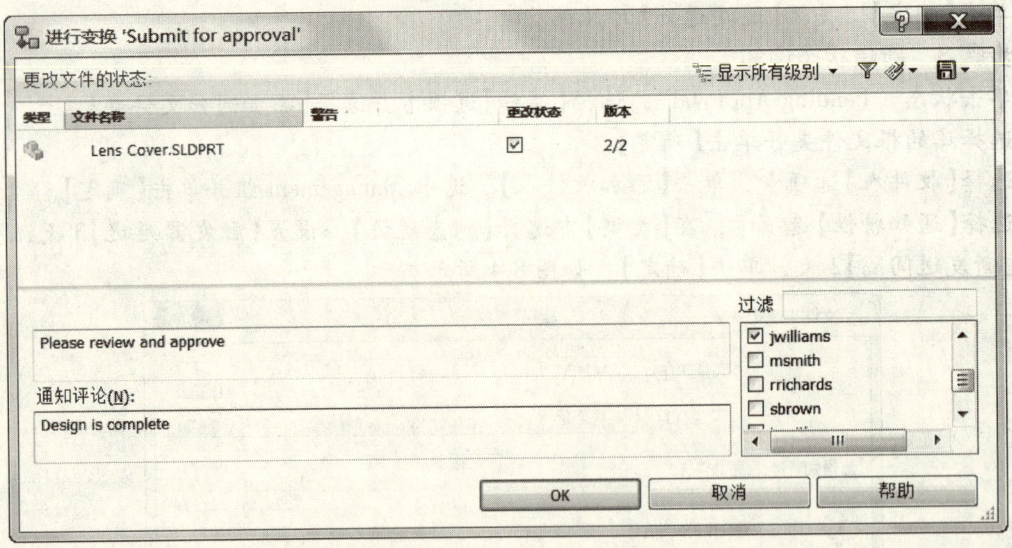

图 8-5　更改状态后的通知设定

单击【确定】。注销账户并登录“jwilliams”。打开并收取通知，如图 8-6 所示。

删除信息并注销。

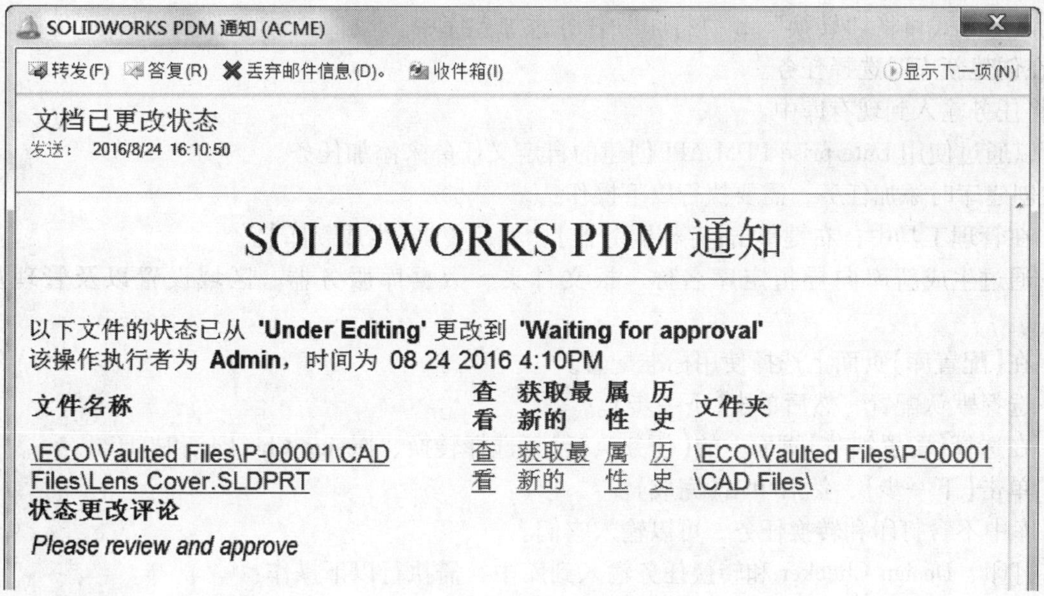

图 8-6　信息邮件通知

8.3　任务

通过管理工具中的任务特征，可配置、运行和监控常用的 Enterprise PDM 文件操作任务。这些任务由通过 Enterprise PDM API 创建的插件定义。

Enterprise PDM 提供：

1）SOLIDWORKS 任务插件，它可以激活用于 SOLIDWORKS 文件的转换、设计审核和打印任务。

2）API 程序员通过它可以编写自定义任务插件。

所有任务使用任务框架，它可提供执行任务的多种方式：按需要、根据时间或通过 Enterprise PDM 工作流程触发。用户可以配置任务，使其在特定的计算机上运行，或同时将任务分发至客户端计算机和专用服务器上运行。

在下面的图例中：

1）“任务列表”表示正在等待执行的任务。

2）“任务主机”表示配置为在其中执行任务的计算机，如图 8-7 所示。

任务主机可以是处理日常工作的 Enterprise PDM 客户端计算机，也可以是专用的工作站或服务器。

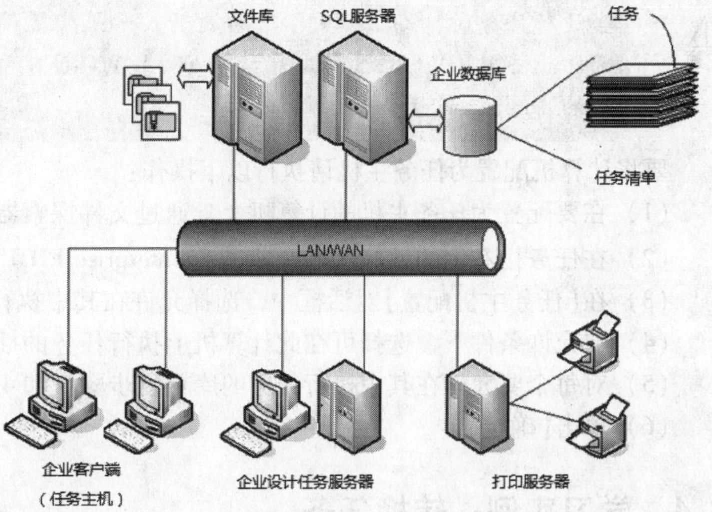

图 8-7　任务

8.3.1　添加任务到库中

Enterprise PDM 中包含可用于 SOLIDWORKS 文件的转换和打印任务。要提供这些任务的访问途径，必须将其添加到库中。

通过以下方式可将“转换”和“打印”任务添加到库中。

1）在创建新库时选择任务。

2）将任务输入到现有库中。

还可以通过使用 Enterprise PDM API 创建的自定义任务来添加任务。

要在创建库时添加任务，需要执行以下操作：

（1）在管理工具中，右键单击【存档服务器】，然后单击【生成新库】。

（2）通过生成新库向导指定库名称、根文件夹、数据库服务器、区域设置以及管理员用户密码。

（3）在【配置库】页面上选择使用标准配置。

（4）选择默认配置，然后单击【下一步】。

（5）在选择【配置细节】页面上的【任务执行】下选择转换、Design Checker 和打印。

（6）单击【下一步】，然后单击【完成】。

如果库中不含打印和转换任务，可以输入它们。

要将打印、Design Checker 和转换任务输入到库中，需执行以下操作：

（1）登录到要在其中输入任务的库。

（2）在库的顶层，单击鼠标右键，然后单击【输入】。

（3）在“打开”对话框中，导航到“<install_ dir> \ Default Data \”。

（4）选择“Convert_ gb. cex”和“Print_ gb. cex”，然后单击【打开】。

（5）当针对每个文件的确认消息出现时，单击【确定】。

转换、Design Checker 和打印出现在任务下，而 SWTaskAddIn 安装在插件下。

8.3.2 任务主机配置

要在某台计算机上执行任务，必须将该计算机配置为任务主机。可以为任务将要在其中运行的每个库授予任务执行权限。

> 注意
>
> 对于转换、打印和 Design Checker 任务，必须在执行任务的系统上安装 SOLIDWORKS。当运行任务时，SOLIDWORKS 会打开。如果配置某项任务转换需使用 Toolbox 零件的装配体，为防止 SOLIDWORKS 挂起，请在 SOLIDWORKS 中将“异形孔向导/Toolbox”路径设置为库中的 Toolbox 位置。

要将计算机配置为任务主机请执行以下操作：

（1）在要配置为任务主机的计算机上，通过文件探索器登录到库中。

（2）在任务栏右侧的通知区域，单击“Enterprise PDM”图标，然后单击【任务主机配置】。

（3）在【任务主机配置】对话框中，选择允许在其中执行任务的库。库中安装的任务插件将会列出。

（4）在允许条件下，选择可在此计算机上执行任务的插件。

（5）对每个要允许在其中执行任务的库重复步骤 3 和 4。

（6）单击【确定】。

8.4 学习实例：转换任务

学习配置转换任务，转换成 PDF 文件，并修改 CAD Files 工作流程，实现当图纸文件审批通过后，该任务能够执行。

操作步骤

步骤1　输入任务插件

在管理工具中，右键单击“ACME”库并选择输入。

从文件夹“<install_dir>\Default Data\”中打开文件“Convert_gb.cex”。

单击【确定】完成输入。

步骤2　配置任务主机

在任务栏中单击 Enterprise PDM 图标，选择【任务主机配置】，如图 8-8 所示。

图 8-8　任务主机配置

选择 ACME 文件库并选中【准许】，如图 8-9 所示。

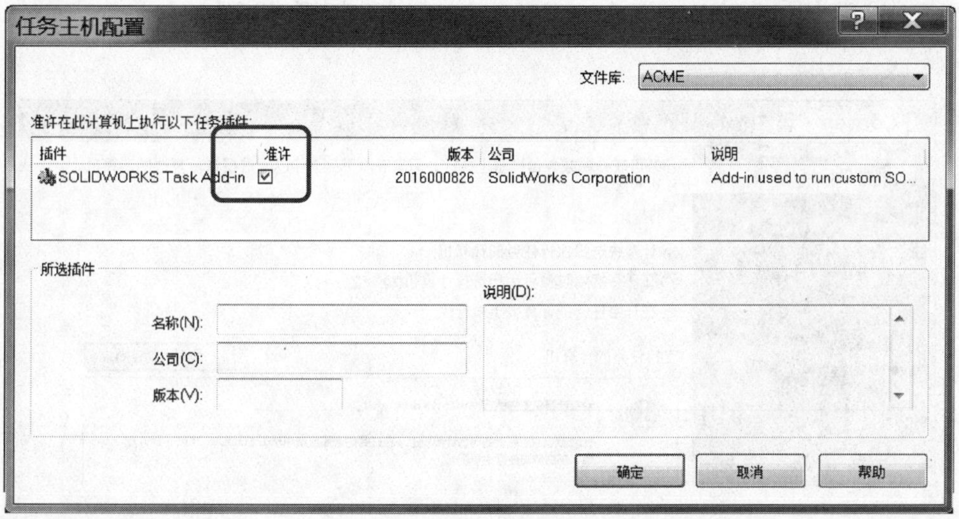

图 8-9　配置任务主机

单击【确定】。

步骤3　配置插件

在管理工具中展开【任务】节点。双击【Convert】任务。选择图 8-10 所示的插件选项。

单击【下一步】。

步骤4　设置执行方法

选择【在开始任务的计算机上执行】，如图 8-11 所示。

选择列表中的计算机。

单击【下一步】。

步骤5　配置菜单命令

勾选【为该任务在文件资源管理器中显示菜单命令】。

设置【菜单命令】为：Convert to PDF，如图 8-12 所示。

单击【下一步】。

步骤6　配置转换设定

在输出文件格式中选择 Adobe PDF。

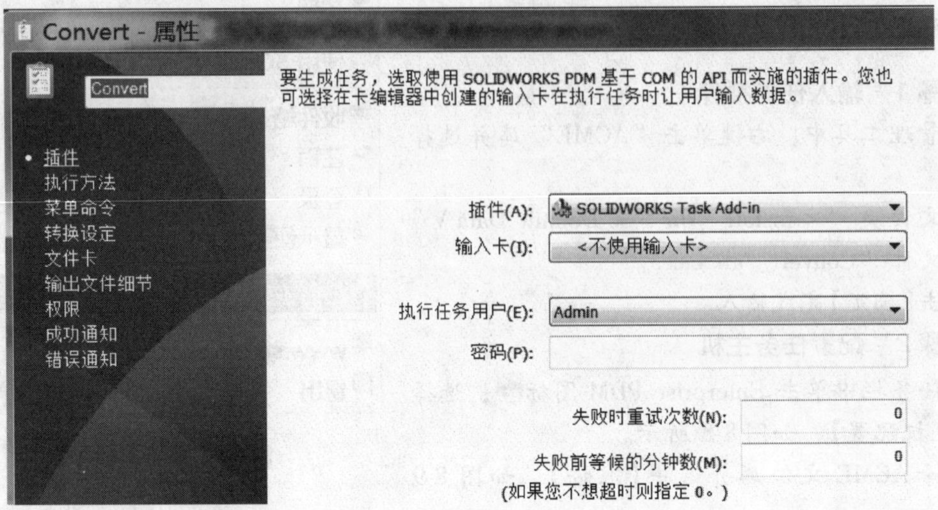

图 8-10 配置插件

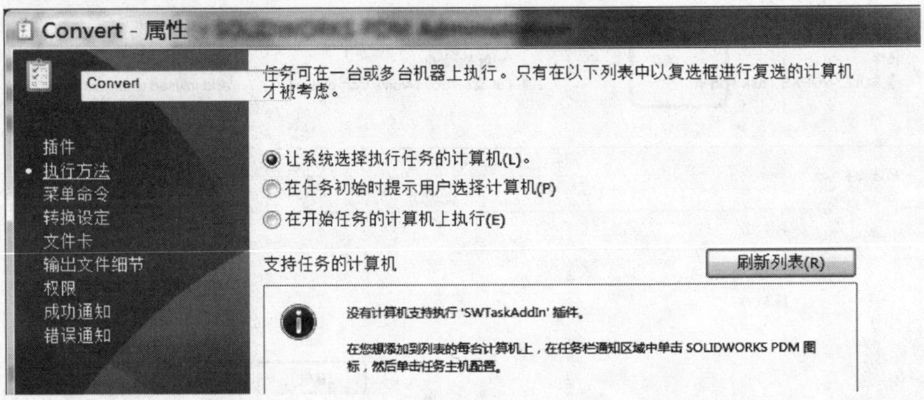

图 8-11 设置执行方法

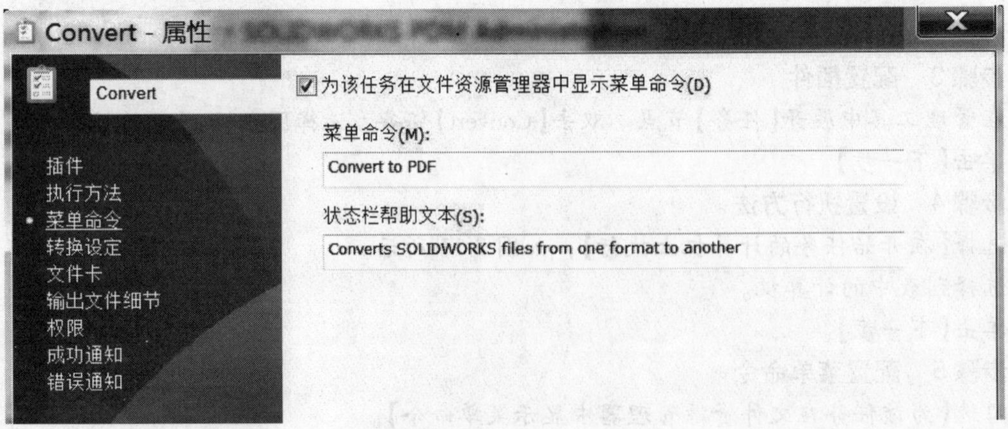

图 8-12 配置菜单命令

在【配置】选项卡中，清除选项【允许用户更改此设定】。

对于源文件的引用，选择【使用参考引用文件的参考引用版本（“如原样”）】并选中【允许用户更改此设定】，如图8-13所示。

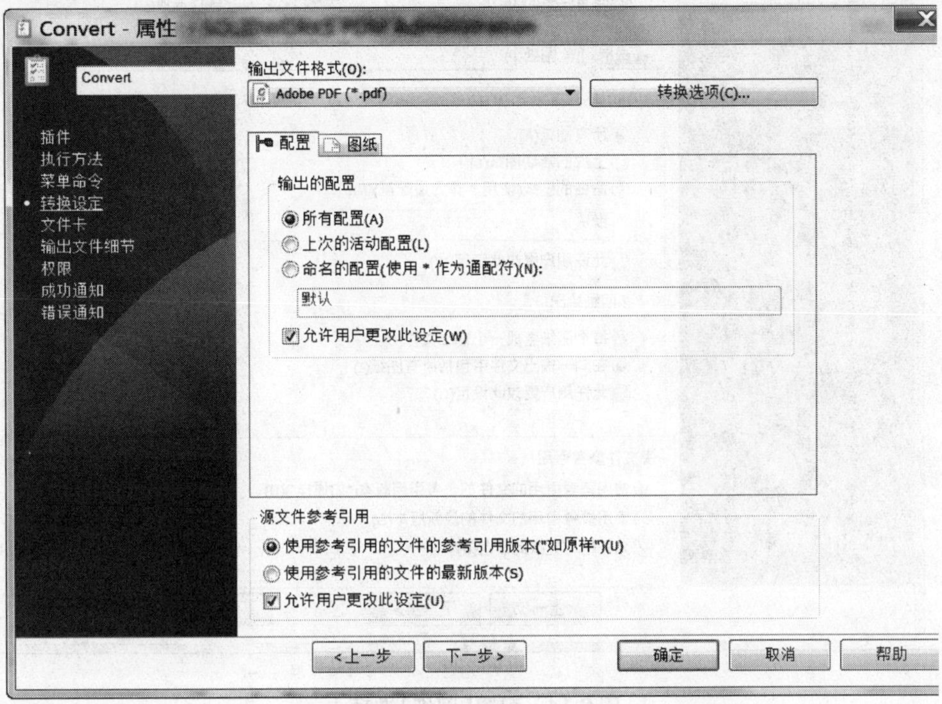

图8-13　配置转换设定

在【图纸】选项卡中，对于【图纸输出】，选中【允许用户更改此设定】。

对于多图纸输出，选中【在同一输出文件中包括所有图纸】和【允许用户更改此设定】，如图8-14所示。

单击【下一步】。

步骤7　设置卡变量

选择【添加变量】，从【源】菜单中选择“Description”，从【目标变量】菜单中选择“Title”。

选择【添加变量】，从【源】菜单中选择“Document Number”，从【目标变量】菜单中选择“Document Number”。

选择【添加变量】，从【源】菜单中选择“Number”，从【目标变量】菜单中选择“Number”。

选择【添加变量】，从【源】菜单中选择自由文本，在【自由文本】中输入“PDF automatically created by workflow”，从【目标变量】菜单中选择“Comment”，如图8-15所示。

单击【下一步】。

步骤8　配置输出文件

设置【默认路径】为库根文件夹路径“\ PDF \ Source File Name_ Source File Revision”。取消勾选【允许用户更改输出路径】，如图8-16所示。

单击【下一步】。

步骤9　设定权限

选取【组】选项卡。在“Management”组勾选【准许】，如图8-17所示。

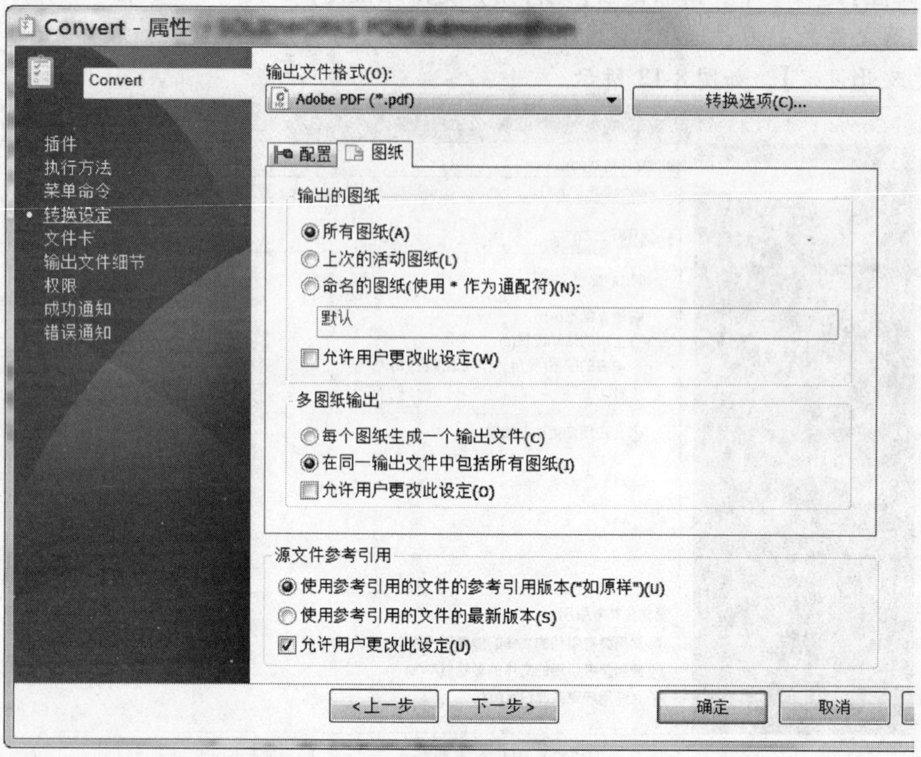

图 8-14　配置【图纸】选项卡

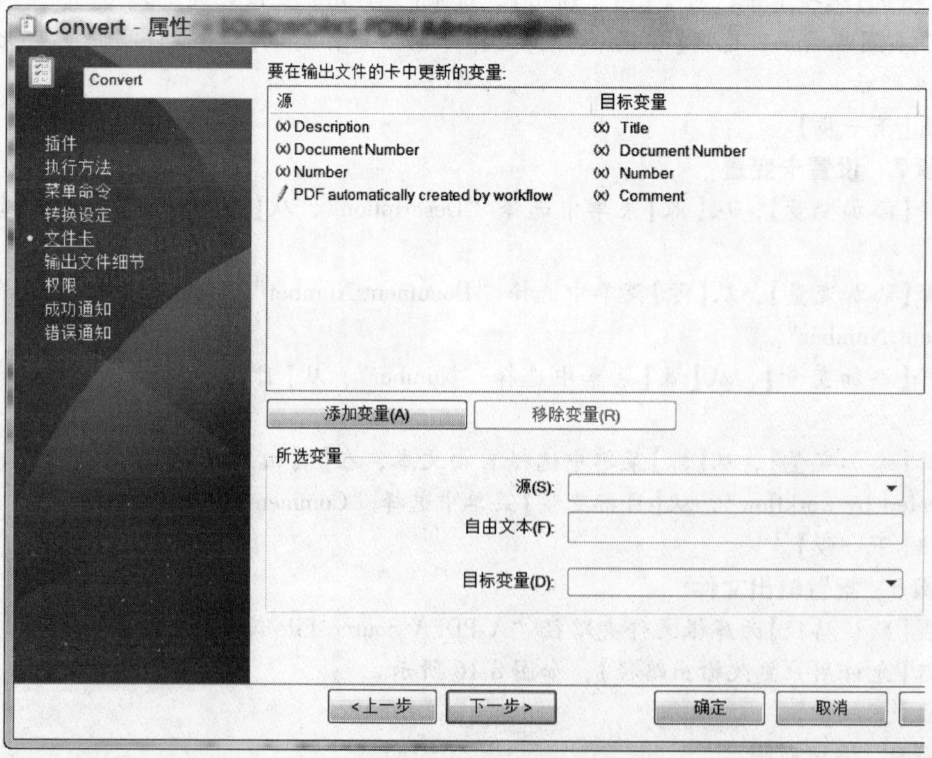

图 8-15　设置卡变量

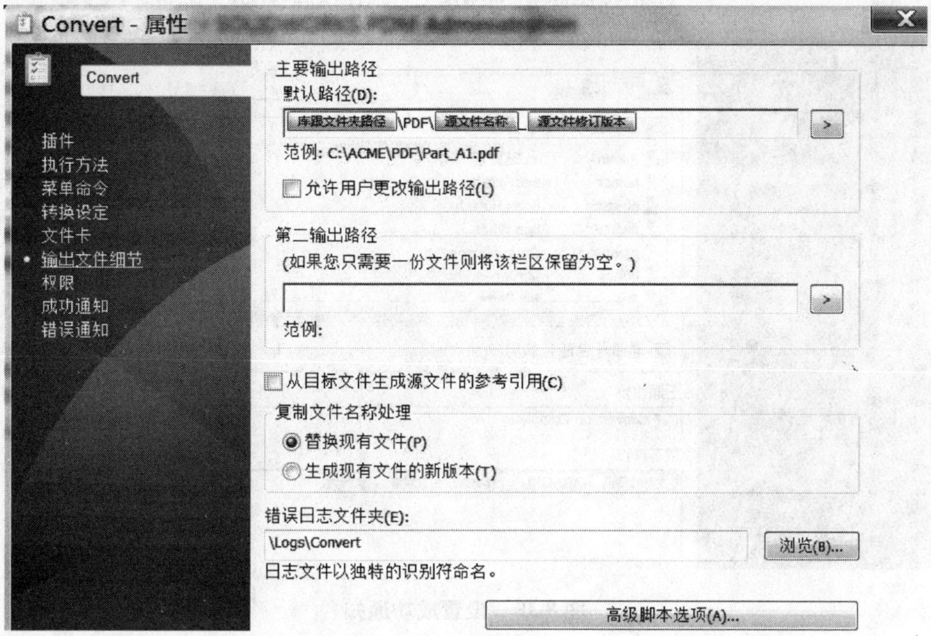

图 8-16　配置输出文件

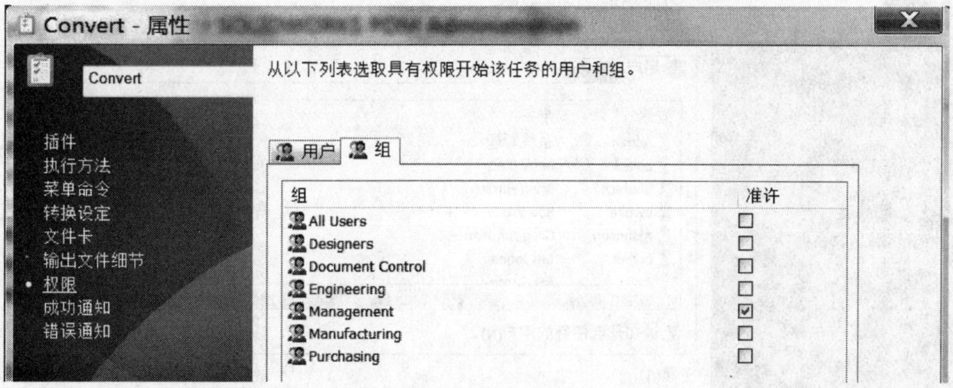

图 8-17　设定权限

单击【下一步】。

步骤 10　设置成功通知

勾选【通知开启任务的用户】。在【主题】中输入“PDF Conversion Complete”，如图 8-18 所示。

单击【下一步】。

步骤 11　设置错误通知

勾选【通知开启任务的用户】。在【主题】中输入“PDF Conversion Failed”，如图 8-19 所示。

单击【确定】。

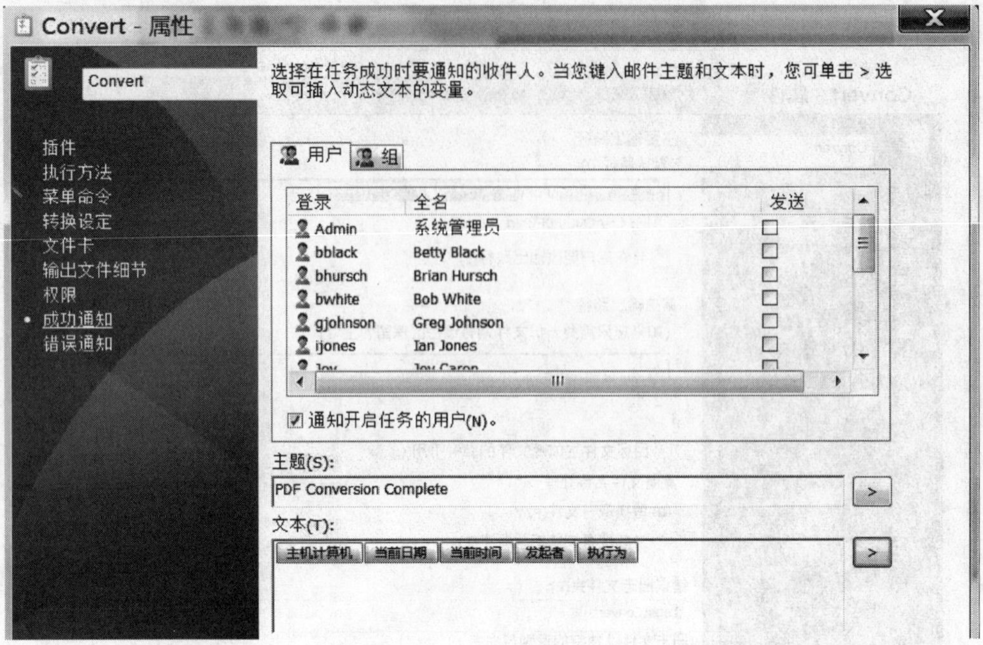

图 8-18　设置成功通知

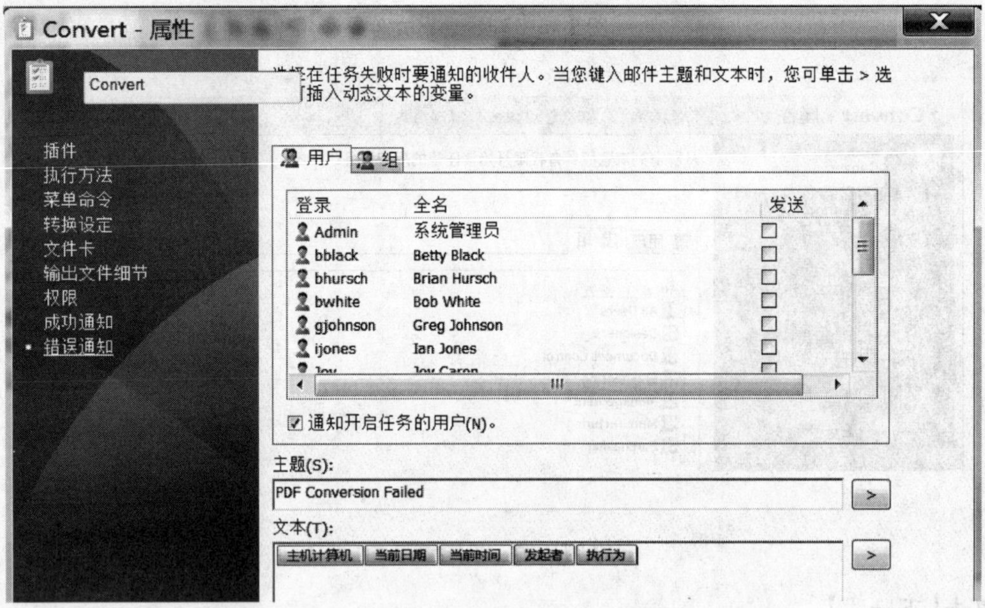

图 8-19　设置错误通知

执行任务　任务的基础结构提供了多种启动任务的方法。作为管理员，可以执行以下操作：

（1）使用工作流程变换来触发任务。

（2）使用“任务列表”对话框执行按需任务。

（3）配置任务使其可供用户启动。

（4）排定任务执行时间。

修改 CAD Files 工作流程，当图纸文件（slddrw）审批通过后运行转换任务。

步骤12 打开工作流程

右键单击 Cad Files 工作流程，然后选择【打开】。

步骤13 创建变换操作

单击“No Approval Required”变换并单击【操作】。

单击【添加操作】。在【说明】中输入“Generate PDF”。【类型】选择【执行任务】。选择【为文件运行】与【只为带有这些扩展名的文件运行】，输入“slddrw”。

在【选取要执行的任务】中选择“Convert”。保存变换属性与工作流程。

步骤14 重复 Release Documents

单击“Release Documents”变换并单击【操作】。

在这个变换中重复刚才的过程。

保存并关闭工作流程。

步骤15 测试任务执行

以“Admin”用户登录。确认 SOLIDWORKS 程序已经关闭。在库中销毁所有的文档（不包括文件夹）。浏览至培训文档所在目录“Lesson08 \ Case Study \ ”。

复制并检入该文件夹内的所有文件。

选择所有文档并选择【变更状态】/【No approval required】。

在文件库指定的文件夹内生成了 PDF 文件。

练习 通知和任务

本练习中将创建一个任务并让此任务配置在工作流程中。

操作步骤

步骤1 添加并配置任务

添加和配置 Convert 任务用来创建一个 Adobe PDF 文件，把文件放置在库根目录下的 PDF 文件夹中。添加文件版本到 PDF 文件名中。

步骤2 修改 CAD Documents 工作流程

当文件申请批准时，发送一个通知到 Document Control 组。当文件已经被批准时，发送一个通知到 Manufacturing 组的所有用户。为所有已批准的 SOLIDWORKS 工程图设置“Convert to PDF”任务。

第 9 章　文件夹模板

学习目标

- 创建文件夹模板
- 创建与使用模版表格

9.1　模板

模板被用来自动生成新的文件和文件夹结构。模板能生成项目结构，自动命名文件夹，并填写项目数据卡信息，如图 9-1 所示。

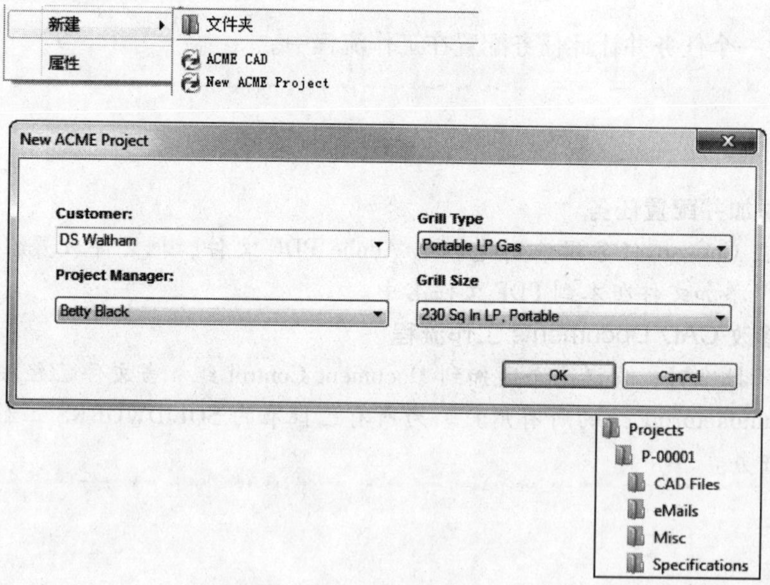

图 9-1　模板

9.1.1　模板管理

展开【模板】节点，显示库内所有可用模板。

要创建模板，需执行以下操作：

- 右键单击【模板】，选择【新模板】。

要编辑模板，需执行以下操作：

- 展开【模板】，双击模板进入编辑。

要复制模板，需执行以下操作：

（1）右键单击要复制的模板，选择【复制】。

（2）右键单击【模板】，选择【粘贴】。

要删除模板，需执行以下操作：

- 右键单击要删除的模板，选择【删除】。

要输出模板：

- 右键单击要输出的模板，选择【输出】。

9.1.2　模板向导

当创建或修改一个模板时，用户通过模板向导分几个对话框来定义模板。具体过程分以下六个步骤，如图 9-2 所示。

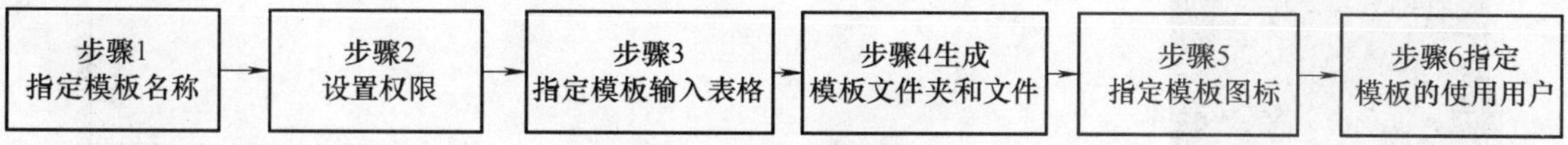

图 9-2　定义模板的步骤

操作步骤

步骤 1　指定模板名称（见图 9-3）

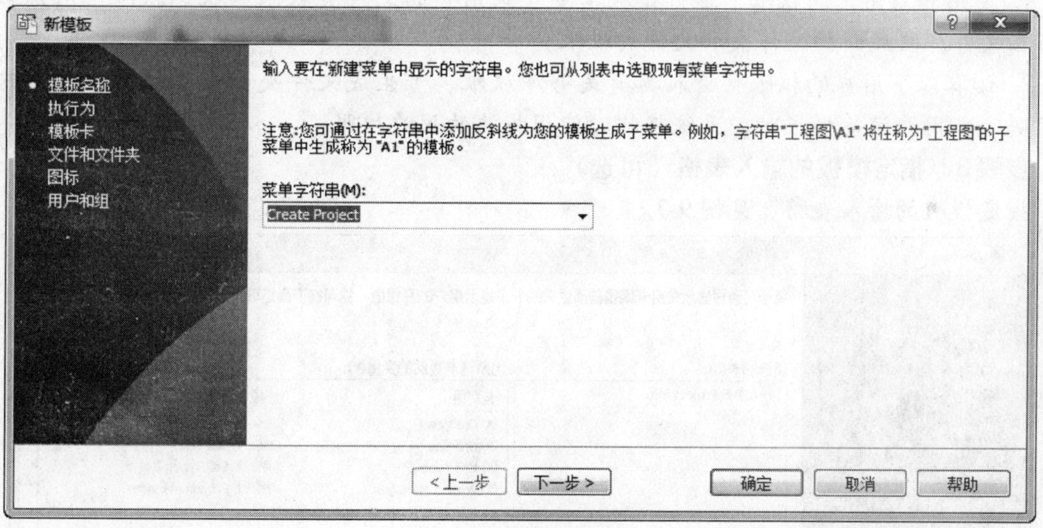

图 9-3　指定模板名称

用户在文件夹里单击右键，在弹出的快捷菜单【新建】选项里会显示所指定的模板名称。可用的模板显示在【文件夹】和标准的 Windows 模板之间，如图 9-4 所示。

用户可以使用斜杠（\）分组多个模板到子菜单。例如，【Create Project】\【Mechanical】和【Create Project】\【Building】两个模板显示在下面的快捷菜单里，如图 9-5 所示。

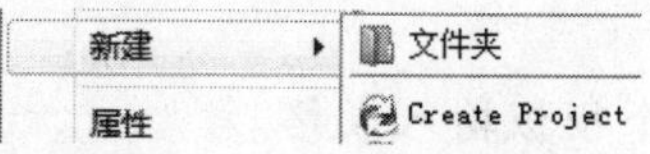

图 9-4　显示新模板

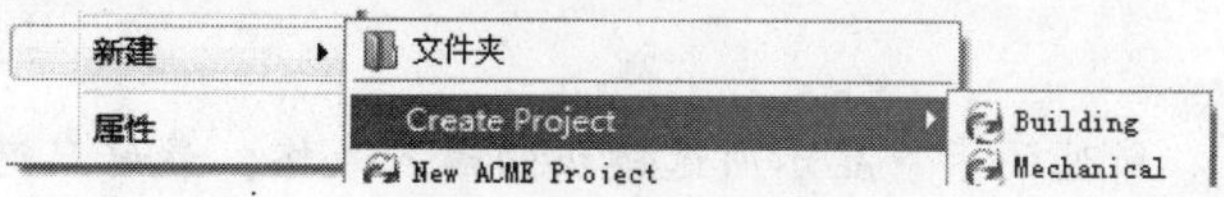

图 9-5　新建项目

步骤2　设置权限

选择运行这个模板的用户权限，如图 9-6 所示。

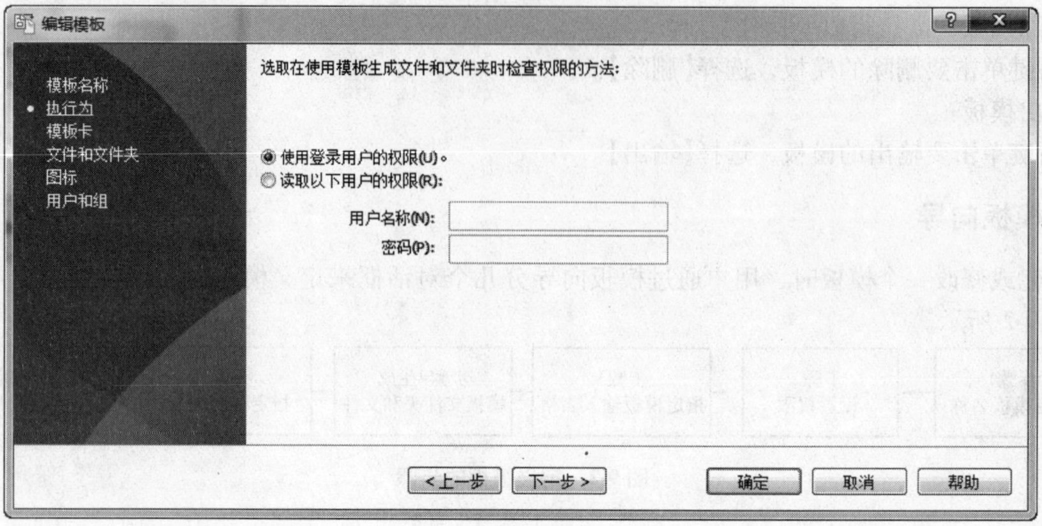

图 9-6　设置用户权限

1. 使用登录用户的权限　运行模板需要登录用户的文件夹权限和状态权限。用户必须拥有在文件库生成新的文件夹和文件的权限。

2. 读取以下用户的权限　输入具有足够库权限、可生成文件夹和文件的用户的用户名和密码。当用户运行模板时，系统将临时使用指派的用户权限。

步骤3　指定模板的输入表格（可选）

指定模板的输入表格，见图 9-7。

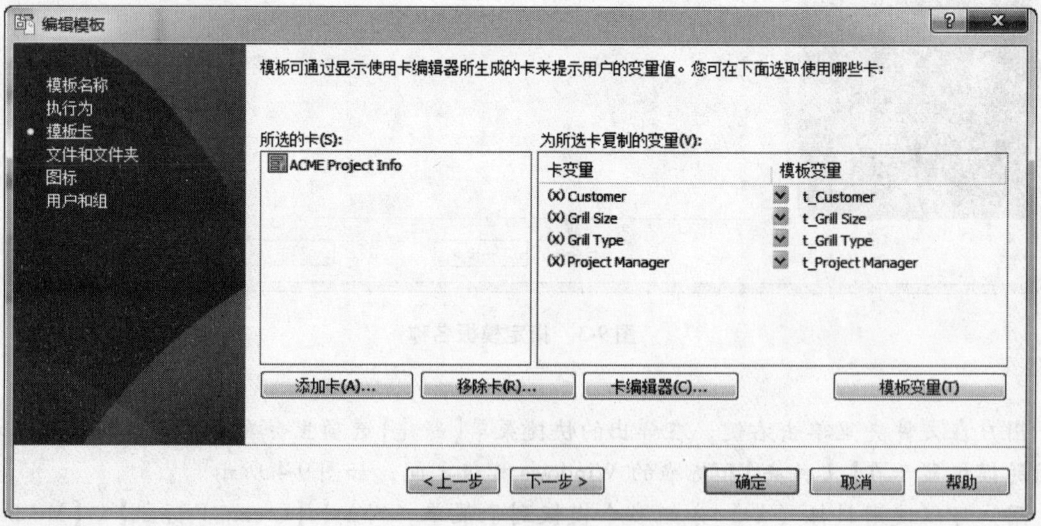

图 9-7　指定模板卡

1. 所选的卡　显示所选模板的输入表格，最好只选择一个模板输入表格。
2. 为所选卡复制的变量　定义模板变量，用于记录在模板输入表格内的变量值。
3. 添加卡　添加模板输入表格到当前使用的模板，最好只选择一个模板输入表格。
4. 移除卡　删除所选的模板输入表格。

5. 卡编辑器　打开“卡编辑器”对话框，用户可以生成或修改模板输入表格。

6. 模板变量　显示组织模板变量对话框。

步骤 4　生成模板文件夹和文件

定义运行模板所要创建的文件夹和文件，如图 9-8 所示。

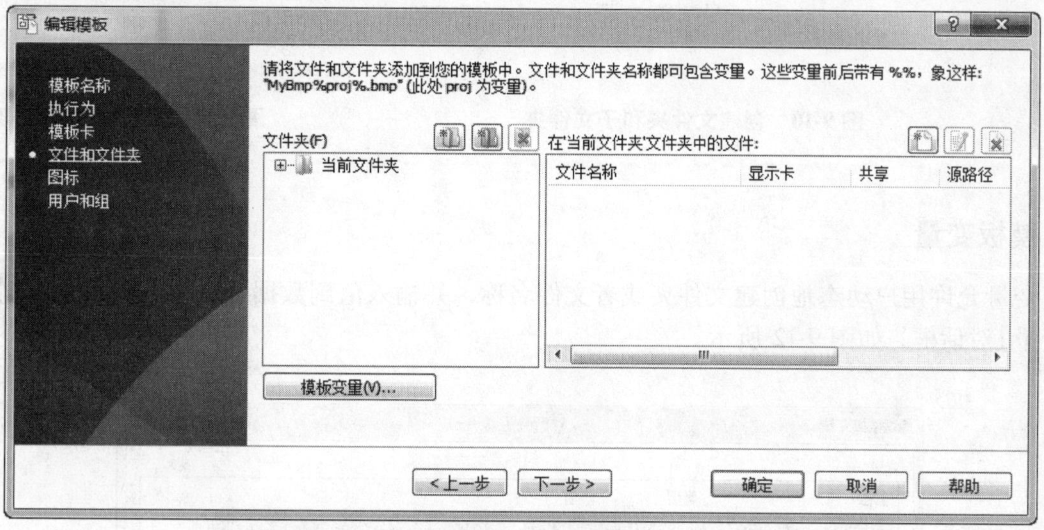

图 9-8　生成模板文件夹

模板可以创建两种类型的文件夹：根文件夹和子文件夹。文件夹可以通过单击工具栏按钮或者在结构树上单击右键来创建。

1. 根文件夹　选择黄色的根文件夹图标，输入文件夹名称。不管用户在哪个文件夹内使用模板，新生成的文件夹总是在文件库的根目录里。在本例中，创建了一个根文件夹“Projects”。

2. 子文件夹　子文件夹可在当前文件夹或某个具体模板文件夹下创建。选择要建立子文件夹的位置，单击绿色的子文件夹图标，输入文件夹名称。在下面的例子里，在当前文件夹位置创建文件夹“Customer A”，如图 9-9 所示。

图 9-9　创建子文件夹

在下面的例子里，在“Projects”文件夹下创建“Customer A”文件夹，如图 9-10 所示。

技巧　用户可以拖放或者复制完整的文件夹结构到模板文件夹部分，作为模板文件夹（包括文件），如图 9-11 所示。

图 9-10　创建文件夹和子文件夹

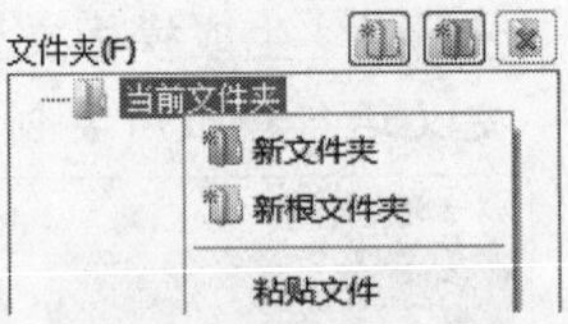

图 9-11　复制文件夹结构

9.1.3　模板变量

模板变量允许用户动态地创建文件夹或者文件名称，并输入值到数据卡。单击【模板变量】进入【组织模板变量】对话框，如图 9-12 所示。

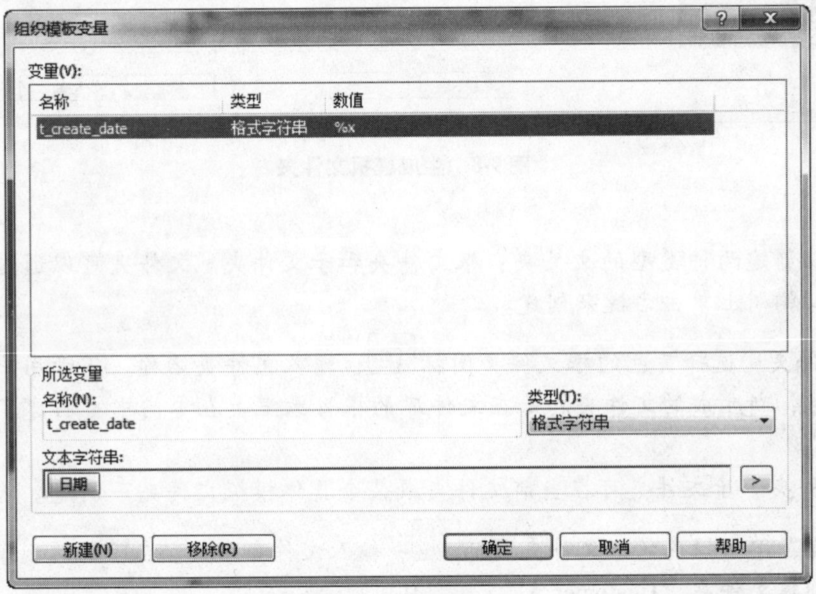

图 9-12　模板变量

（1）名称：模板变量的名称。这个名称可以用来命名文件夹和文件名称（例如：% 变量名称 %），其值可被复制到数据卡使用。

（2）类型：从下拉列表中选择特定的变量类型。

1）环境变量：从列表中选择一个系统定义值作为模板变量的值。

2）格式字符串：通过使用可选静态文本和选取动态变量建立一个可变的字符串。单击选择图标读取变量列表，如图 9-13 所示。

图 9-13　格式字符串

3）登录用户的名称：当模板运行时，返回当前登录的用户名称。

4）提示用户：当模板运行时，提示用户要输入的变量值，如图 9-14 所示。

5）序列号：从下拉列表中选择一个序列号指定给模板变量。

（3）文本字符串：输入或者根据变量类型选择一个值。

模板变量可通过用百分号（ % % ）变量名括起来的方式加以引用。

1. 例子　使用模板变量“t_ docnum”和“t_ pojnum”，如图 9-15 所示。

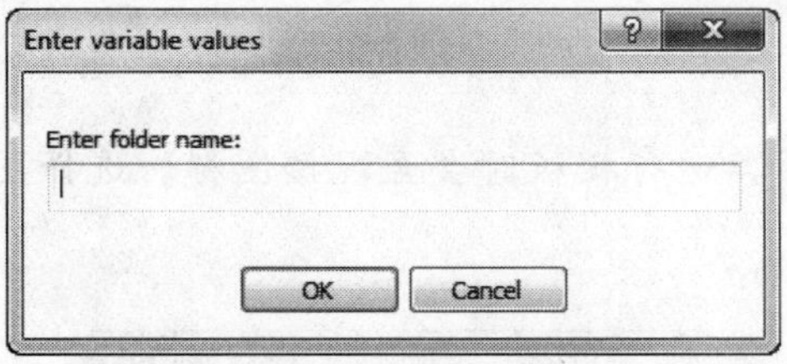

图 9-14　提示用户输入变量值

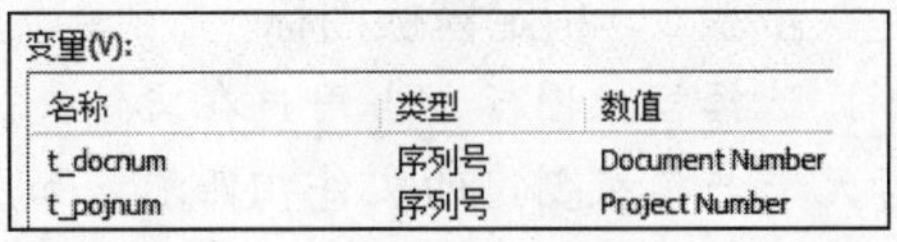

图 9-15　变量

（1）使用模板变量“t_ projnum”值作为文件夹名称，输入文件夹名称“%t_ projnum%”，如图 9-16 所示。

（2）使用模板变量“t_ docnum”值作为文件名称，输入文件名称“%t_ docnum%”，如图 9-17 所示。

图 9-16　命名

图 9-17　编辑模板文件

2. 模板文件夹属性　在结构树中右键单击文件夹，选择【属性】，用户可以指定要创建的文件夹的具体权限和属性，如图 9-18 所示。

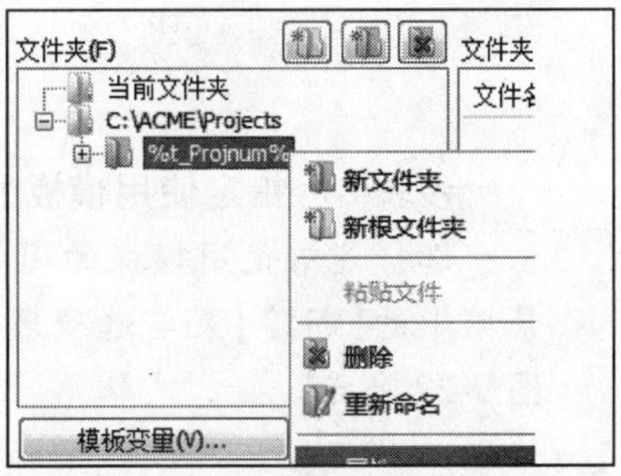

图 9-18　模板文件夹属性

属性对话框允许用户定义新文件夹的具体权限，如图 9-19 所示。

（1）组权限和用户权限：用户可以选择一个组或者一个用户使用【明确设定权利】选项为新建的文件夹指定明确的访问权限。选择要设定的权限，单击“应用”。明确设定的权限可取代任何继承的文件夹权限。选择【明确设定权利】选项，不选取任何选取框，让所有权限都不可用。系统默认的是应用【父文件夹的权利】，这就意味着这个文件夹使用一般的访问权限。

（2）复制变量：使用复制变量选项卡为文件夹数据卡填写变量值，如图 9-20 所示。

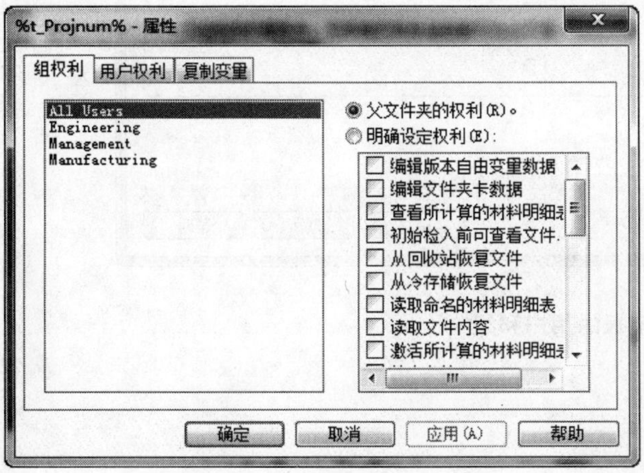

图 9-19　定义文件夹权限

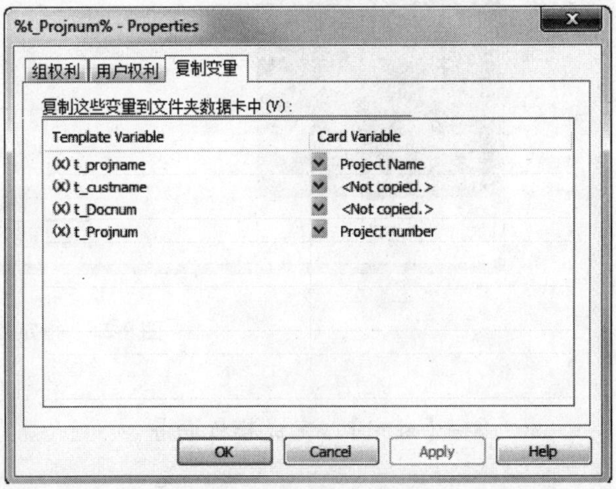

图 9-20　复制变量

步骤 5　指定模板图标

选择模板图标，当用户在文件夹选项的【新建】菜单运行模板时会呈现该图标。选择图标无需与模板创建的文件相匹配，如图 9-21 所示。

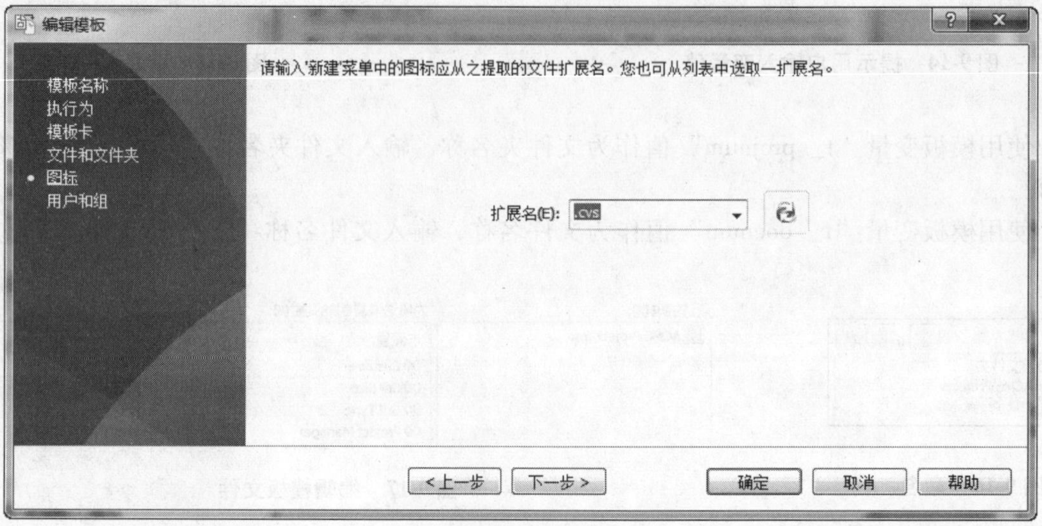

图 9-21　指定模板图标

步骤 6　指定使用模板的用户和组

选择能够使用模板的用户和组，这些用户和组能够通过右键单击库文件夹弹出的快捷菜单中的【新建】菜单选项来运行模板。如果不选择用户和组，就不能够使用这些模板，如图 9-22 所示。

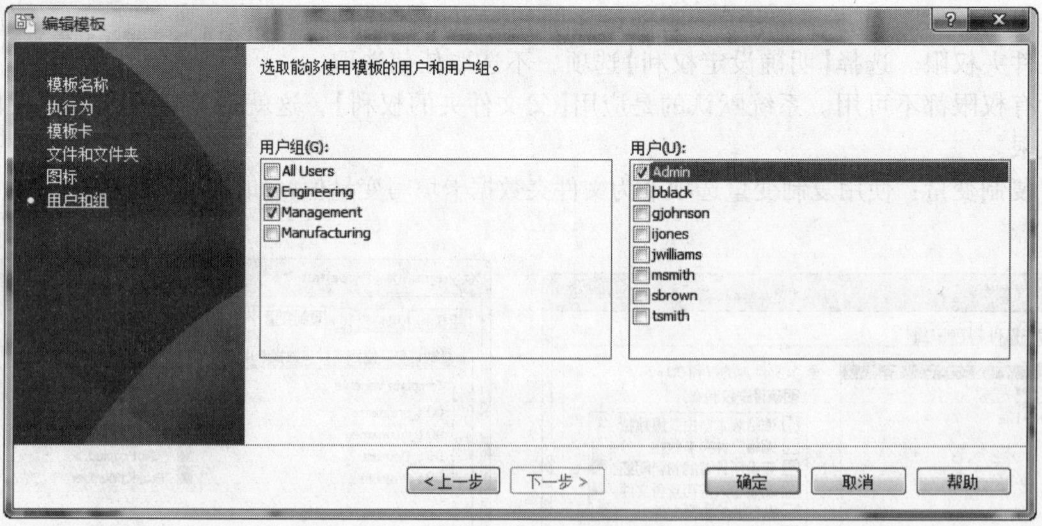

图 9-22　指定使用模板的用户和组

单击【确定】，完成模板向导。

9.2 学习实例：文件夹模板

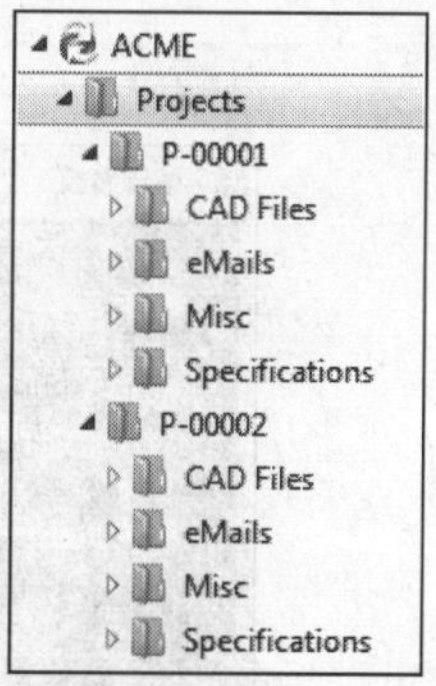

图 9-23 项目文件夹

在本例学习中，用户将创建一个项目文件夹模板。

ACME 公司想要建立一个项目结构，这个项目中的所有文件都要放在正确的项目文件夹中，而这些文件从某种意义上讲是预先被命名的。每个项目文件夹有如图 9-23 所示显示的子文件夹。

为建立这样的模板，用户需要新的序列号和其他模板输入表格。

操作步骤

步骤 1 准备序列号

确保表 9-1 中序列号已被创建。

表 9-1 序列号

Serial Number	Document Number	Drawing Number	Project Number
Format	DOC-xxxxxxxx	CAD-xxxxxxxx	P-xxxxx

步骤 2 打开模板向导

在"Administration"管理工具里，右键单击【模板】，选择【新模板】。

步骤 3 生成一个新的模板

输入"ACME \ Project"作为菜单字符串。单击【下一步】，如图 9-24 所示。

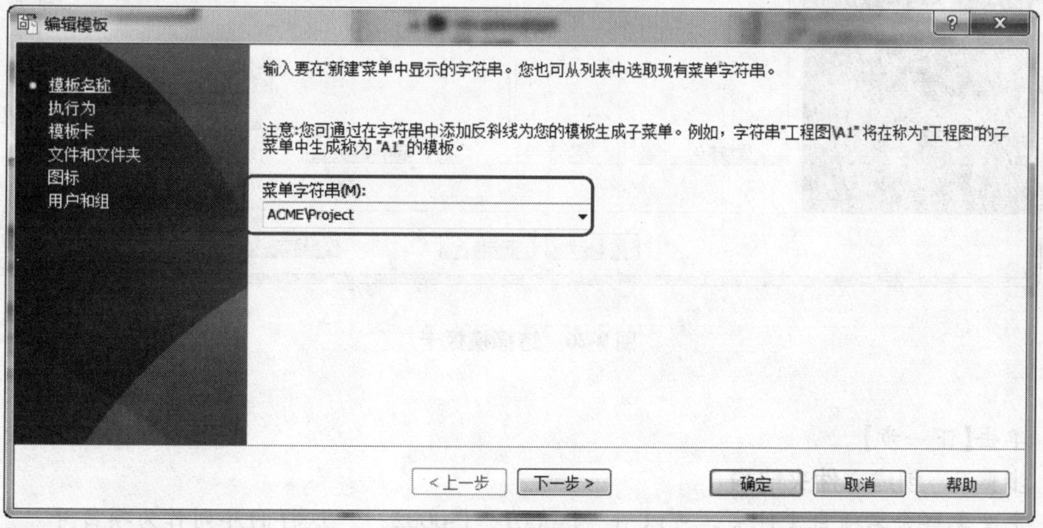

图 9-24 创建新模板

步骤 4 选择权限

选择【读取以下用户的权限】，【用户名称】：admin，【密码】：输入"admin"的密码，单击【下一步】，如图 9-25 所示。

步骤 5 选择模板卡

最初的文件夹模板，用户还不能使用模板卡，如果需要，用户可以在以后再添加数据卡，如图 9-26 所示。

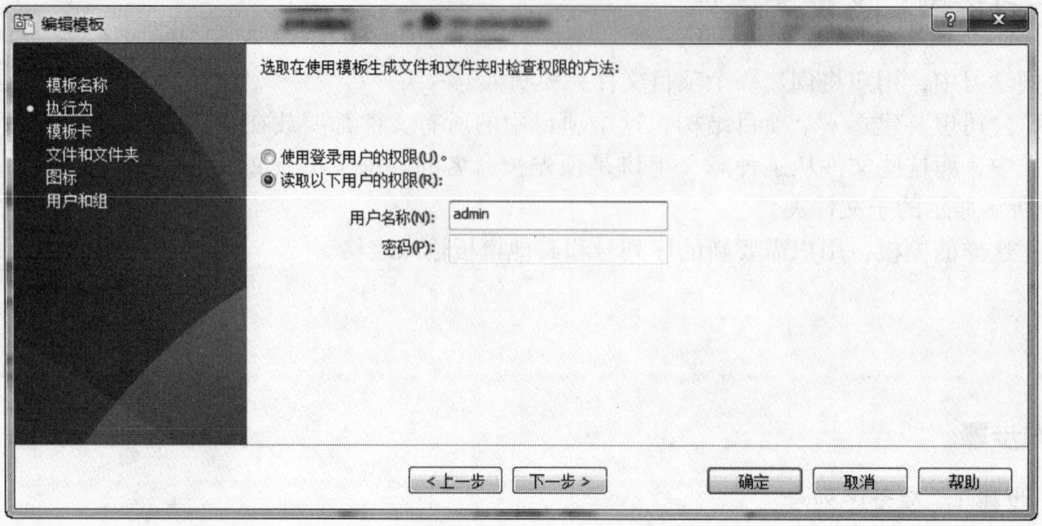

图 9-25　选择权限

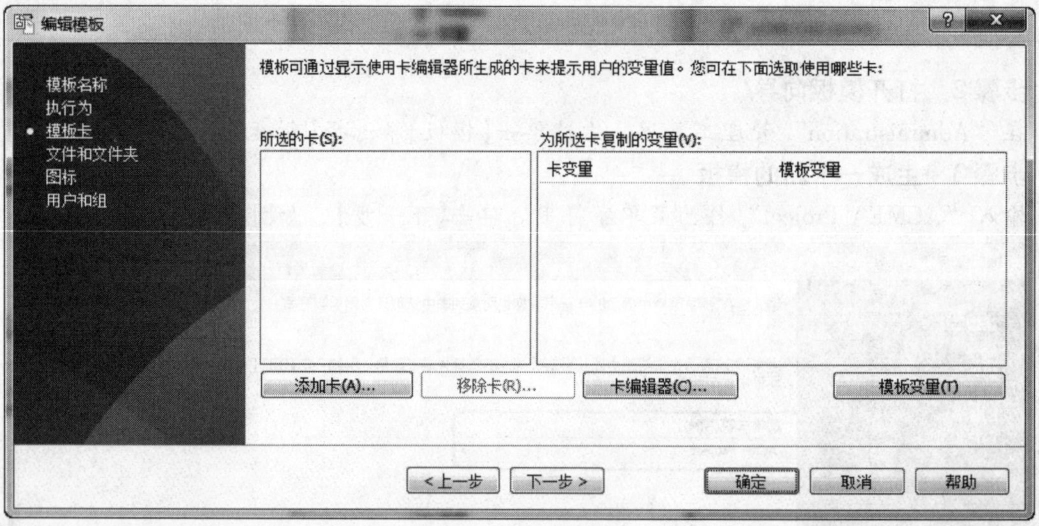

图 9-26　选择模板卡

单击【下一步】。

步骤 6　创建文件夹结构

定义怎样命名项目文件夹。可以用“P-0001，P-0002…”这样的序列作为项目号。

单击 生成一个新的根文件夹，命名为“Projects”，如图 9-27 所示。

步骤 7　创建模板变量

为了生成连续项目号，使用一个临时变量来调用之前建立的序列号。单击【模板变量】，单击【新建】。

命名变量为“t_ Projnum”。【类型】选择【序列号】，在【序列号】一栏选择“Project Number”，如图 9-28 所示。

单击【确定】。

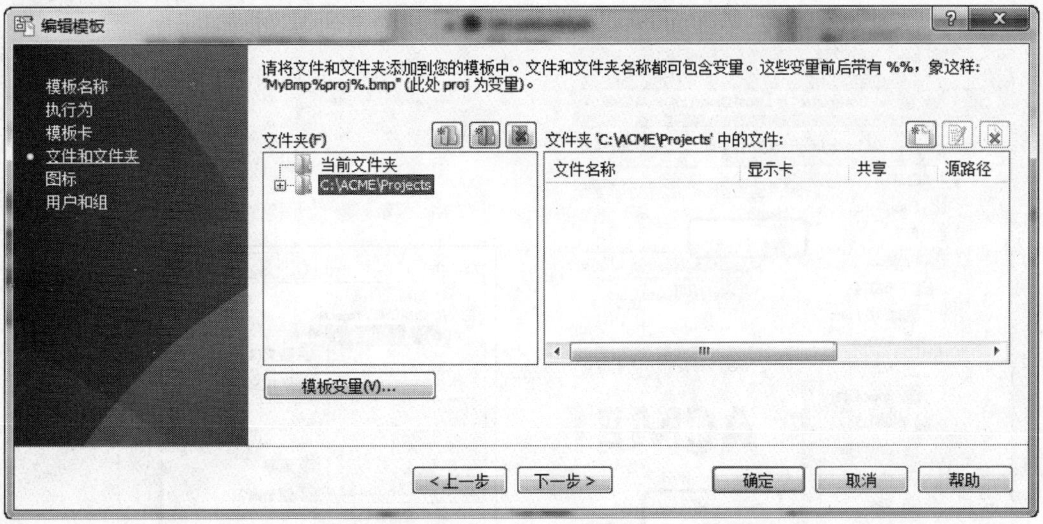

图 9-27　创建文件夹结构

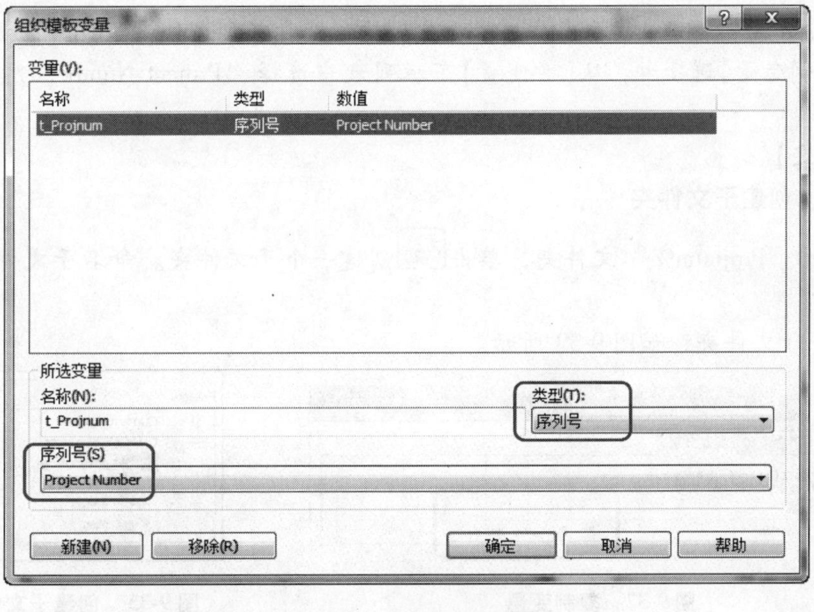

图 9-28　组织模板变量

技巧

虽然这个不是必须的，但是一般都会命名模板变量名以小写字母“t”开头，以便于识别。

步骤 8　创建一个自动编号的项目

选中“Projects”文件夹，单击，创建一个子文件夹。

输入“%t_ Projnum%”作为项目名称，由序列号和来自模板的变量组成，如图 9-29 所示。

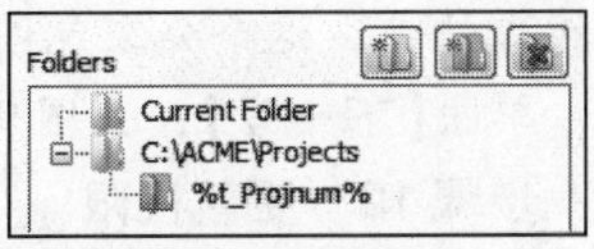

图 9-29　创建自动编号的项目

步骤 9　数据卡输入模板变量值

当前模板变量只适用于文件夹名称。同时，在新建的数据卡【Project Number】中输入数值，如图 9-30 所示。

右键单击文件夹“%t_ Projnum%”，选择【属性】，如图 9-31 所示。

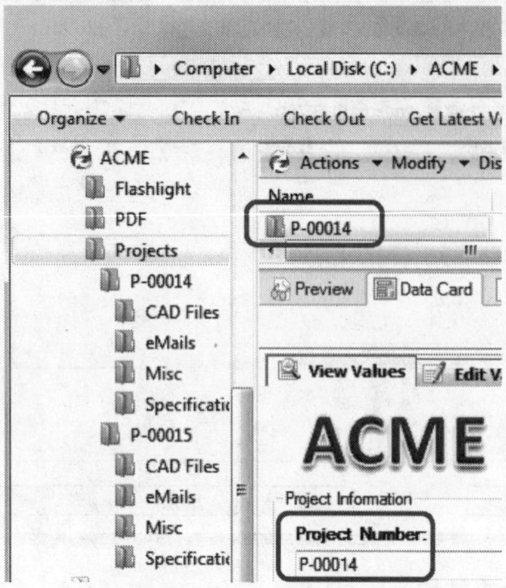

图 9-30　输入模板变量值

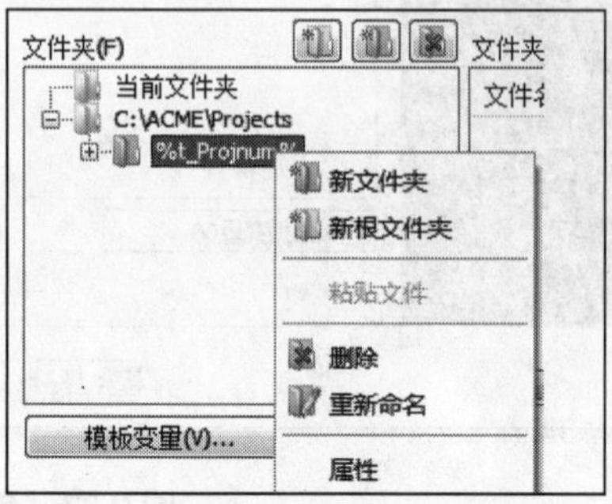

图 9-31　选择“%t_ Projnum%”文件夹属性

在属性对话框中，可以指派用户权限和复制模板变量值到文件夹数据卡变量中。

选择【复制变量】选项卡，从【卡变量】下拉列表中选择“Project Number”，如图 9-32 所示。

单击【确定】。

步骤 10　创建子文件夹

选中“%t_ Projnum%”文件夹，单击创建一个子文件夹。命名子文件夹为“CAD Files”。

添加以下子文件夹，如图 9-33 所示。

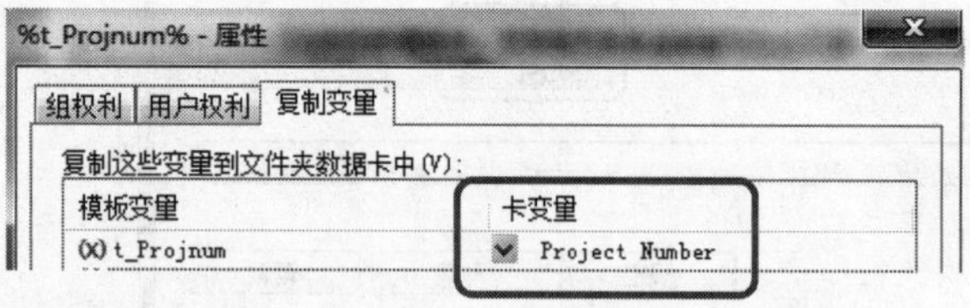

图 9-32　复制变量

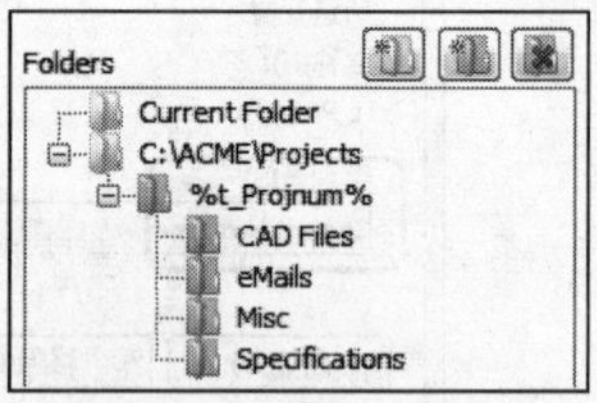

图 9-33　创建子文件夹

- eMails。
- Misc。
- Specifications。

单击【下一步】。

步骤 11　选择图标

从下拉列表中选择“. cvs”。选择的图标不需要与创建的模板类型相匹配。作为用户建立的文件夹，这个公文包图标还是合适的。

单击【下一步】，如图 9-34 所示。

步骤 12　更新权限

如果用户想要“Engineering”和“Management”组成员创建新的项目文件夹，则选择“Engineering”和“Management”组和用户“Admin”，如图 9-35 所示。

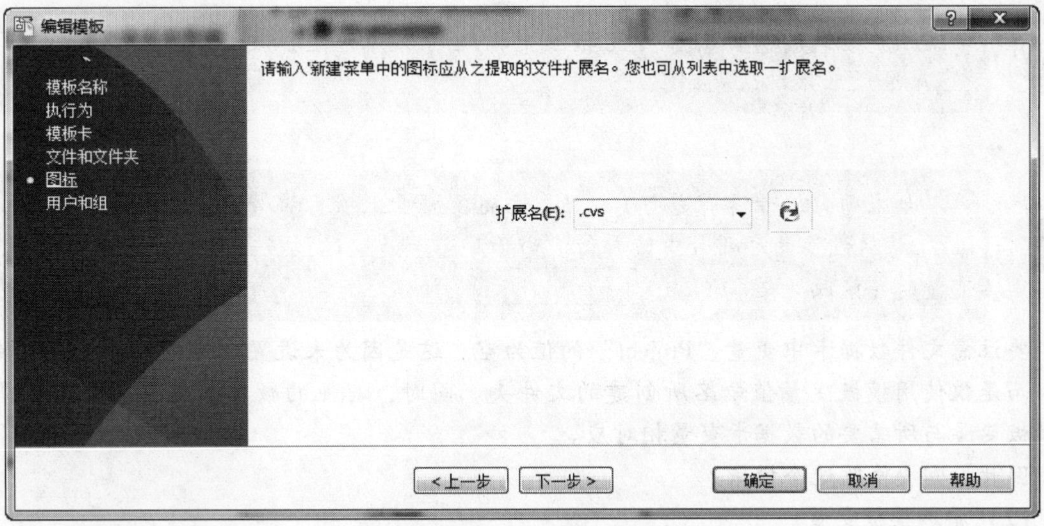

图 9-34　选择图标

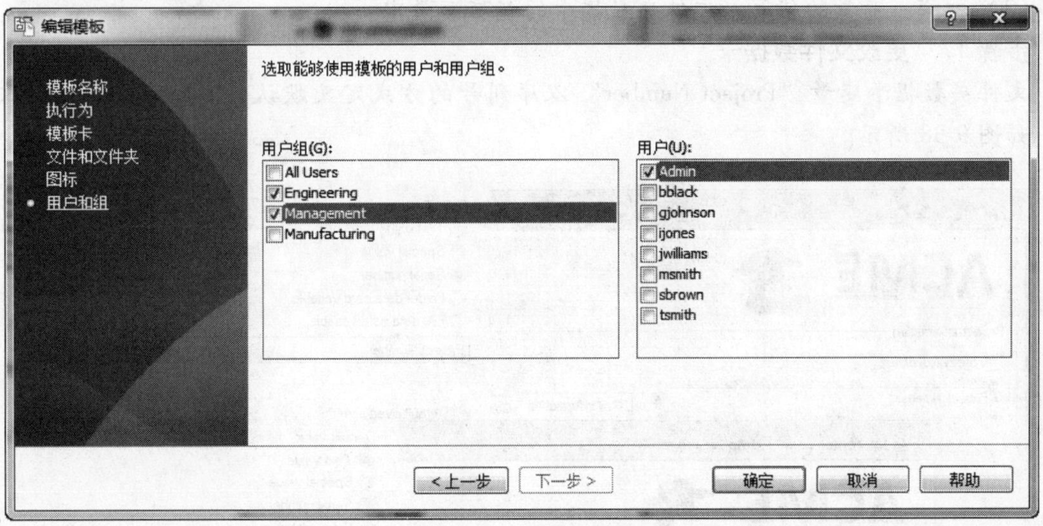

图 9-35　更新权限

图 9-36　测试模板

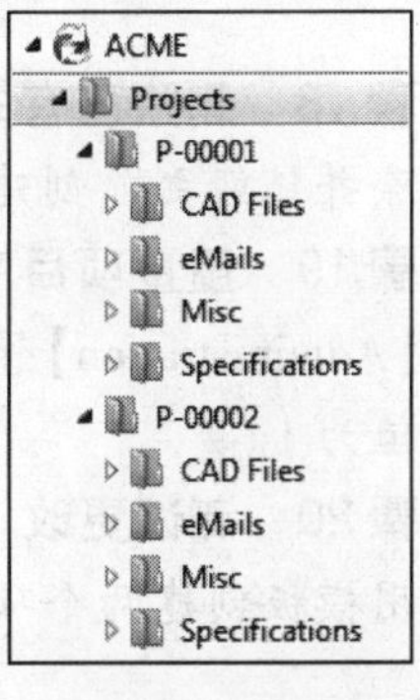

图 9-37　检查库

步骤 13　保存模板

在模板向导中单击【确定】，保存模板。

步骤 14　以“Admin”用户登录

以“Admin”用户登录库。

步骤 15　测试模板

在 Windows 浏览器里，选择“ACME”，右键单击右侧窗格空白处，选择【新建】/【New ACME Project】，如图 9-36 所示。

步骤 16　检查库

检查库，项目名称应该显示为下一个项目序列号（P-00001）。

添加另一个项目（P-00002），如图 9-37 所示。

技巧 用户见到的项目编号可能与图中描述的不同，这取决于当前生成的序列号值。

提示 如果项目编号没有递增 1，则文件夹数据卡上项目编号的变量“Project Number”将从设置的序列号中读取值。由于序列号是通过模板获取的，在赋给数据卡变量时会修改为文本值。

要注意文件数据卡中变量“Project”的值为空。这是因为未设置把模板变量值写到数据卡，而是仅使用模板变量值命名所创建的文件夹。同时，其他的数据卡变量也为空。需要将模板变量与所需要的数据卡变量相对应。

因此，需要修改这个模板：

（1）添加模板变量。

（2）收集用户模板变量值。

（3）把模板变量的值写入文件夹数据卡的相应变量中。

步骤 17　更改文件数据卡

文件夹数据卡变量“Project Number”以序列号的方式定义默认值。默认值更改为文本值，如图 9-38 所示。

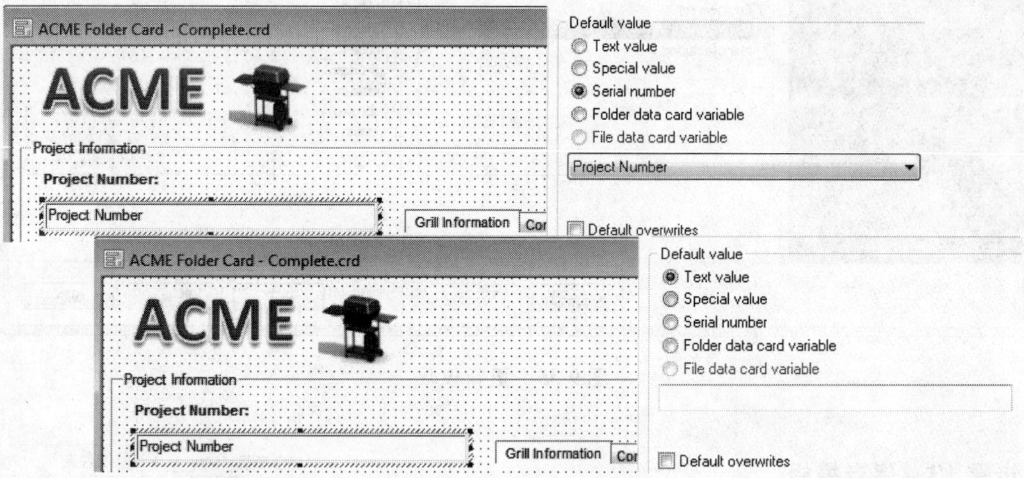

图 9-38　更改文件数据卡

步骤 18　删除已有的项目文件夹

删除并销毁之前创建的两个项目文件夹。

步骤 19　重置项目序列号

在【Administration】管理工具，展开【序列号】节点，双击【Project Numbers】，重置下一个计数器值为 1。

步骤 20　测试更改

使用模板创建两个项目文件夹。生成的项目号是连续的。

知识卡片	
模板卡	在文件库中，当模板被运行来创建新的文件或项目时，模板卡可以用来从用户那里获取信息。例如当一个项目模板被激活时，模板卡会要求用户输入项目的详细信息。这些信息可以作为生成项目文件夹的名称。 在模板卡里输入的值可以被存储在临时变量里，这些变量可用来生成文件或文件夹的名称，也可以被传递到文件或文件夹数据卡上的变量，如图 9-39 所示。

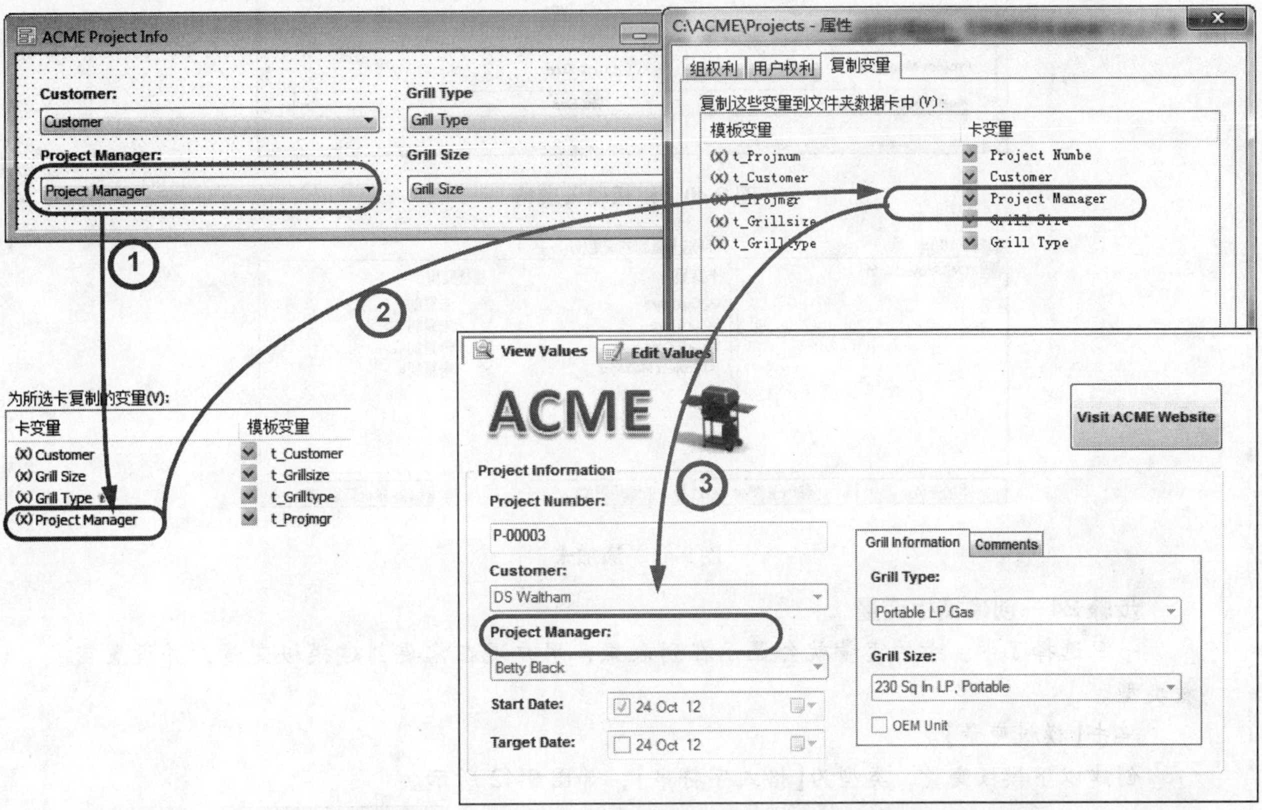

图 9-39　模板输入表格

步骤 21　生成模板卡

现在已有一个工作模板，添加一个模板卡，以获取已关联到项目文件夹的元数据。

右键单击【卡】，选择【打开卡编辑器】。

新建一个带有以下控件的模板输入表格，见表 9-2 及图 9-40，命名为“ACME Project Info”。

步骤 22　复制模板变量到卡

模板无法使用刚刚新建的模板输入表格，用户需要把模板输入表格与模板本身进行关联。

展开【模板】节点，双击“ACME \ Project”进入编辑。单击【下一步】直到模板卡设置页出现。

步骤 23　添加卡

单击【添加卡】。选择卡“ACME Project Info”，单击【确定】，如图 9-41 所示。

表 9-2　模板输入表格

属性名称	类　型
Customer	List
Project Manager	List
Grill Type	List
Grill Size	Dynamic List

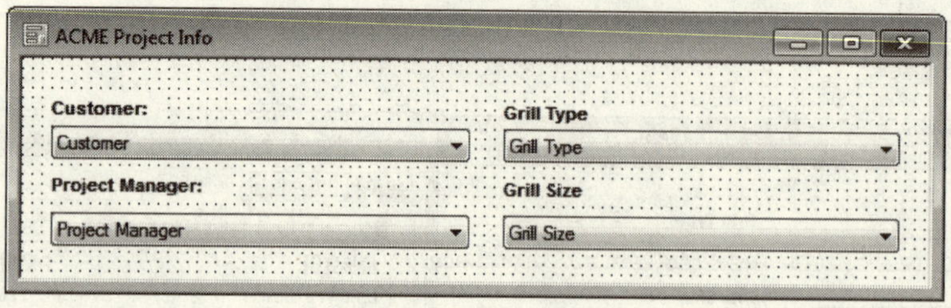

图 9-40　模板输入表格

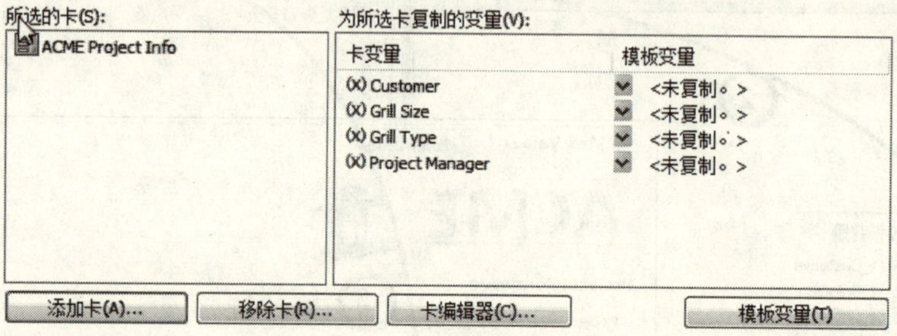

图 9-41　添加卡

步骤 24　创建模板变量

一旦选择了卡，卡的变量就会显示在列表里，用户现在需要创建模板变量，并设置变量类型。

单击【模板变量】。

创建以下模板变量，类型为【格式字符串】，如图 9-42 所示。

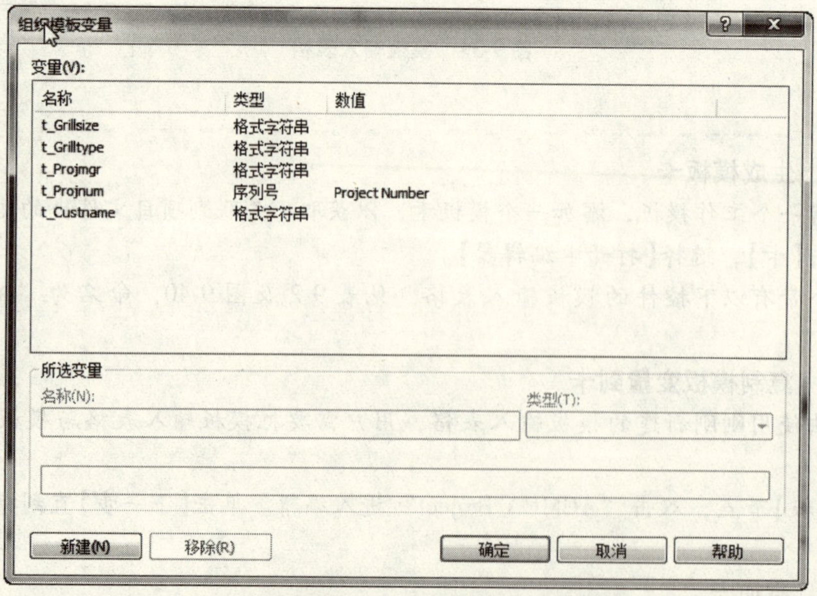

图 9-42　组织模板变量

- t_ Customer。
- t_ Projmgr。
- t_ Grillsize。
- t_ Grilltype。

单击【确定】。

步骤25　指定变量

复制模板输入表格的卡片变量到刚刚创建的模板变量，使用下拉列表复制每个卡变量到相应的模板变量，如图9-43所示。

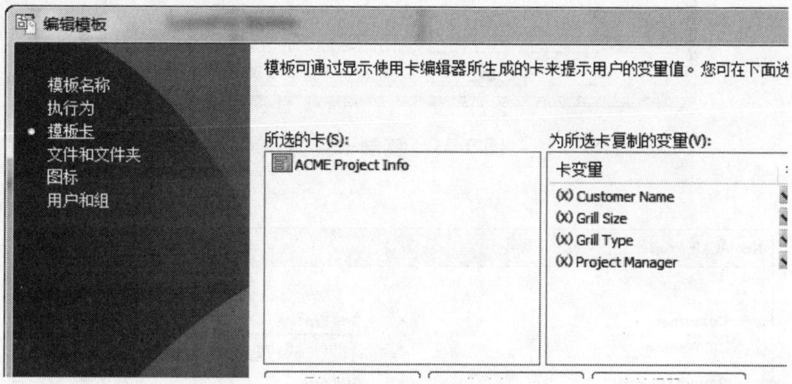

图9-43　指定变量

步骤26　写入数据到文件夹

单击【下一步】到【文件和文件夹】设置页。右键单击"%t_ Projnum%"文件夹，选择【属性】，如图9-44所示。

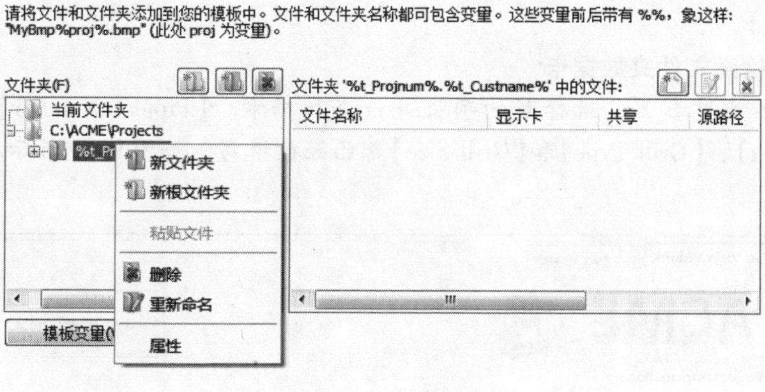

图9-44　编辑属性

选择【复制变量】选项卡。

步骤27　复制变量

用户需要复制模板变量到相应的文件夹卡变量。实际上，相当于在新创建的文件夹卡里填写，如图9-45所示。

单击【确定】。

步骤28　创建一个新的项目文件夹

在Windows浏览器里，右键单击文件视图，然后选择【新建】/【New ACME Project】。

显示模板卡，并要求用户添加数据。添加信息，如图9-46所示。

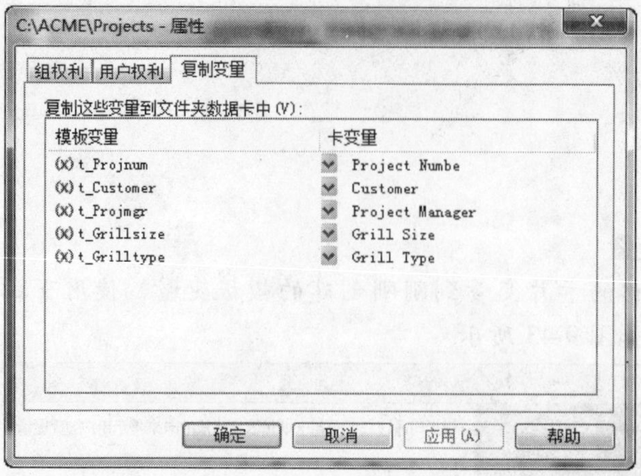

图 9-45　复制卡变量

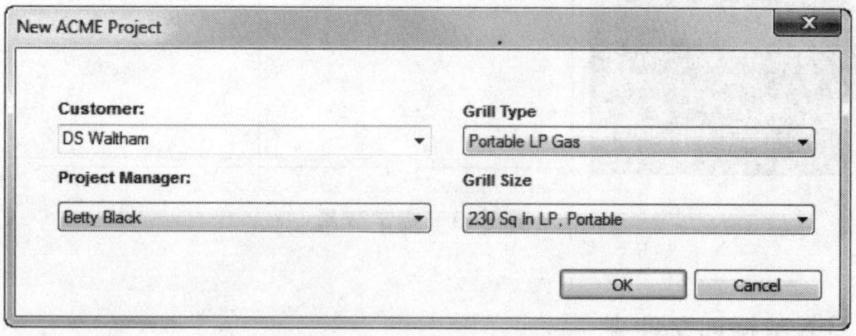

图 9-46　新建项目文件夹

单击【确定】。

步骤 29　检查文件夹数据卡

在 Windows 浏览器里，选择新的项目并检查数据卡。【Project Number】、【Customer】、【Project Manager】、【Grill Type】和【Grill Size】都已经被填写，如图 9-47 所示。

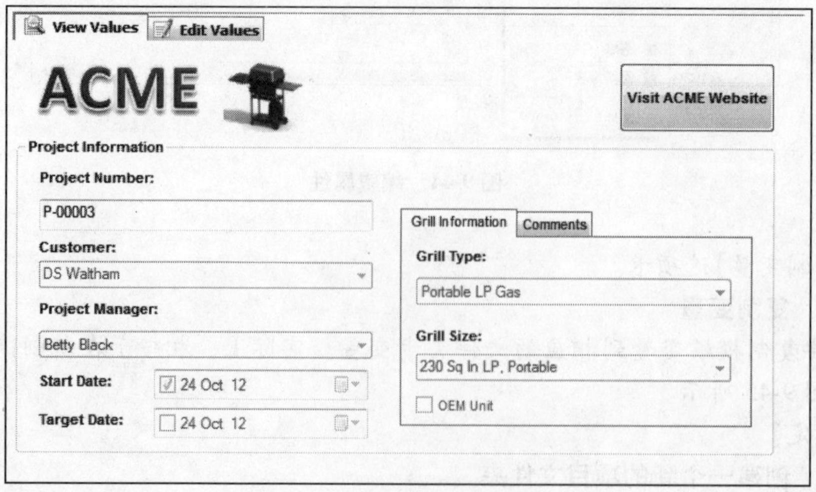

图 9-47　检查文件夹数据卡

练习　文件夹模板

SOLIDWORKS PDM 模板可用来自动新建文件或文件夹结构。在本练习中，用户将用模板卡创建一个文件夹结构模板，并创建 SOLIDWORKS 零件文件模板。

操作步骤

步骤 1　创建模板卡

新建一个模板卡，提示用户输入以下值，如图 9-48 所示。

- Project Name：项目名称。
- Project Manager：项目经理。
- Project Country：项目国家。

步骤 2　新建一个文件夹模板

(1) 创建文件夹模板“Project \ New Project”。

(2) 创建根目录下名为“Projects”的文件夹。

(3) 在 Projects 文件夹下创建文件夹，名称使用项目编号（文前需为项目编号创建模板变量，数值来自序列号）。

(4) 再在其下创建以下子文件夹，如图 9-49 所示。

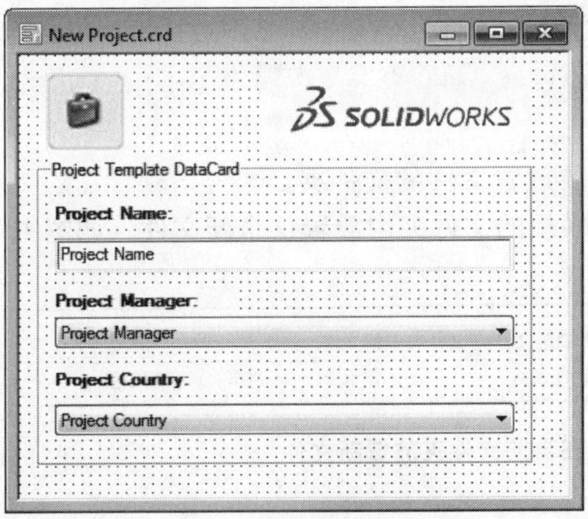

图 9-48　创建模板输入表格

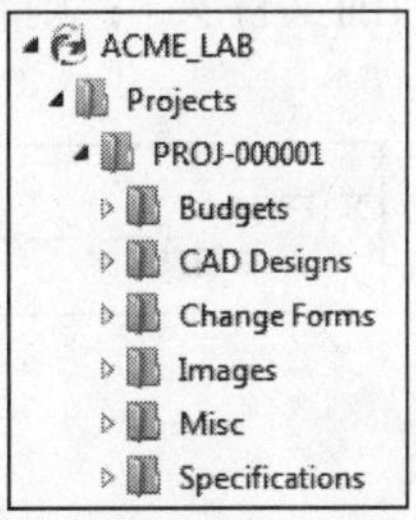

图 9-49　文件夹模板

- Budgets。
- CAD Designs。
- Change Forms。
- Images。
- Misc。
- Specifications。

(5) 确保文件夹数据卡正确显示。确保创建正确的模板输入变量，并指定到文件夹数据卡相关的域中，如图 9-50 所示。

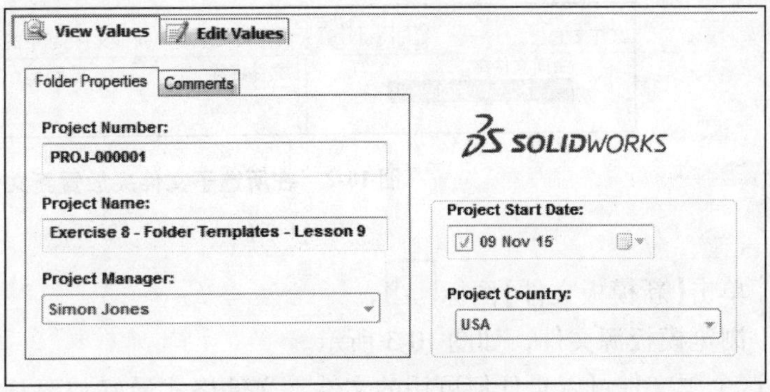

图 9-50　文件夹数据卡

第 10 章　文 件 模 板

学习目标

- 创建文件模板

10.1　文件模板概述

用户可以基于预配置的文件模板在库内创建新文件。

生成一个新的文件模板。

(1) 右键单击【模板】，单击【新模板】。

(2) 在【文件和文件夹】对话框中，选择要放置文件的文件夹。

1) 选择“当前文件夹”：则将在运行此模板的文件夹内放置这个新文件，如图 10-1 所示。

图 10-1　在当前文件夹放置新文件

2) 选择子文件夹，则将在所选文件夹内放置新文件，如图 10-2 所示。

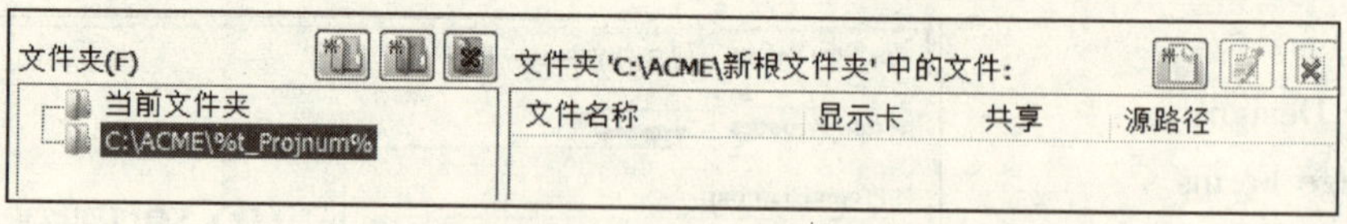

图 10-2　在所选子文件夹放置新文件

(3) 单击【新模板文件】图标。

(4) 浏览模板源文件，如图 10-3 所示。

1) 这个源文件可以是任何可用的文件，文件格式最好与要从模板创建的新文件相同。例如，当要从模板创建“. doc”文件时，应当使用“. doc”文件作为源文件。

2) 模板源文件必须可被库中的用户访问，并且必须储存在文件库中。如果选择了一个位于文件库之外的文件，则将弹出一个对话框，提示用户选择一个库位置，保存该文件，如图 10-4 所示。

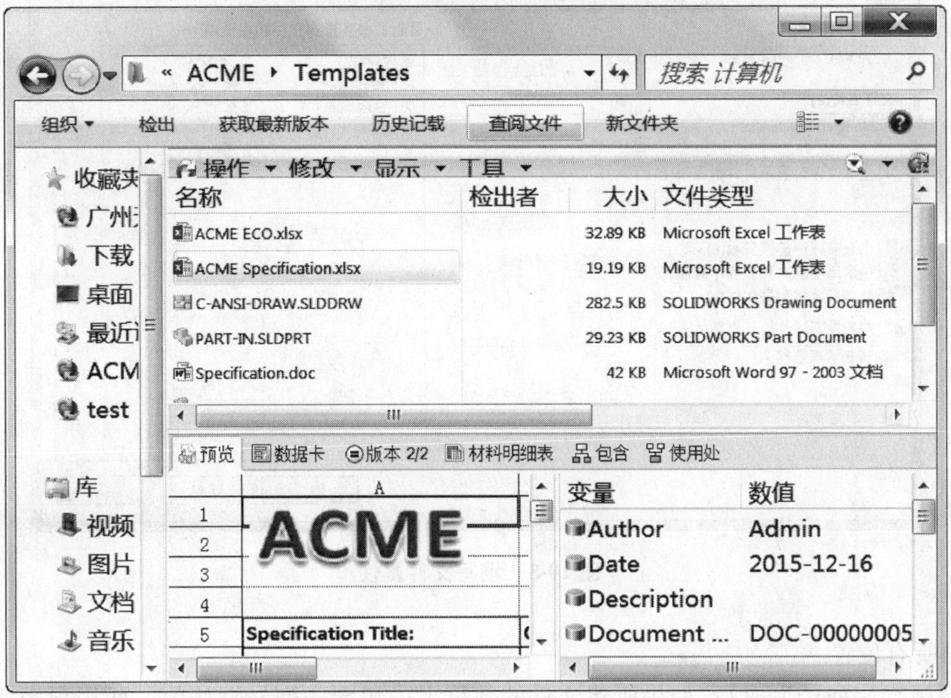

图 10-3　浏览模板源文件

图 10-4　选择保存文件夹位置

（5）完成填写文件属性对话框，如图 10-5 所示。

1）【模板源文件】：显示这个模板源文件的路径和名称。

2）【文件名称】：输入运行模板将创建的新文件名称。若要指定一个已存在的模板变量作为文件名，则可按按钮选择一个变量。所选的变量是用% 括起来的，并且当模板运行时，计算得到一个固定值。用户可以用静态文本和变量组合的方式为新文件命名，如图 10-6 所示。

3）【生成文件时显示文件数据卡】：用户运行模板时，将显示文件数据卡对话框。此时，用户可以更改文件的名称和变量值。还可以从【文件数据卡】对话框中打开或生成文件。设置【默认卡页】，可为【SOLIDWORKS】配置或从 AutoCAD 模型空间选择一个默认选项卡页。

4）【也在文件中扩展变量】：当模板生成文件时，Enterprise PDM 会扫描文件，并用相应的值替换所有经过识别的变量（%variable_ name%）。

例如，如果存在与登录用户名关联的“author”变量，同时源文件包含下列行：

Author of this file（此文件的作者）:%author%。

那么新的行将是：

Author of this file（此文件的作者）：Smith（假设登录用户为 Smith）。

注：此选项仅适用于 ASCII 文件。变量替换无法用于大多数二进制文件，因为这些文件可能包含硬码偏置量和检查。

5）【共享源中的文件，而不复制】：共享源文件，而不复制。对共享文件做出的更改会反映在库中

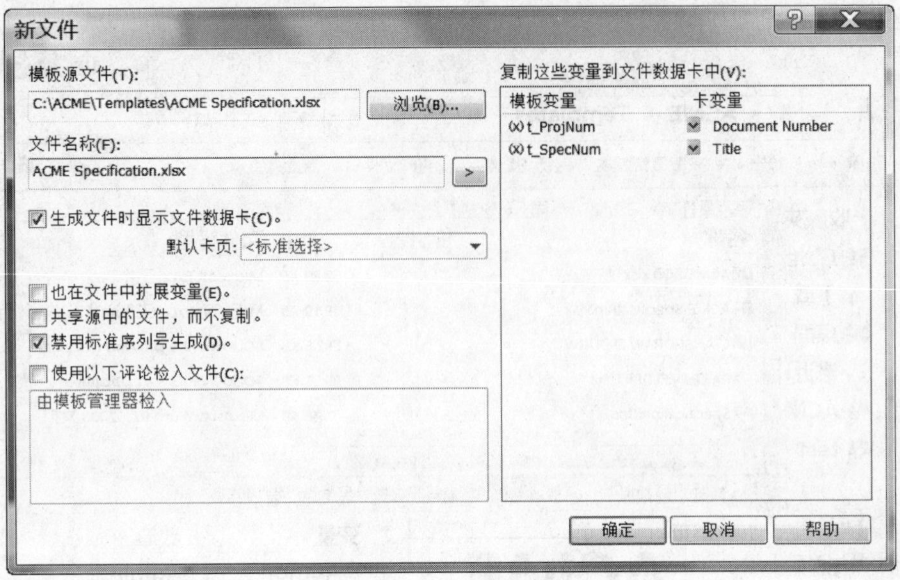

图 10-5　填写文件属性

引用该文件的所有位置。

6）【禁用标准序列号生成】：如果所建文件的数据卡中包含序列号默认值，而用户想使用模板变量指派相同的序列号，则应选中此选项。如果不选中此选项，系统就会为默认值和模板值都生成序列号（序列号将跳过）。

7）【使用以下评论检入文件】：为文件键入检入评论。用户运行模板时，文件将自动检入。默认评论是“由模板管理器检入”。

8）【复制这些变量到文件数据卡中】：选择希望自动写入新文件的文件数据卡变量中的模板变量值。

图 10-6　选择文件名称

10.2　学习实例：文件模板

在本例中，用户将创建一个 SOLIDWORKS 零件模板。

知识卡片	模板源文件	模板源文件是用来创建新文件的文件。要想让用户能够使用文件模板，必须将这些文件复制到库中。为了便于整理，所有文件都在同一个文件中。

操作步骤

步骤 1　添加模板源文件

浏览本地培训文件位置“Lesson10 \ Case Study”。

拖拽“Templates”文件夹到文件库根目录内。

检入“Templates”文件夹的内容。

步骤 2　创建新模板

右键单击【模板】并选择【新模板】。

步骤 3　编辑菜单字符串

输入“SOLIDWORKS \ Part-IN”，单击【下一步】。

步骤4 设置权限

使用【默认】，单击【下一步】。

步骤5 模板卡

由于不需要模板卡，因此单击【下一步】。

步骤6 创建模板变量

单击模板变量并创建模板变量“variable t_ Drawnum”，类型为“Serial number”，并选择“Drawing Number”。

创建模板变量“variable t_ Docnum”，类型为“Serial number”，并选择“Document Number”，如图10-7所示。

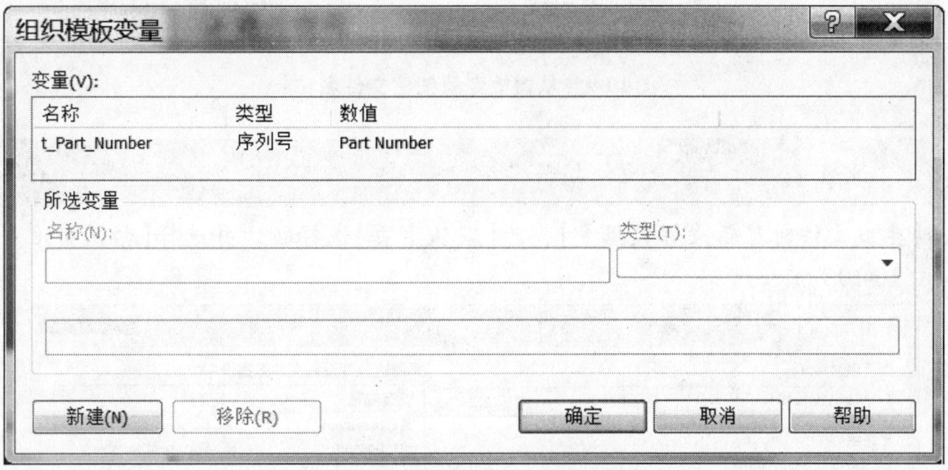

图10-7 创建模板变量

单击【确定】。

步骤7 创建模板文件

单击【新文件】图标。

在文件库的“Templates”目录中选取“SW Part-IN. SLDPRT”文件，如图10-8所示。

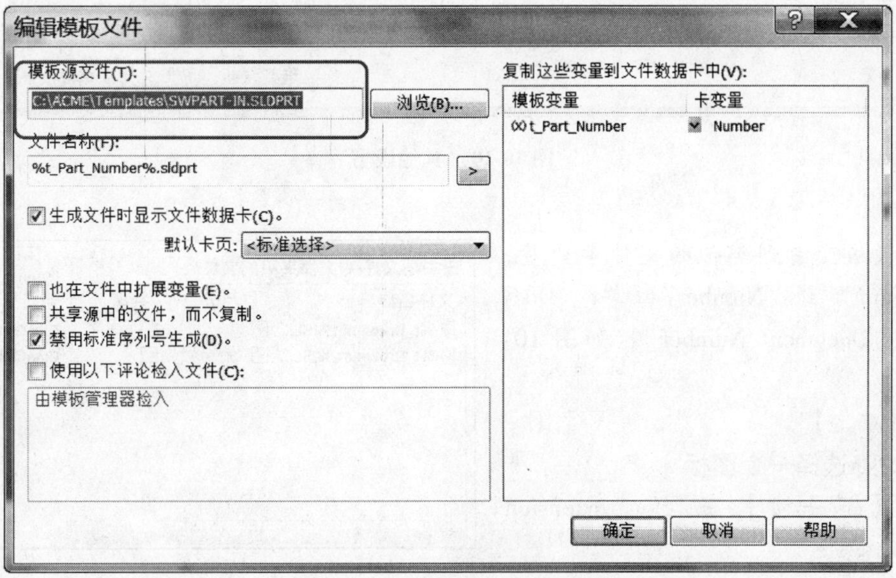

图10-8 编辑模板文件

步骤 8　从模板变量中创建文件名

使用模板变量“t_ Drawnum”修改文件名，如图 10-9 所示。

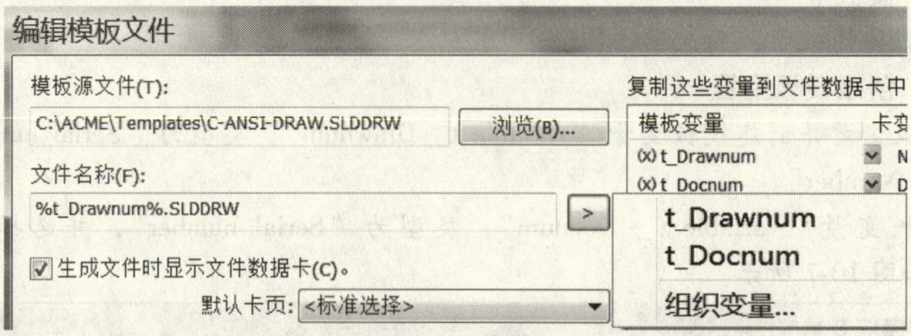

图 10-9　从模板变量创建文件名称

注意　文件名称必须包含文件扩展名。

选择【生成文件时显示文件数据卡】，为【默认卡页】选择@，并选择【禁用标准序列号生成】，如图 10-10 所示。

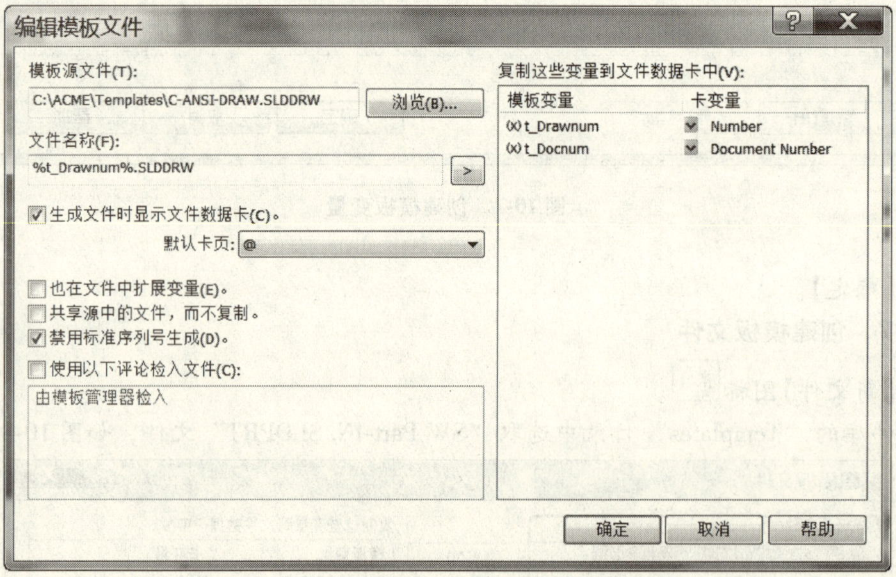

图 10-10　其他设置

复制模板变量到类似的文件卡变量，“t_ Drawnum”到“Number”，“t_ Docnum”到“Document Number”，如图 10-11 所示。

单击【确定】。

步骤 9　选择一个图标

单击【下一步】。选择“extension . sldprt”。

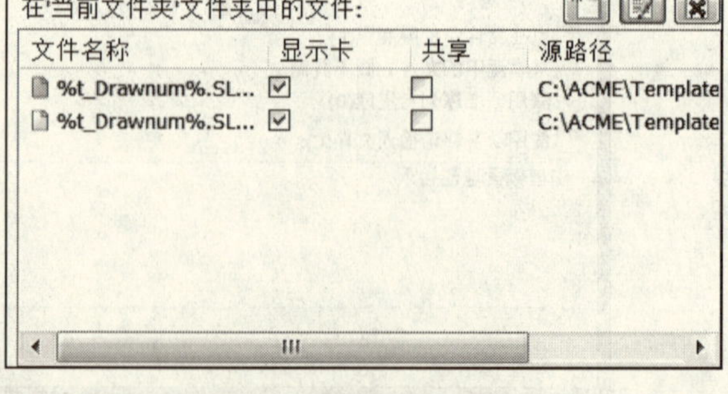

图 10-11　复制模板变量

⚠注意　如果不想整理文件扩展名的列表，则扩展名可以输入到对话框中。扩展名匹配一个扩展名列表中的名称时，图标会出现在对话框中。单击【下一步】。

步骤 10　更新权限

选取“Engineering”“Management”组和“Admin”用户。单击【确定】。新模板会出现在【模板】节点中。

步骤 11　测试模板

在 Windows 资源管理器中，选取“folder P-0001 \ CAD”文件，选中“upper right pane”，右键单击并选择【新建】/【SOLIDWORKS，Part-IN】。

⚠注意　如果 P-0001 不存在，则选择其他包含 CAD 工程文件夹的子文件夹。

步骤 12　查看文件数据卡

数据卡显示新的文件名称“CAD-0000000x. SLDPRT”，【Project Number】和【Grill Type】已经被填写，这些数据从文件夹数据卡继承而来。而【Doc Number】和【Drawing Number】则由模板中定义的序列号产生，如图 10-12 所示。

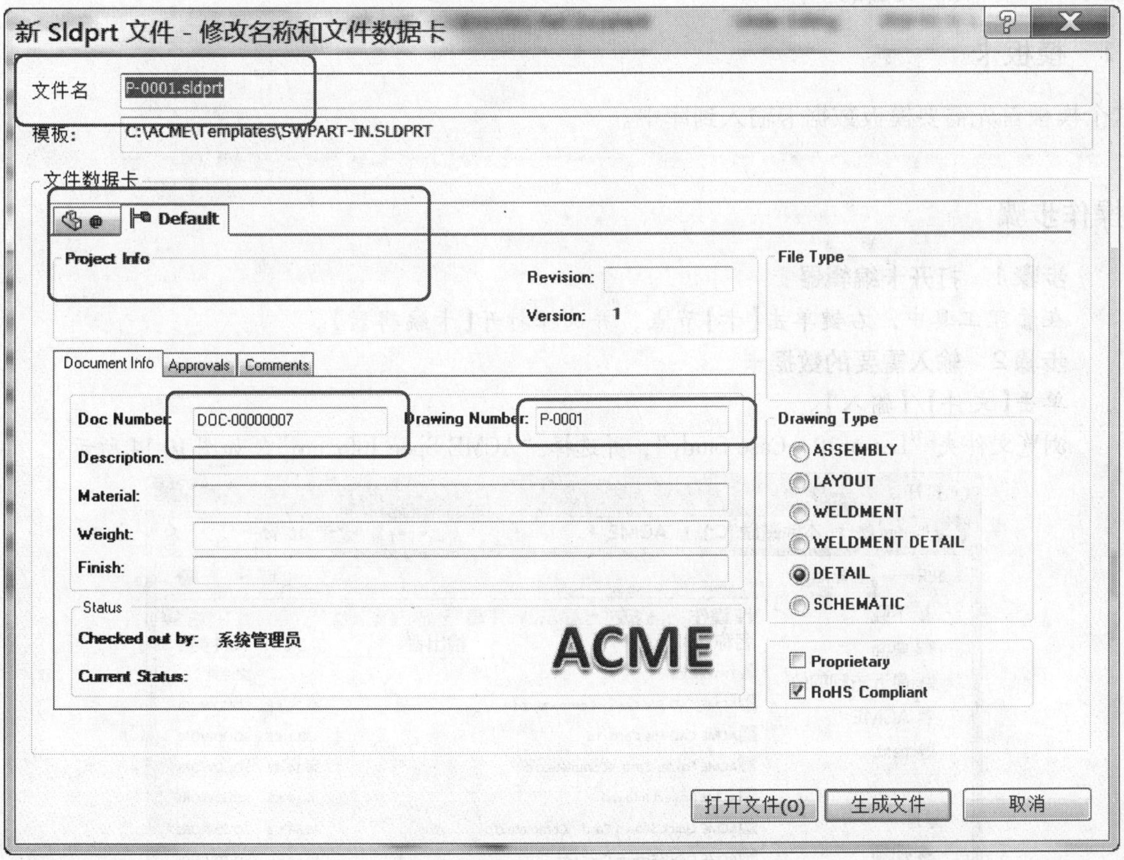

图 10-12　查看文件数据卡

步骤 13　创建文件

单击【生成文件】，如图 10-13 所示。

图 10-13　生成文件

知识卡片	Microsoft Office 模板	Microsoft Office 文件模板的创建要比 SOLIDWORKS 文档容易。文件中的文本使用的变量直接推送的信息可以用来转换模板中的数据，以及这些变量映射到文件的源数据。

10.3　学习实例：ACME Specifications 模板

在本实例中要创建一个 Microsoft Excel 模板，用来作为 ACME Specifications。这个文件的源数据将直接写入 specifications 文档的主体中。

10.3.1　模板卡

这个模板首先需要模板数据卡输入到库中。

操作步骤

步骤 1　打开卡编辑器

在管理工具中，右键单击【卡】节点，并选择打开【卡编辑器】。

步骤 2　输入需要的数据卡

单击【文件】/【输入】。

浏览文件夹“Lesson10 \ Case Study”，并选择“ACME Spec Info. crd”，如图 10-14 所示。

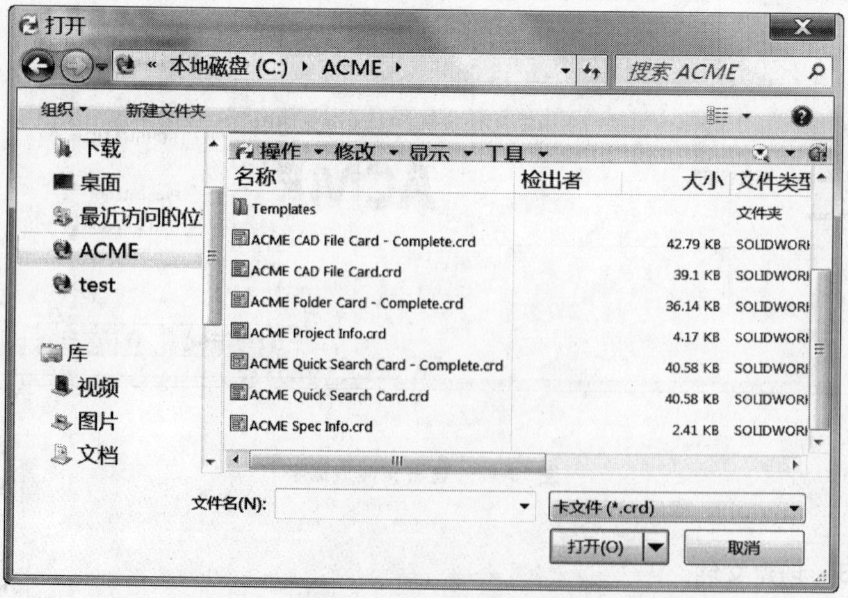

图 10-14　输入需要的数据卡

单击【打开】。

步骤3 完成输入过程

单击【保存】图标 保存数据卡到库中。

关闭卡编辑器。

10.3.2 更新列表信息

输入此卡也会输入一张使用SQL作为数据源的列表。更新SQL登录信息并测试列表，以确保一切工作正常。

步骤4 更新列表信息

展开列表节点并双击“Project Number”列表。更新SQL信息并单击【测试】，确保一切工作正常，如图10-15所示。

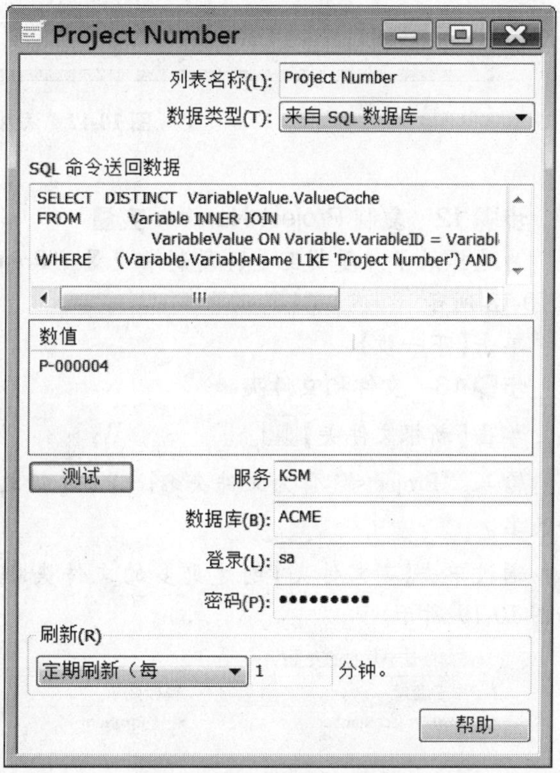

图10-15 更新列表信息

步骤5 为模板创建序列号

此模板需要一个规格序号。先创建模板，创建一个名为“Specification Number”并且格式为“SPEC-00001”的新序列号，或者从“Lesson 10 \ Case Study”文件夹中输入“ACME Specification Serial Number. cex文件”。

步骤6 创建一个新模板

在管理工具中，右键单击【模板】节点，并在弹出的快捷菜单中选择【新模板】。

步骤7 编辑菜单字符串

输入“ ACME Specification”，单击【下一步】。

步骤8 设置执行为

确保登录的用户有使用权限。单击【下一步】。

步骤9 添加模板数据卡

单击【添加卡片】，选择“ACME Spec Info”卡，并单击【确定】，如图10-16所示。

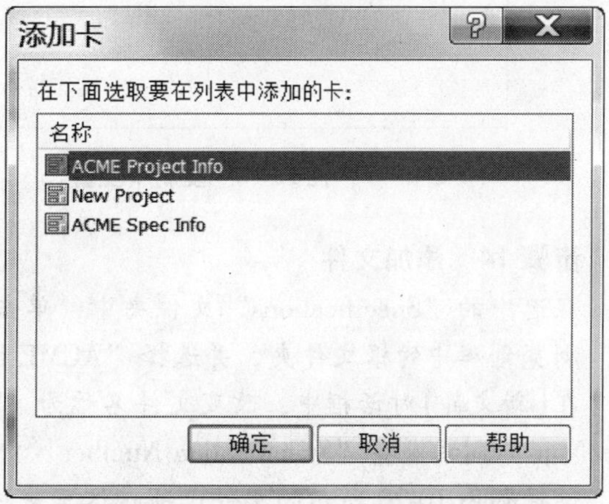

图10-16 添加模板数据卡

步骤10 模板变量

单击【模板变量】。单击【新建】，使用“t_ ProjNum”作为名称。【类型】为【格式字符串】。清除【文本字符串】。

步骤11 添加第二个变量

单击【新建】，使用“t_ SpecNum”作为名称。【类型】为【序列号】。对于【序列号】选取【Specification Number】。单击【确定】，如图10-17所示。

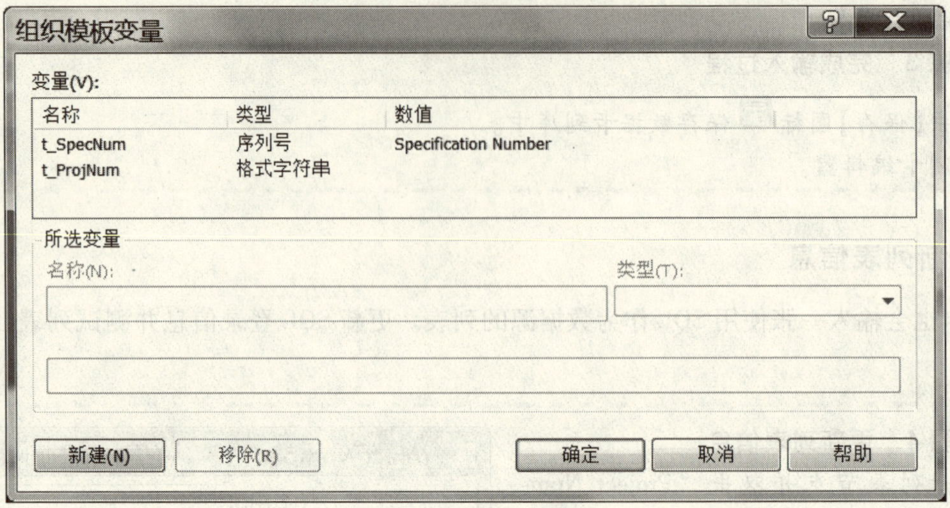

图 10-17　添加模板变量

步骤 12　复制 Project Number 变量

为选择的卡片复制变量，复制卡变量“Project Number”到模板变量“t_ ProjNum”，如图 10-18 所示。

单击【下一步】。

步骤 13　文件和文件夹

单击【新根文件夹】。

输入“Projects”作为文件夹名。单击【新文件夹】。输入“%t_ ProjNum%”作为文件夹名。

通过单击【新文件夹】创建更多的文件夹，并输入“Specifications”作为文件夹名，如图 10-19 所示。

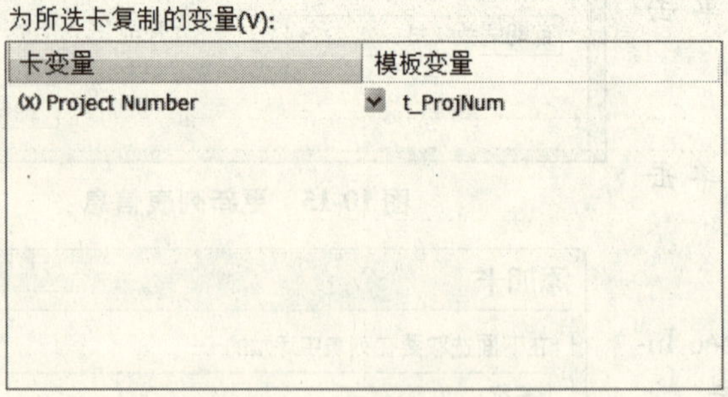

图 10-18　复制卡变量

图 10-19　创建新文件夹

步骤 14　添加文件

在选中的“Specifications”文件夹中，单击【添加文件】。

浏览到库中的根文件夹，并选择“ACME Specification. xlsx”。

在【新文件】对话框中，改变文件名称为“%t_ SpecNum%. xlsx”并复制模板变量“t_ SpecNum”到卡变量“Specification Number”中。

选择如图 10-20 所示的文件选项，这里应该为默认选项。

单击【确定】。单击【下一步】。

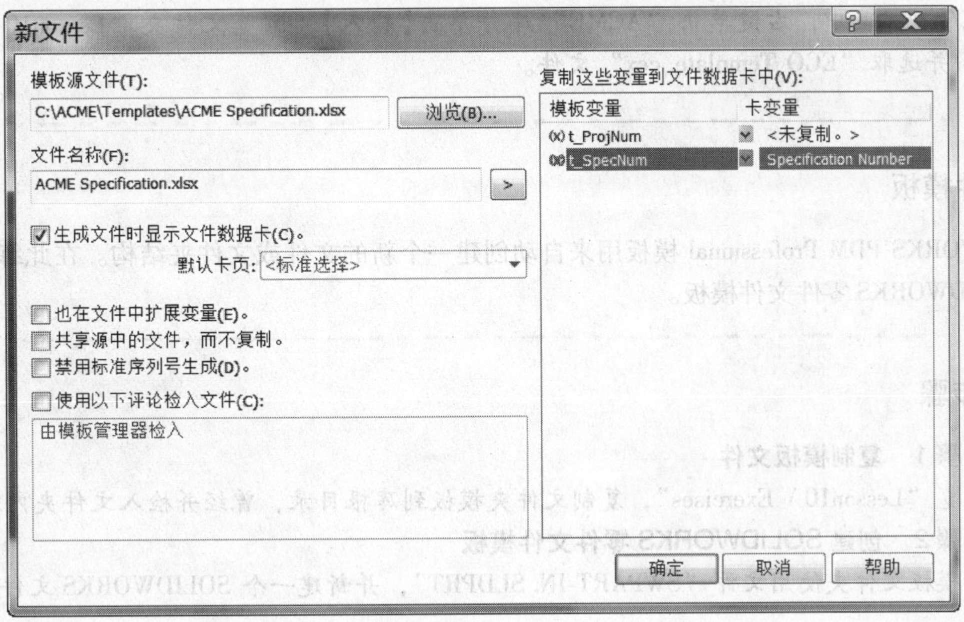

图 10-20 添加文件

提示

通过在模板对话框的文件夹选项中拖拽文件夹可以整理相关文件夹。当然，如果文件添加到错的文件夹中，它就不能移动到正确的文件夹中。文件必须在适当的文件夹中删除并重建。

步骤 15 选择图标

选择“.xlsx”图标。单击【下一步】。

步骤 16 设置许可权限

选择“Engineering”“Management”组和“Admin”用户，给予它们使用此模板的权限。单击【确定】。

步骤 17 测试模板

在库中右键单击并选择新建【ACME Specification】。

此模板的数据卡片会显示出来。选取“P-00002”并单击【确定】。

当文件卡片出现后，填入信息并选择【创建文件】。

浏览“Projects \ P-00002 \ Specifications”文件夹并查看库中的文件，如图 10-21 所示。

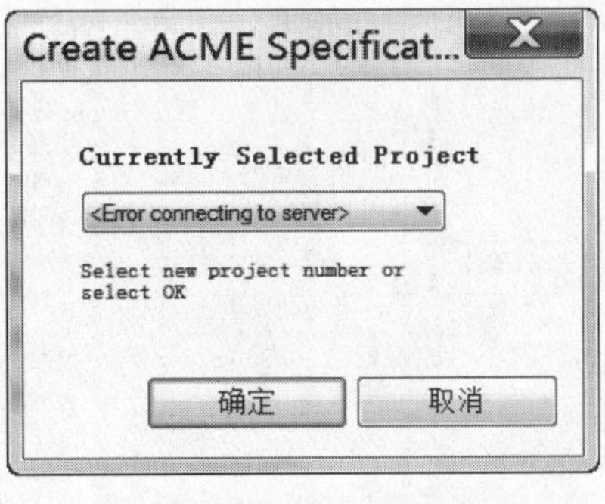

图 10-21 测试模板

10.3.3 ECO 模板

大多数工程部门都有类似的工程变更流程。

在本库中，将要输入 ECO 模板来创建 Microsoft Excel 文档。此文档会使用数据卡来驱动更多以 ECO 形式出现的信息。

步骤 18　输入 ECO 模板

在管理工具中，右键单击“ACME”库并单击【输入】。浏览文件夹“Lesson10 \ Case Study”并选取“ECO Template. cex”文件。

练习　文件模板

SOLIDWORKS PDM Professional 模板用来自动创建一个新的文件或文件夹结构。在此练习中将要创建一个 SOLIDWORKS 零件文件模板。

操作步骤

步骤 1　复制模板文件

浏览“Lesson10 \ Exercises”，复制文件夹模板到库根目录，曾经并检入文件夹内容。

步骤 2　创建 SOLIDWORKS 零件文件模板

从模板文件夹使用文件“SWPART-IN. SLDPRT”，并新建一个 SOLIDWORKS 文件模板。

第11章　数据迁移

学习目标

- 输入旧数据到新建的库

11.1　迁移旧数据

在许多 PDM 安装规划中，旧数据都需要导入到库中。这些数据也许包含很多种类型的文件。

11.1.1　数据迁移计划

数据迁移需要考虑几个方面：需要迁移的只是最新修订版，还是所有的修订版号文件都需要迁移？是从 PDM 还是 PLM 系统迁移？迁移中包含哪些元数据？元数据需要从数据库中提取吗？元数据如何导入 SOLIDWORKS PDM Professional？

开始数据迁移之前，考虑以上因素将会方便接下来的数据迁移工作。

11.1.2　清理数据

当数据迁移到新建的空白库中时，要确保数据是 clean。这意味着所有的元数据都是准确的，参考引用关系没有损坏并且清理复制的文件。

11.1.3　迁移对象

许多企业希望以前创建的文件都迁移到库中。如果之前使用的 PDM 系统完全被废弃，这也许是个不错的做法。但是，如果 PDM 系统不被废弃，只是将数据迁移到同一个 PDM 系统中的另一个库中，则更好的方式是迁移需要的数据。这种方式能极大地简化数据迁移过程。

11.2　学习实例：数据迁移

在 ACME 库中，2 个项目需要迁移。这些项目不仅包含 CAD 文档，也包含其他支持的文档，例如：Office 文档和 PDF 文件。

操作步骤

步骤 1　浏览文件

文件位于“Lesson 11 \ Case Study \ Vaulted Files”，找到项目文件夹“P-00001”和“P-00002”。

步骤 2　复制文件

将“Projects”文件夹复制到库中。如果提示文件夹已存在，选择【全部是】，如图 11-1 所示。

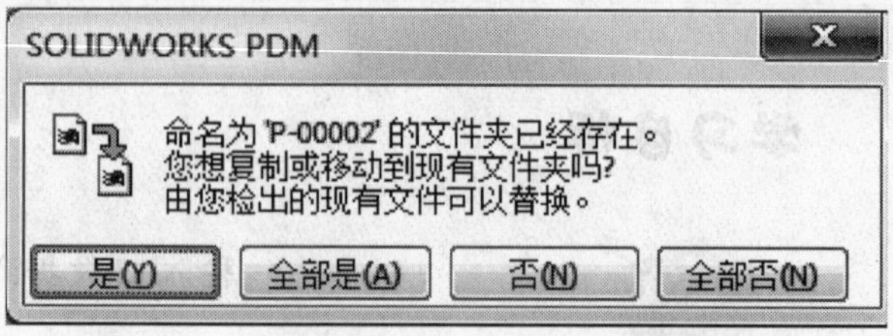

图 11-1　复制文件

步骤 3　检入文件

文件复制到库中后，检入文件。有 6 处关于 SOLIDWORKS Toolbox 当前不在库中的警告，这些警告可被忽略。

也许还有其他警告关于文件未重建。这些警告也可以被忽略。

步骤 4　禁用工作流程的递增修订版本

在【Administration】工具中，展开工作流程节点。

打开 CAD Files 工作流程。移除变换【No Approval Required】中的三个操作：设置修订版变量，递增修订版本和创建 PDF。

单击【保存】并关闭工作流程。

步骤 5　批准所有 SOLIDWORKS 文件

当前，SOLIDWORKS 文件以不同的版本发布。为了匹配迁移数据，所有的文档都需要转移到批准状态。

右键单击文件夹“Projects”，选择【No Approval Required】，如图 11-2 所示。

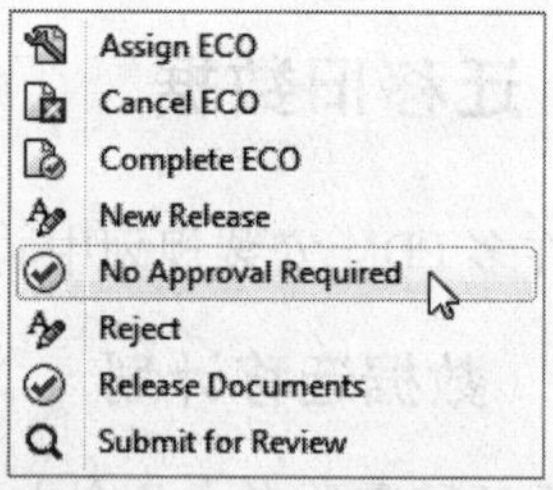

图 11-2　批准所有 SOLIDWORKS 文件

11.3　迁移修订版

已有 CAD 数据也许已经使用很多年。因此，文件已存在修订版号。对于大多数 PDM 系统来说，其中一个挑战是如何基于文件已存在的修订版号属性快速更新文件，获得正确的修订版号。

知识卡片		
	设定修订版	【设定修订版】适用于更新系统修订版匹配数据卡中的修订版变量。添加工作流程批准状态的修订版方案可参考 201 页，【修订版变量】设置为“Revision”，【递增为】设置为“1”。这些步骤确保【设定修订版】能正常工作。
	操作方法	• 单击：【修改】/【设置修订版】。

步骤 6　设定修订版

选中文件夹“Projects”，单击【修改】/【设定修订版】，如图 11-3 所示。

在网格视图区右键单击，选择【全部选取】，如图 11-4 所示。

图 11-3　设定修订版

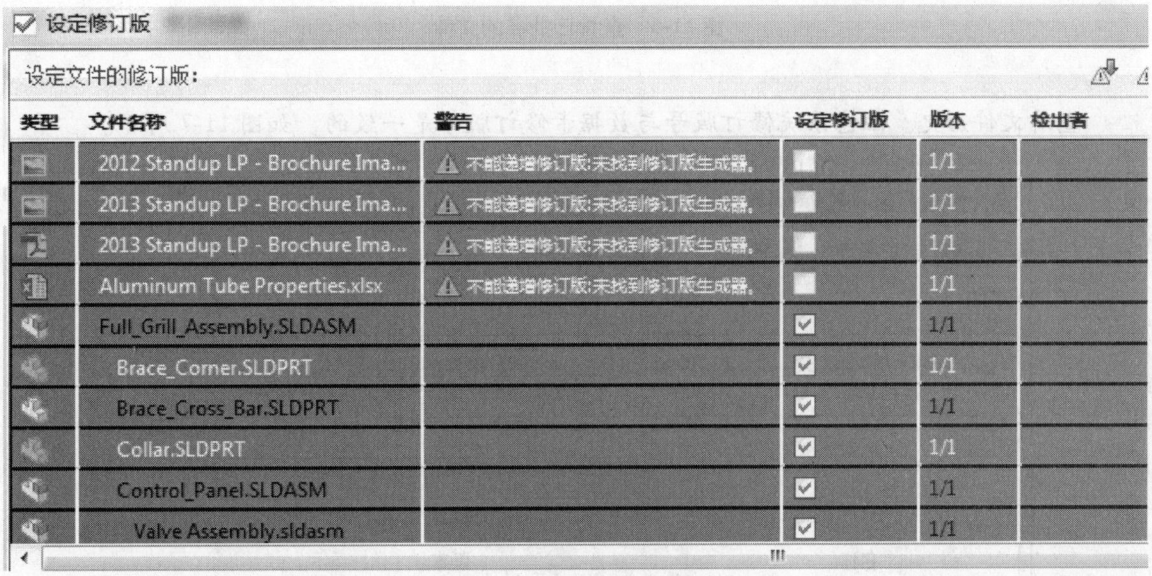

图 11-4　设定【全部选取】

在网格视图区再次右键单击，选择【将所有新修订版值设定为卡变量值】，如图 11-5 所示。

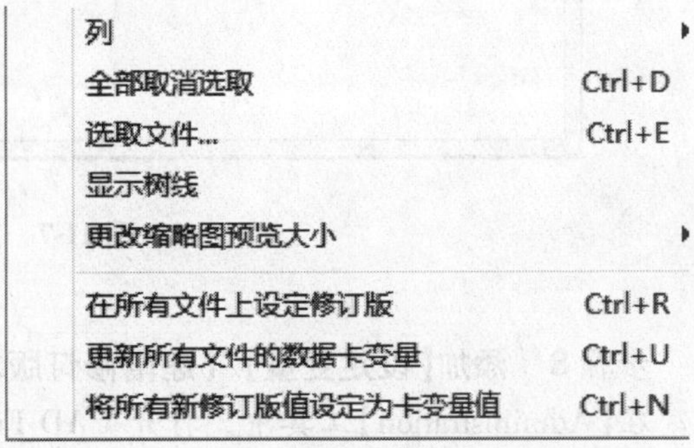

图 11-5　设定新修订版值为卡变量值

输入评论 “Revisions set by data migration”。

单击【确定】。

步骤 7　查看已批准的文件

进入文件，位于 “Projects \ P-00002 \ CAD Files”，选择其中一个文件。

查看【数据卡】/【材料明细表】/【包含】/【使用处】选项，如图 11-6 所示。

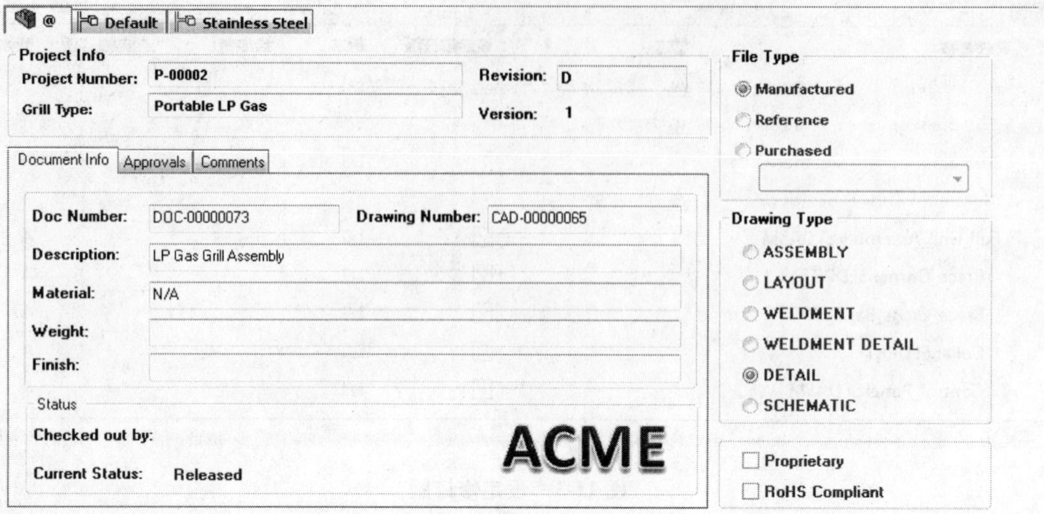

图 11-6　查看已批准的文件

查看文件历史。注意系统修订版号与数据卡修订版号是一致的，如图 11-7 所示。

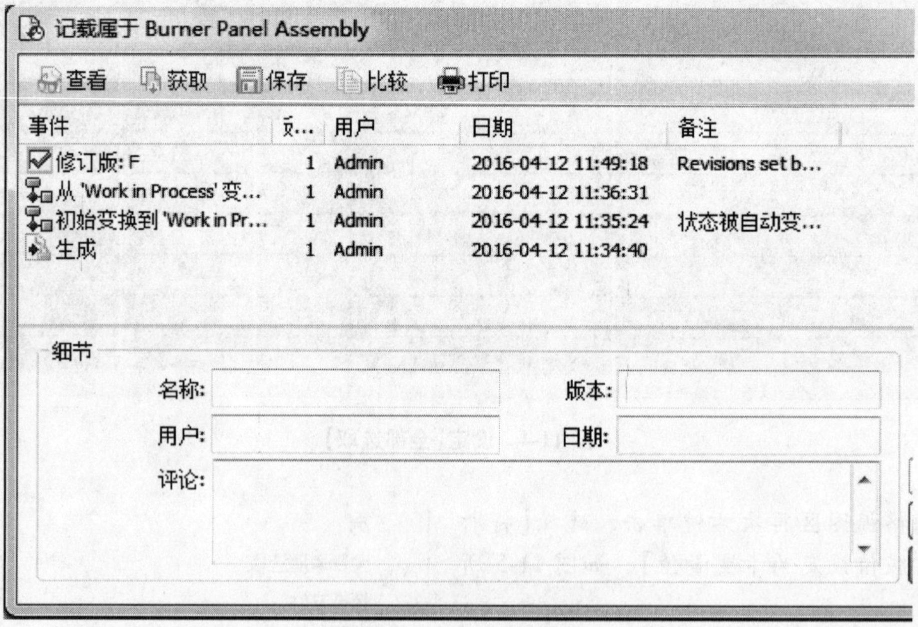

图 11-7　查看文件历史

步骤 8　添加【设定变量】/【递增修订版本】/【执行任务】

在【Administration】工具中，打开 CAD Files 工作流程。

添加【设定变量】和【递增修订版本】，步骤同 203 页。添加【执行任务】，步骤同 227 页，如图 11-8 所示。

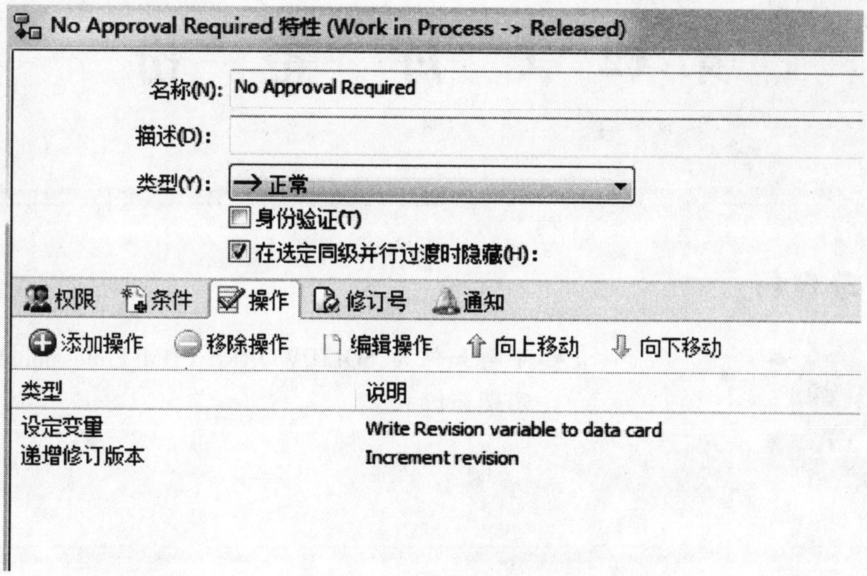

图 11-8 添加【设定变量】

【保存】并关闭工作流程。

第12章 库 备 份

学习目标

- 了解如何为 SOLIDWORKS PDM Professional 库做完整备份

文件库备份是 SOLIDWORKS PDM Professional 日常管理的一部分。在用户升级 SOLIDWORKS PDM Professional 组件之前是必须要执行的步骤。

当备份库时，那些存储在本地客户端（或缓存）的检出并修改的文件的最新更新并不包括在其中。要想将最新文件的信息包含在备份中，文件必须检入到库中。

12.1 数据库备份

在 SQL Server 备份文件库数据库，主机必须使用专业的备份软件，例如 SQL 委托代理的 Veritas Backup Exec。用户也可以使用 SQL Server 中的管理工具来执行备份。

用户可以使用 SQL 维护计划来查看备份，如图 12-1 所示。

手动备份数据库。

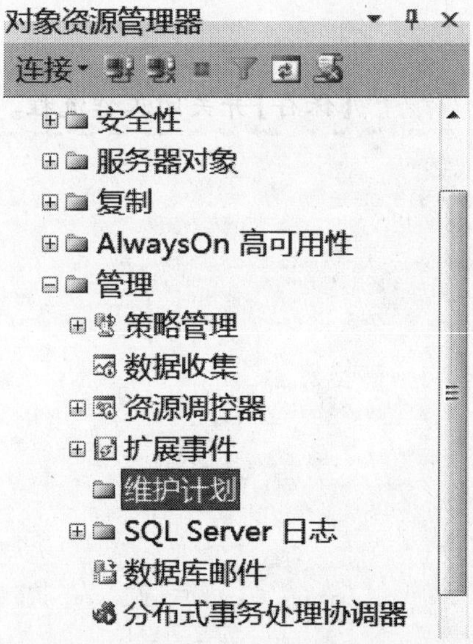

图 12-1 使用 SQL 维护计划查看备份

操作步骤

步骤 1 从 Windows【开始】菜单中，单击【所有程序】/【Microsoft SQL Server 20xx】/【SQL Server 管理工具】。

步骤 2 在 Microsoft SQL Server 管理工具中，展开【数据库】文件夹。

步骤 3 右键单击用来备份的数据库，并选择【任务】/【备份】。

步骤 4 在数据库备份对话框中，在【源】的下方：

(1)【备份类型】选择【完整】。

(2)【备份组件】选择【数据库】。

步骤 5 在【目标】下，单击【添加】。

步骤6　在选择备份目的地对话框中，输入一个目标路径并命名“数据库备份”后单击【确定】。

步骤7　单击【确定】开始备份。

步骤8　当备份结束时单击【确定】。

步骤9　为其他文件库数据库重复备份操作。

步骤10　退出管理工具。

知识卡片	主数据库备份	除了文件库数据库，SOLIDWORKS PDM Professional 主数据库称为 ConisioMasterDb，必须备份。 要想备份这个数据库，执行与备份文件库数据库一样的命令。

12.2　设置存档服务器备份

存档服务器包含文件库设置，例如密码和定义的登录类型，这也是 SOLIDWORKS PDM Professional 库文件的物理位置。备份存档服务器设置并不会备份文件。

备份在正常的每日备份几分钟前运行，并在每日备份中包括存档服务器备份文件。

手动备份存档服务器设置的步骤如下：

操作步骤

步骤1　从 Windows【开始】菜单中，单击【所有程序】/【SOLIDWORKS PDM】/【存档服务器配置】。

步骤2　在备份设置对话框中：

(1) 选择【包括所有库】（优先设置）。或者用户可以选择【包括所选库】并指定文件库备份设置。

(2) 指定或选择【备份位置】。

默认位置是存档服务器的根文件夹。

(3) 要想计划一个自动备份，单击【时间计划】并选择计划时间。

(4) 为备份文件确定一个密码。

(5) 执行下列操作之一：

1) 要想立即执行备份，单击【启动备份】。当出现备份确认消息，单击【确定】。

2) 要想在预定的时间内执行备份，单击【确定】。

备份文件会被保存到本地指定位置并命名为“Backup. dat. ”。

12.3　存档文件备份

文件库存档包含保存在文件库内的物理文件。文件会被添加到存档服务器规定的存档文件夹中。

备份存档文件的操作步骤如下：

操作步骤

步骤 1 定位与文件库名字相同的存档文件夹。这个文件夹存储在存档服务器根文件夹下。

步骤 2 使用备份程序（例如 Backup Exec）来备份这个文件夹和里面的内容。

技巧 要想知道更多备份或恢复文件库的信息，参考管理工具中位于帮助菜单里的管理员指南。

附　录

附录 A　文件类型和设定

学习目标

- 文件类型选项
- 用户和组设置

A.1　文件类型

文件类型决定了文件与其参考引用的文件之间的关系，以及特定扩展名的文件行为方式。管理文件类型设置方法。

操作步骤

步骤 1　在管理工具内展开文件库，并展开【文件类型】节点。

步骤 2　从列表中选择一个文件类型，右键单击并选择【属性】，如图 A-1 所示。

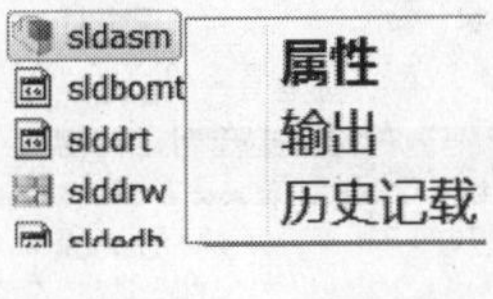

图 A-1　打开文件类型属性

步骤 3　【文件类型属性】对话框如图 A-2 所示。

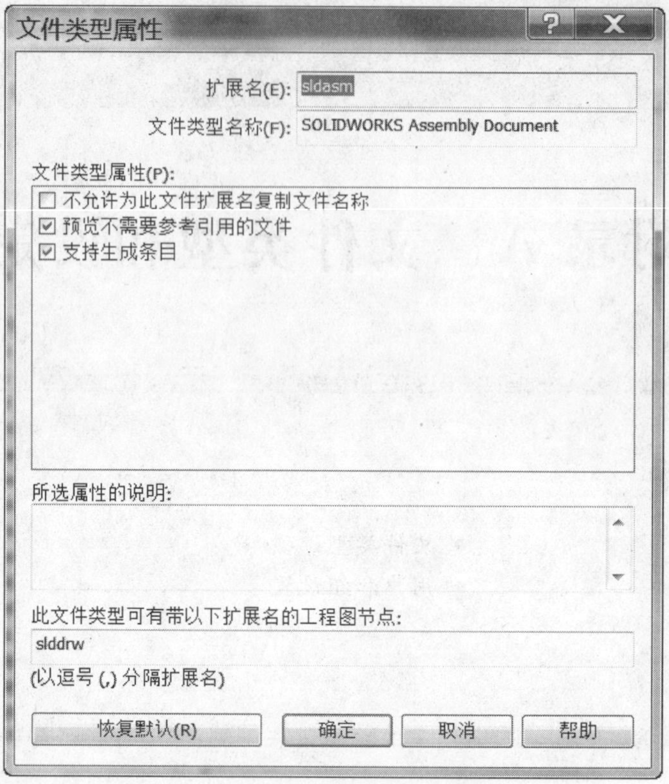

图 A-2　“文件类型属性”对话框

（1）【不允许为此文件扩展名复制文件名称】

如果勾选这个选项，则对于这种文件类型（扩展名）的文件，用户将不能检入两个或多个同名文件。

（2）【此文件类型可带以下扩展名的工程图节点】

当用户对此类型的文件执行“检出”“获取”或“包含”等命令后，参考树中会显示父子关系，如图 A-3 所示。

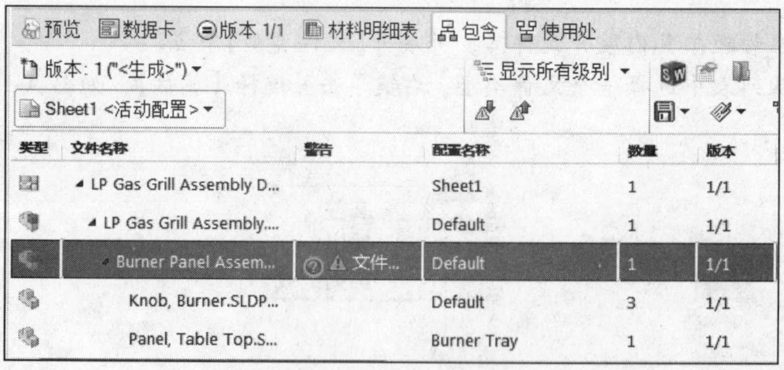

图 A-3　参考树中显示父子关系

清除【此文件类型可有带以下扩展名的工程图节点】，将不再显示这种文件类型的子父关系文件，如图 A-4 所示。

（3）【预览不需要参考引用的文件】

默认情况下，在浏览器处于【预览】选项卡，当选中了一个有参考引用关系的 CAD 文件（工程图、装配体等）时，系统对文件进行预览，如果在本地缓存内没有相关参考引用文件的副本（或者工作于

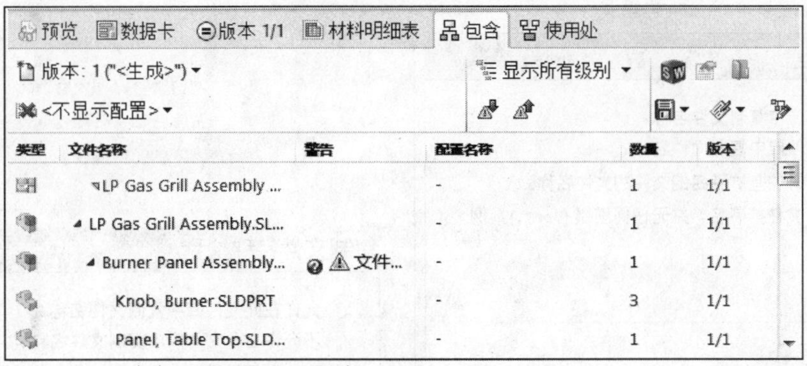

图 A-4　参考树中不显示父子关系

最新版本选项时却要获取老版本），系统将整个引用关系树内的文件复制到本地缓存区。

一些预览应用程序是可以不需要调用所有本地的引用文件即可对工程图和装配体进行预览。通过勾选【预览不需要参考引用的文件】，当对父文件进行预览时，引用文件并不会自动被调入缓存。只有当文件被打开或者对之进行其他操作时参考文件才会被调入缓存。这个选项只影响预览。

(4)【恢复默认】

单击【恢复默认】可以将所选文件扩展名设置恢复到默认设置状态。

知识卡片

防止生成重名文件

在一个文件库内可以启用重复文件名称检查。一旦启用，则不允许用户检入两个或多个重名的文件（即文件名必须唯一）。

当使用以下命令时会激活重名文件检查。

- 初次检入/撤销检出。
- 重命名。
- 恢复（从已删除的文件）。

提示

这个设置会作用于整个文件库内所有该文件类型的文件。如果用户计划支持不同文件夹内拥有多个重名的文件存在，则在采用这个设置时需要慎重处理。这时推荐文件模板来处理唯一性文件命名。

启用重复文件名称检查。

操作步骤

步骤 1　右键单击【文件类型】，然后选择【复制文件名称设定】。

步骤 2　系统会弹出【复制文件名称检查】对话框，如图 A-5 所示。

(1)【允许在此文件库中复制文件名称】：此选项在文件库内是默认选中的。允许用户检入任意多个同名文件到文件库内。这时复制文件名称检查功能不起作用。

(2)【不允许在此文件库内复制文件名称】：当启用此选项后，如果文件库内某一类型的某个文件已存在，则任何与该文件同名的文件都无法被检入或更名。此选项对文件库内的所有文件夹和文件有效。

(3)【不允许复制具有这些扩展名的文件的文件名称】：此选项允许用户指定特定文件类型（后缀名）可以触发复制文件名称检查。输入需指定的后缀名，每行一个，不需要有前缀（. 或 *.），如图 A-6 所示。

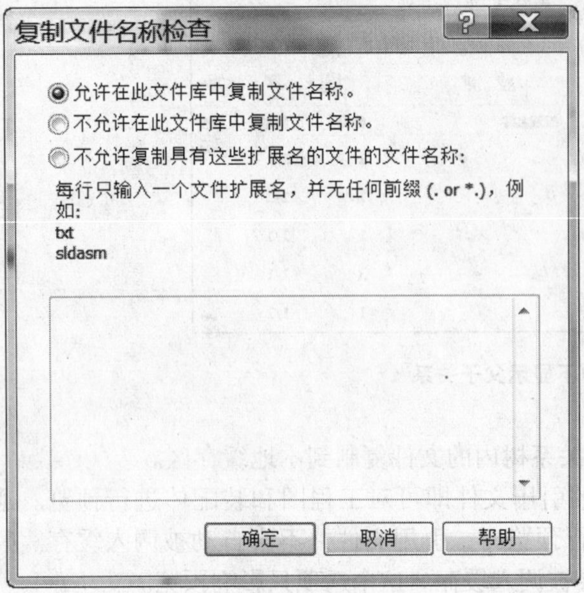

图 A-5　复制文件名称检查

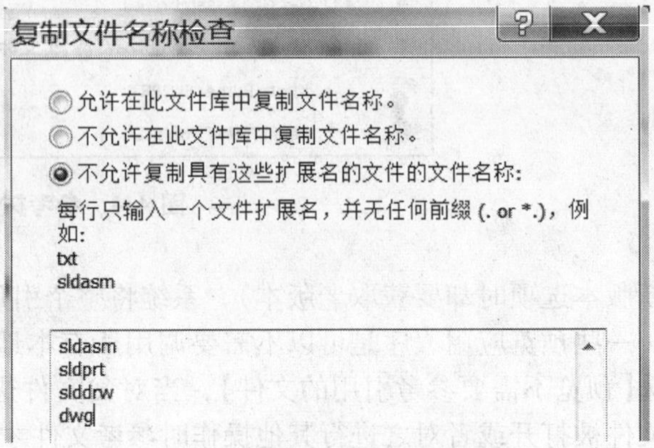

图 A-6　设定复制文件名称检查

步骤 3　单击【确定】。

提示　当对所有或者某些指定文件类型启用了复制文件名称检查后，检查会在启动之刻开始生效，并不会检查文件库内已有的，或已检入的文件是否有重名。

如果启用了复制文件名称检查，则无论何时用户试图检入一个文件名非唯一的文件，在检入对话框内会显示一个警告标志，用户要解决此问题，必须重命名该文件，才能将该文件检入到库内，如图 A-7 所示。

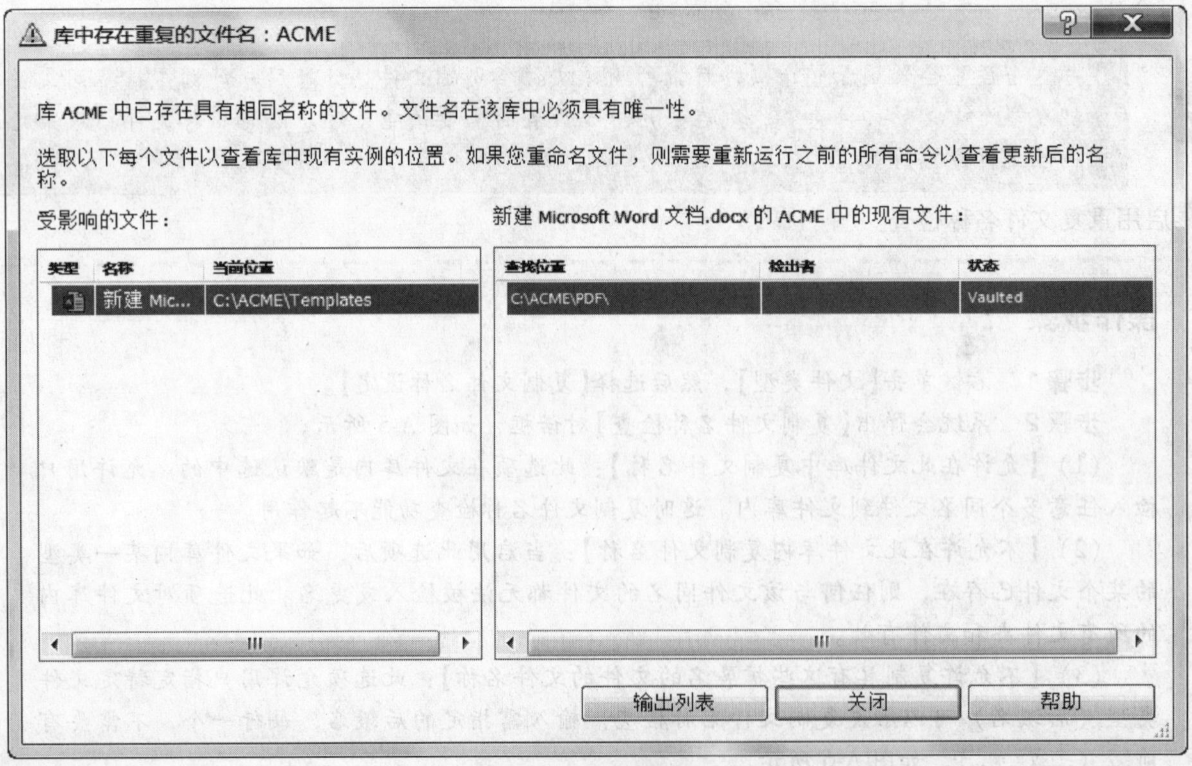

图 A-7　试图导入文件名非唯一文件

如果忽略这个警告并试图检入文件，将会在文件检入的时候创建一个警告。单击不是独特名称的文本文件时会弹出一个对话框，显示现有文件在哪里，都有哪些名字，如图 A-8 所示。

图 A-8　文件名非唯一警告

A.2　用户设置

通过修改用户设置，可以对 SOLIDWORKS Enterprise PDM 客户端行为进行多种方式定制。在库内的每个用户的设置是独立的。用户从不同系统上登录到库，会得到属于自己的相同设置。只有拥有【可管理用户】权限的用户才可以修改用户设置（例如，Admin 用户默认情况下有此权限）。

知识卡片	
操作方法	可以使用以下几种方式来修改用户设置。 • 具体针对某个用户的设置，展开【用户】，右键单击一个用户，然后从快捷菜单内选择【设置】。 • 右键单击【用户】然后在快捷菜单内选择【设置】，可以对所有用户进行相同设置。 • 右键单击一个组名，然后在快捷菜单内选择【设置】，可以对该组所有成员进行相同设置。

每个用户都可以通过管理工具查看关于自己帐号的设置情况，但却不能修改它。展开【用户】，右键单击自己的用户名称，然后从快捷菜单内选择【设置】。

在设置对话框内有以下几个选项卡，如图 A-9 所示。

- 添加文件。
- 添加文件夹。
- 检入。
- 复制树。
- 资源管理器。
- 文件比较。
- 语言。
- 菜单。
- 邮件信息。
- 参考引用对话。
- 工具栏。
- 查阅器。

（1）【添加文件】：影响如何处理应用程序在库内保存的文件。

（2）【添加文件夹】：影响如何处理应用程序在库内生成文件夹。

（3）【检入】：可以指定当用户检入参考引用了工程图的文件时，SOLIDWORKS PDM Professional 如何定位和处理这些工程图，如图 A-10 所示。

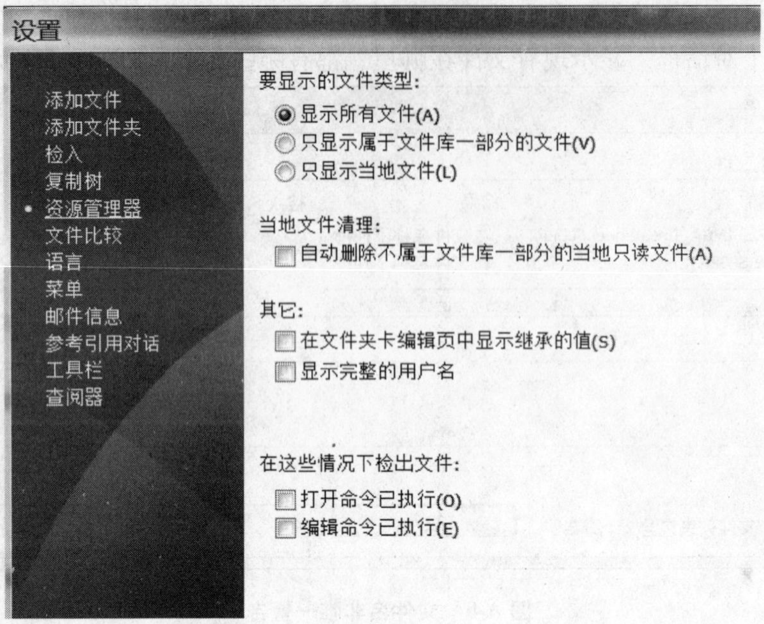

图 A-9　设置

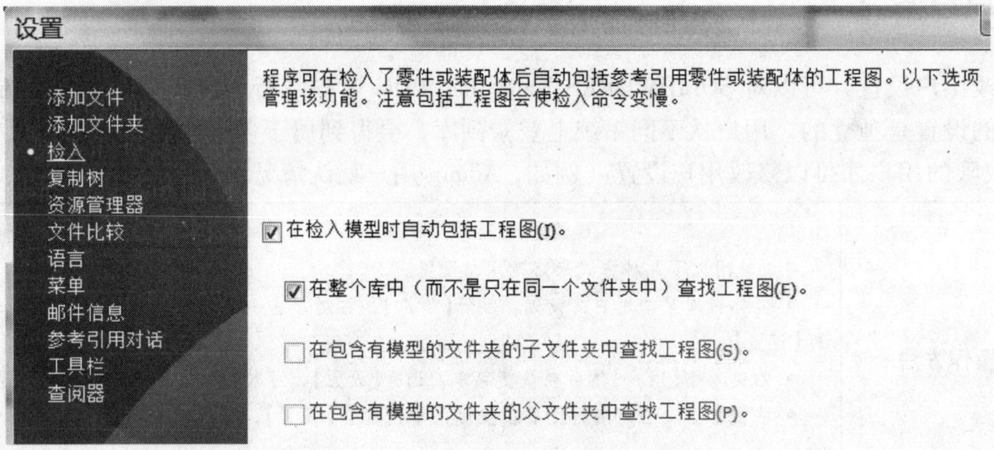

图 A-10　检入

（4）【复制树】：决定当使用【复制树】时如何影响文件中的变量。

（5）【资源管理器】：影响用户登录到文件库内，库文件的显示方式。

（6）【文件比较】：决定使用哪个外部程序进行文件或文件版本的比较。

（7）【语言】：设置用户的使用界面语言。

（8）【菜单】：此设置允许用户修改菜单选项。

（9）【邮件信息】：影响用户从内置邮件信息系统接收/发送通知时的提示方式。

（10）【参考引用对话】：影响检出或更改父文件的状态时，如何处理文件参考引用。

（11）【工具栏】：定义在 Windows 资源管理器中的工具栏中显示哪些按钮。

（12）【查阅器】：当在文件上下文菜单中选择【查看】选项时，查阅器设置决定使用哪个外部程序查看所选文件。这些设置并不会影响系统内置的预览栏。

附录 B　数据输入/输出

学习目标

- 创建 SOLIDWORKS PDM Professional 材料明细表中的变量，映射到 ERP 系统中的变量
- 创建输出规则，以将 SOLIDWORKS PDM Professional 材料明细表变量输出到可读取到 ERP 系统中的数据
- 创建输入规则，可以将 ERP 系统的数据输出到可读取 SOLIDWORKS PDM Professional 系统中的数据

B.1　输出和输入 ERP 数据

客户可能希望在 SOLIDWORKS PDM Professional 中使用的数据在 ERP 系统中以及在 ERP 系统中的数据同时在 SOLIDWORKS PDM Professional 内。数据输出/输入提供了这个功能。

当用户从 SOLIDWORKS PDM Professional 中输出数据，数据会输出为一个“XML”文件。ERP 系统的用户可以输入 SOLIDWORKS PDM Professional 输出的包含所有数据的 XML 文件。

管理员创建输入和输出的规则到指定目录、文件名称和其他用户可以重复输入和输出的数据。

一旦管理员定义了输出规则，那么此规则可以应用到工作流程转换上面。

B.2　别名集

别名集可以映射 SOLIDWORKS PDM Professional 材料明细表的变量到 ERP 系统的变量。例如：SOLIDWORKS PDM Professional 材料明细表中包含一个名为“Revision”的变量，但是 ERP 系统中定义相同变量的名称则为“REV”。

创建一个别名识别材料明细表变量和 ERP 变量，用来输入或输出的步骤如下：

操作步骤

步骤 1　展开【数据输入/输出】，右键单击【变量别名集】并选择【新别名集】。

步骤 2　定义变量别集：

- 单击【变量】下方的列并从出现的列表中选取一个变量。
- 在【别名】列中为变量名称输出一个别名。

B.3　学习实例：别名集

创建一个简单的别名集，用来映射 SOLIDWORKS PDM Professional 中的两个变量“Description”和

"Revision"，映射到 ACME ERP 系统中等同于它们的变量"DESC"和"REV"。

操作步骤

步骤 1　开启管理工具

从文件库视图中通过选取【工具】/【管理】来开启管理工具。

步骤 2　登录

展开文件库节点并查看管理选项，使用"Admin"登录。

步骤 3　打开【数据输入/输出】

展开【数据输入/输出】节点。

步骤 4　新建别名集

右键单击【变量别名集】，从快捷菜单内选择【新别名集】，如图 B-1 所示。

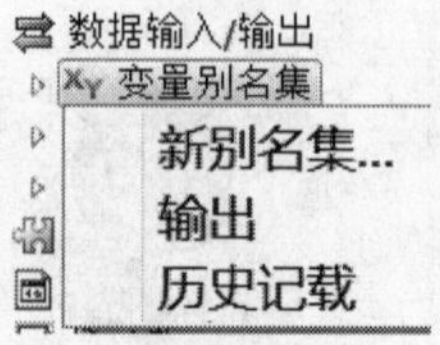

图 B-1　新建别名集

设置到 ACME ERP 的名称。

从变量列表中选取【Description】，设置【别名】为"DESC"。

从变量列表中选取【Revision】，设置【别名】为"REV"，如图 B-2 所示。

选择【确定】保存别名集。

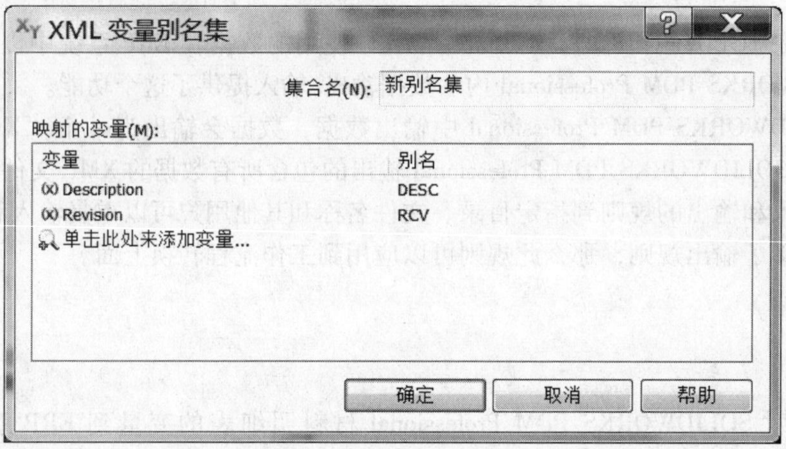

图 B-2　变量别名集

B.4　输出规则

SOLIDWORKS PDM Professional 材料明细表变量可以按照规则在工作流程中输出到 ERP 系统中。XML 输出文件会放置在输出规则中已经定义好的脱机文件夹中。

创建一个输出规则的步骤如下：

（1）展开【数据输入/输出】，右键单击【输出规则】，从快捷菜单中选取【新输出规则】。

（2）输入需要填写的数据并单击【确定】。

可以定义以下输出规则：

1）规则名称。

2）要输出的材料明细表名称和类型。

- 计算材料明细表。
- CAD 材料明细表。

- 命名的材料明细表。

3）只输出激活的材料明细表。
4）以表格格式输出材料明细表。
5）用来识别文件的变量。
6）材料明细表的列和其他输出的特征。
7）在 XML 文件中使用的别名集。
8）包含配置的输出数据。
9）包含文件参考引用的输出数据。
10）输出 XML 文件到文件夹。
11）输出 ERP 数据文件名称。

注意 在【输出 XML 文件到文件夹】内所指定的路径必须是可从 SOLIDWORKS PDM Professional 数据库服务正在运行的计算机上进行访问的文件夹。

用户可以指定一个 UNC 路径，但请注意，处理输出的数据库服务通常在系统账户下运行，默认情况下此账户无法访问网络。

如需访问网络，需以指定的用户运行服务或使用管理员 UNC 路径，这些路径包括计算机的“C:”的“c $”等。

B.5 学习实例：输出规则

创建一个输出规则可以在工作流程中输出一个材料明细表到一个脱机文件夹中。

操作步骤

步骤 1 开启管理工具

从文件库视图中通过选取【工具】/【管理】来开启管理工具。

步骤 2 登录

展开文件库节点并查看管理选项，使用“Admin”登录。

步骤 3 打开【数据输入/输出】

展开【数据输入/输出】节点。

步骤 4 新建输出规则

右键单击【输出规则】，从快捷菜单内选择【新输出规则】，如图 B-3 所示。

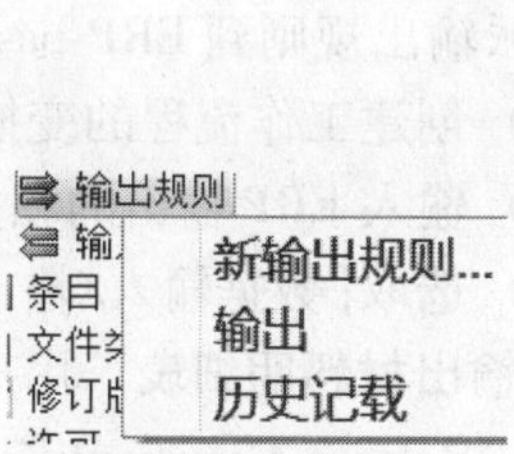

图 B-3 创建新的输出规则

设置【规则名称】为“ACME EXPORT”。

指定“C:\Temp\Export”或其他合适的文件夹作为【输出 XML 文件到文件夹】的目标文件夹。

设置【输出 XML 文件名称】，单击 > 按钮，选择【文件名称】和【计数器值】>01，结束输出文件名称设置。

从【变量】选项卡中，设置【在 XML 文件中使用的别名集】为“ACME ERP”，如图 B-4 所示。

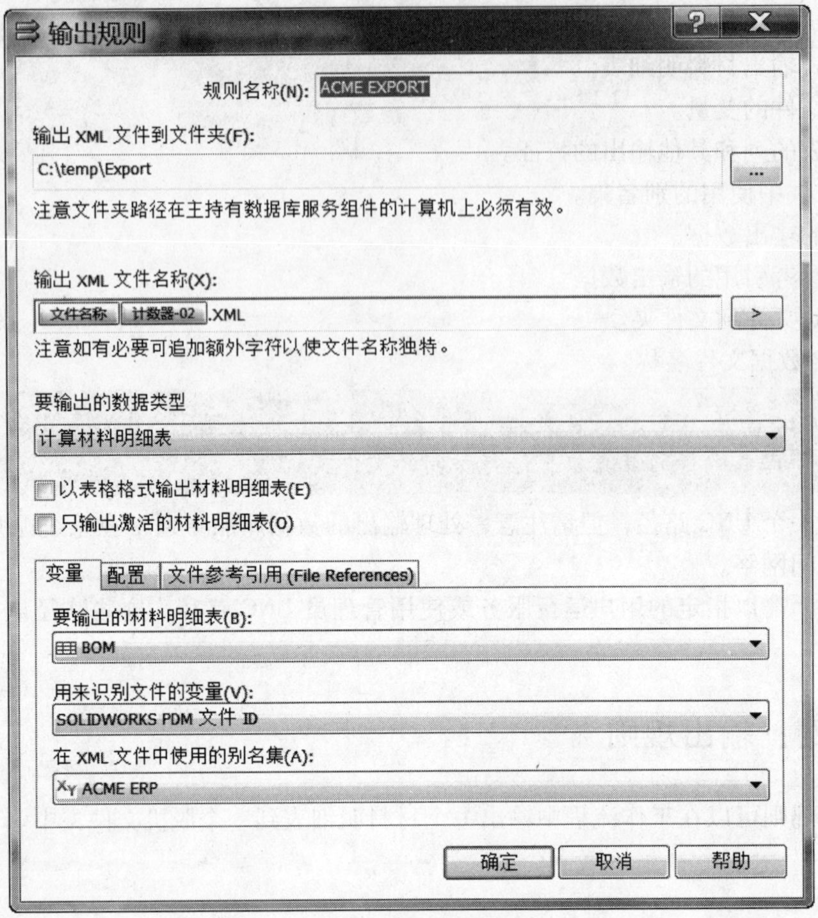

图 B-4　创建输出规则

1. 输出为 XML　工作流程可以用来输出一个 XML 格式的文件数据到脱机文件夹中，用来和其他商业系统（例如：ERP/MRP）做对接。

指派输出规则到 ERP-based 的工作流程的变换操作中。

（1）创建工作流程的变换操作。

（2）输入 ERP 输出的相关描述。

（3）选取【数据输入/输出】，并从列表中选择一个输出规则。

2. 输出材料明细表　用户在 CAD Files 工作流程中添加一个变换操作，用来变换到发布状态。这些变换为“Release Documents”和“No Approval Required”。

操作步骤

步骤 1　打开工作流程

右键单击 CAD 文件工作流程并选择【打开】。

步骤 2　设置变换属性

单击“No Approval Required”变换并单击【操作】。

单击添加【操作】。输入“Export BOM to ERP folder”作为【描述】。

选择【类型】栏中的【将数据输出到 XML】。

勾选【为文件运行】和【只为带有这些扩展名的文件运行】，并输入“sldasm”。

在【选取要使用的输出脚本】栏选取【ACME EXPORT】，如图 B-5 所示。

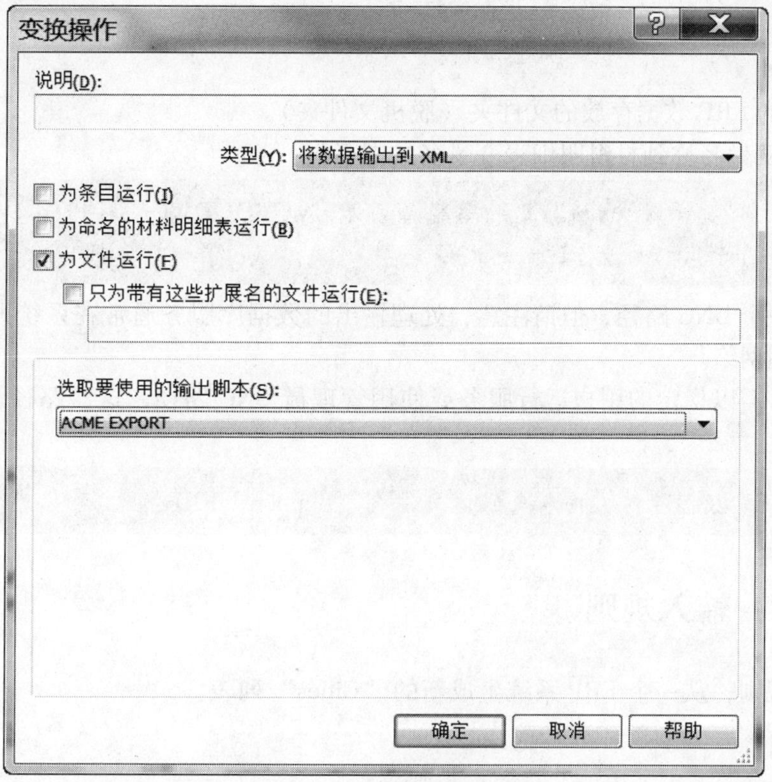

图 B-5　设置变换的属性

单击【确定】，关闭【变换操作】对话框。

为“Release Documents”变换执行以上的重复操作。

步骤 3　保存工作流程

单击【保存】图标，关闭工作流程。

步骤 4　测试输出规则

使用“Admin”用户登录。

浏览到本地培训文档所在位置：“AppendixB \ Case Study \ DrawerAssembly \”。

复制并选择“Drawer”装配体、零件和工程图。

选取所有文档并选中【改变状态】/【No approval required】。

XML 输出文件会输出在 SOLIDWORKS PDM Professional 数据库服务器机器上指定的文件夹中。

B. 6　输入规则

ERP 系统中正确格式的 XML 文件可以输入到 SOLIDWORKS PDM Professional 中并用来：

（1）发送通知给一个用户或组。

（2）更新列表。

（3）更新序列号。

（4）输入变量值。

创建输入规则的操作步骤如下：

（1）展开【数据输入/输出】，右键单击【输入规则】，从快捷菜单内选择【新输入规则】。

（2）填写需要的数据，单击【确定】。

用户可以定义以下输入规则：

（1）规则的名称。

（2）XML 格式的 ERP 数据存放的文件夹（脱机文件夹）。

（3）映射 ERP 变量名称到材料明细表变量名的别名集。

> 注意：在【从文件夹输入】内所指定的路径必须是可从 SOLIDWORKS PDM Professional 数据库服务正在运行的计算机上进行访问的文件夹。

用户可以指定一个 UNC 路径，但请注意，处理输出的数据库服务通常在系统账户下运行，默认情况下此账户无法访问网络。

如需访问网络，需以指定的用户运行服务或使用管理员 UNC 路径，这些路径包括计算机的“C：”的“c $”等。

> 提示：样本 ERP 数据输入文件包含媒体文件夹“Support \ ERP”。

B.7 实例学习：输入规则

创建一个输入规则，从一个 ERP 系统生成新的“Cities”列表。

操作步骤

步骤 1 开启管理工具

从文件库视图中通过选取【工具】/【管理】来开启管理工具。

步骤 2 登录

展开文件库节点并查看管理选项，使用“Admin”登录。

步骤 3 打开【数据输入/输出】

展开【数据输入/输出】节点。

步骤 4 新建输入规则

右键单击【输入规则】，从快捷菜单内选择【新输入规则】，如图 B-6 所示。

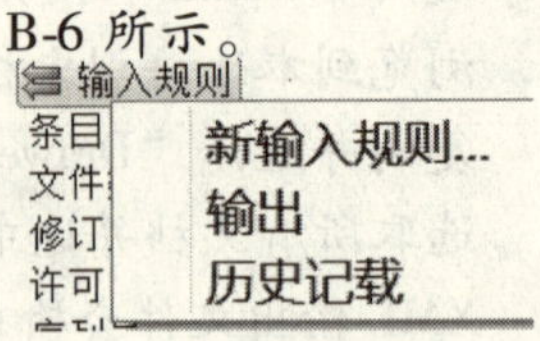

图 B-6 新建输入规则

设置【规则的名称】为“ACME Import”。

设置【检查文件夹的频率】为“1min”。

指定“C：\ Temp \ Import”（或其他合适的文件夹）为【从文件夹输入】的路径。

不需要设置【要使用的变量别名】，如图 B-7 所示。

步骤 5 测试输入规则

从“AppendixB \ Case Study \ to C：\ Temp \ Import”中复制并粘贴文件“ACME List Import-Simple. xml”。

一旦文件通过 SOLIDWORKS PDM Professional 读取，它会在脱机文件夹中出现，如图 B-8 所示。

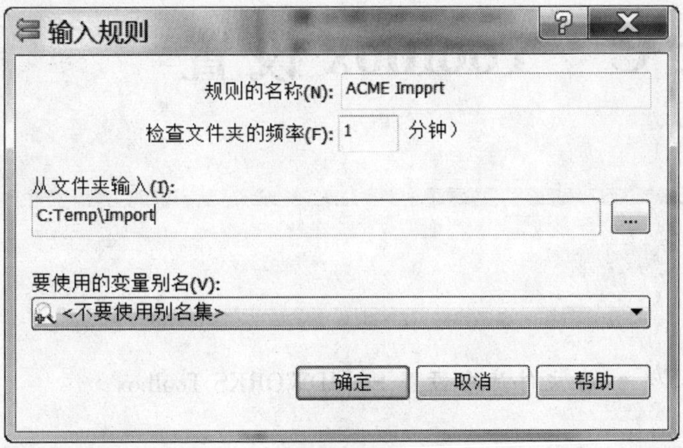

图 B-7 设置输入规则

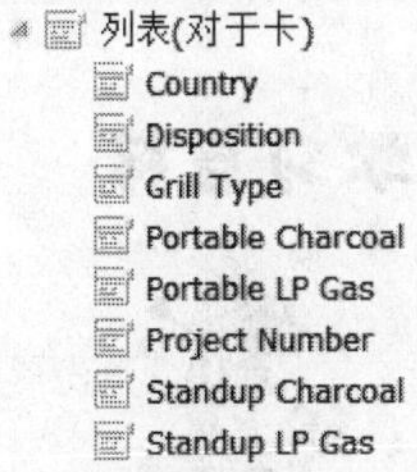

图 B-8 测试输入规则

附录 C　Toolbox 设置

学习目标

- 在文件库中设置 SOLIDWORKS Toolbox

管理员可配置 SOLIDWORKS PDM 管理 SOLIDWORKS Toolbox 文件。

SOLIDWORKS Toolbox 包含标准零部件（零件）库，用户可以将它们插入装配体中。SOLIDWORKS PDM 可以管理 Toolbox，以便自动执行所有数据管理操作。SOLIDWORKS PDM 可以同时管理零件文件和 Toolbox 文件夹。

配置完成后，用户可以像以前一样将 SOLIDWORKS 指向 Toolbox 库文件夹并使用 Toolbox。SOLIDWORKS PDM 自动执行以下操作：

（1）根据需要检出和检入 Toolbox 零件，保证使用最新的版本。

（2）向库内添加遗失的 Toolbox 零件。

（3）重定向库中 Toolbox 零件的装配体参考引用。

（4）支持使用 Toolbox 生成零件选项在库中生成新零件。

（5）如果您设置了复制，复制 Toolbox 文件和数据库。必须为库中的 Toolbox 根文件夹创建复制模式。有关设置复制的详细信息，请参阅 SOLIDWORKS PDM 复制指南。

> 注意　在 SOLIDWORKS PDM 库中完全管理 Toolbox 需要 SOLIDWORKS 2010 或更新版本。SOLIDWORKS PDM 仍然支持 2010 之前版本的 Toolbox 集成，此处 Toolbox 文件夹位于库之外。SOLIDWORKS PDM 会像使用零件一样创建版本。

关于如何使用 Toolbox，可以参考 SOLIDWORKS PDM 在线帮助。

要配置 SOLIDWORKS PDM 以管理 Toolbox 需执行以下步骤：

（1）如果 Toolbox 尚未在 SOLIDWORKS PDM 中，请将其检入：

1）在本地库视图中将 Toolbox 根文件夹（默认为 SOLIDWORKS Data）复制到库文件夹。

2）右键单击 Toolbox 库文件夹，在快捷菜单中选择【检入】。

3）在检入对话框中，确保所有检入复选框，然后单击【检入】按钮。

> 注意　Toolbox 根文件夹包含“Browser”和“lang”文件夹。在 lang\ <语种 > 文件夹中，只复制“SWBrowser. sldedb”文件。

（2）从 SOLIDWORKS PDM 管理工具配置 Toolbox：

1）展开库，然后双击【 Toolbox】。

必须以具有【可更新 Toolbox 设定】管理权限的用户身份登录。

2）在【Toolbox】对话框中，选择【在库中管理 SOLIDWORKS Toolbox】。

此选项会启用完整 Toolbox 集成功能（推荐）。消除该选项可使用部分 Toolbox 集成。

1）对于【在访问 Toolbox 时，使用来自此处的权限】选项，选择被每个 Toolbox 访问者使用的 SOLIDWORKS PDM 用户，或者选择 <登录的用户>，以个别管理 Toolbox 权限。

2）对于【Toolbox 根文件夹路径】，请键入 Toolbox 库文件夹或浏览该文件夹。

3）选择【在检入装配体时搜索子文件夹内的 Toolbox 零件】，如图 C-1 所示。

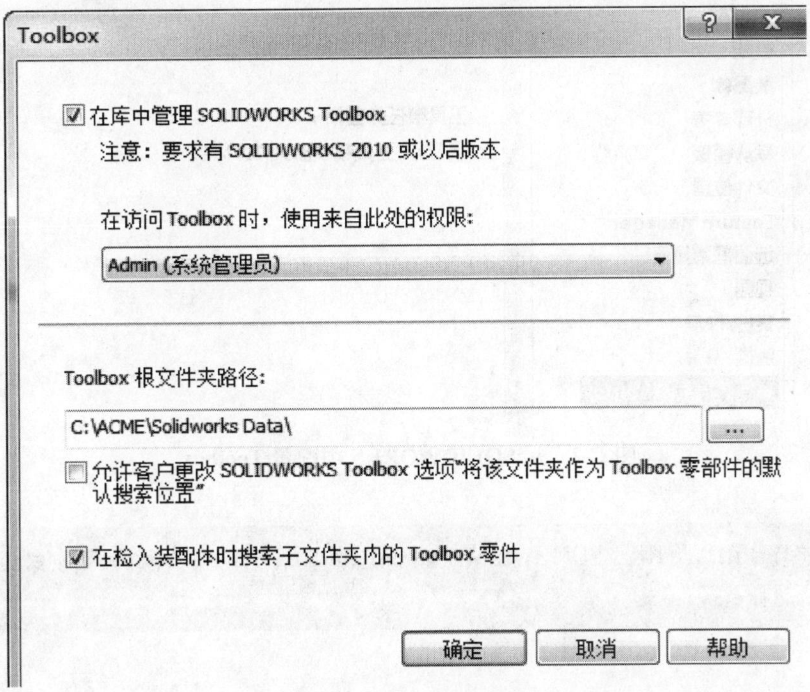

图 C-1　从 SOLIDWORKS PDM 管理工具配置 Toolbox

4）单击【确定】。

（3）从 SOLIDWORKS 中配置 Toolbox。

1）单击【工具】/【选项】/【异型孔向导/Toolbox】。

如果有一个以上本地库视图而且 SOLIDWORKS PDM 不能确定库，则会提示选取 Toolbox 库。

如果没有登录到库，此时系统将提示登录。

如果当前的【异型孔向导/Toolbox 文件夹】设定与 SOLIDWORKS PDM 管理工具中的设定不相符，则 Toolbox 对话框会提示更改设定，单击【是】。

2）在【系统选项（S）-异型孔向导/Toolbox】对话框中，对于【异型孔向导和 Toolbox 文件夹】，键入或浏览 SOLIDWORKS PDM 库文件夹（如有必要），如图 C-2 所示。

SOLIDWORKS PDM 会将 Toolbox 数据库复制到本地缓存中。

3）单击【配置】。

提示

Toolbox 必须由管理员配置一次。最终用户无需配置 Toolbox。

- 根据提示单击【是】，检出 Toolbox 文件夹。
- 使用 Toolbox 配置工具选择【标准】，分配零件编号并执行其他配置任务，然后单击【保存】并【关闭】。

关闭配置工具时，SOLIDWORKS PDM 会自动检入 Toolbox 文件夹。

（4）指导用户将其 SOLIDWORKS【异型孔向导和 Toolbox 文件夹】设置为 Toolbox 库文件夹。

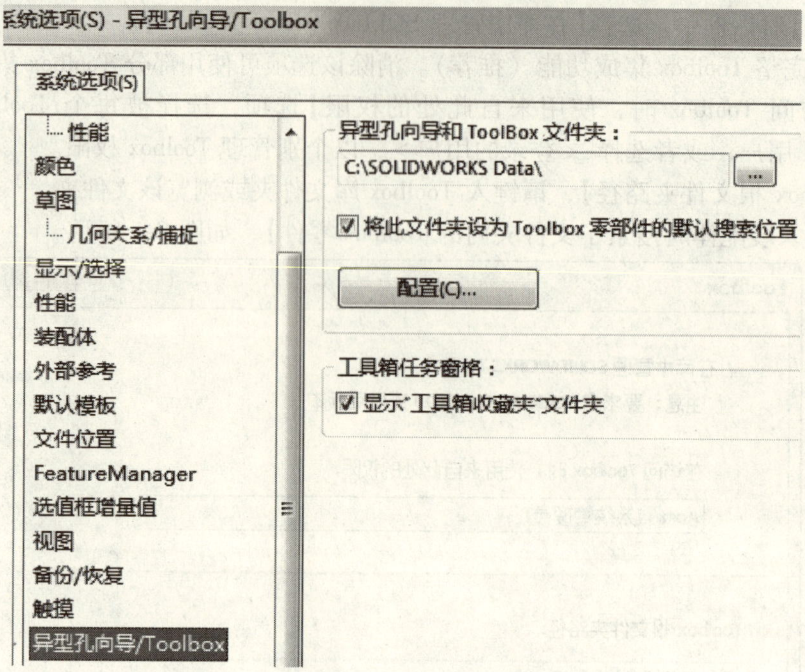

图 C-2 从 SOLIDWORKS 中配置 Toolbox

提示 请参考 SOLIDWORKS PDM Administration Guide 中的 Toolbox 章节中关于配置、迁移和更新 Toolbox 的介绍。

附录 D　Routing 设置

学习目标

- SOLIDWORKS Routing 设置

SOLIDWORKS Routing 可在 SOLIDWORKS PDM 环境中使用。

Routing 与设计库零件紧密联系。可以更好利用 SOLIDWORKS PDM 的【使用处】功能，把需要的零部件全部储存在 SOLIDWORKS PDM 库中。

将 Routing 添加到 SOLIDWORKS PDM 的步骤如下：

（1）打开 SOLIDWORKS Routing 插件：【工具】/【插件】/【SOLIDWORKS Routing】。

（2）转移 routing 文件，位于“C：\ ProgramData \ SOLIDWORKS \ <SOLIDWORKS version> \ design library \ routing”到库中并检入。

Routing Library Manager 是一种无需启动 SOLIDWORKS 应用程序便可打开的用户界面。它提供一些新的功能。

从开始菜单启用 Routing Library Manager，单击【所有程序】/ <SOLIDWORKS 版本>/【SOLIDWORKS 工具】/ <SOLIDWORKS 版本> Routing Library Manager。

（3）选择【Routing 文件位置和设定】，设置【步路库】：浏览以选择库文件夹。另外，更改管道和管筒的数据文件路径，如图 D-1 所示。

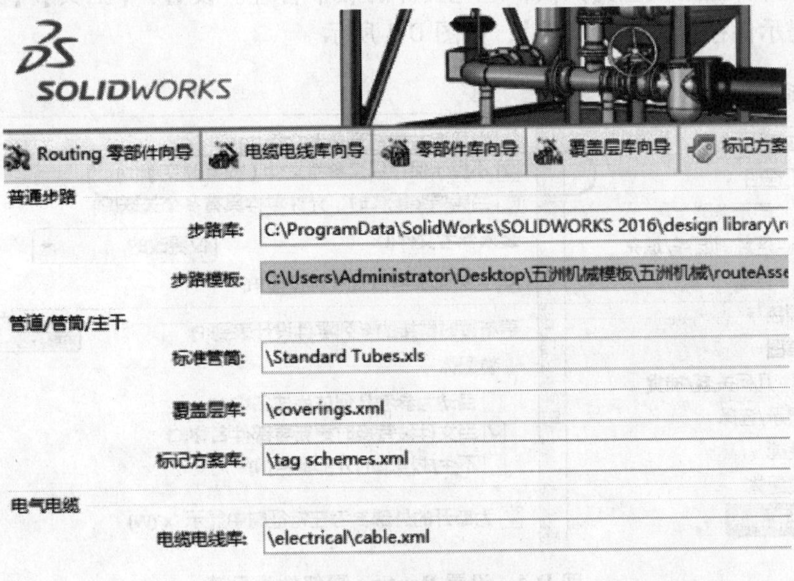

图 D-1　设置步路库

注意 将文件夹添加到设计库，同时移除已经存在的文件夹路径。确保使用设计库的部件只调用当前设计库，如图 D-2 所示。

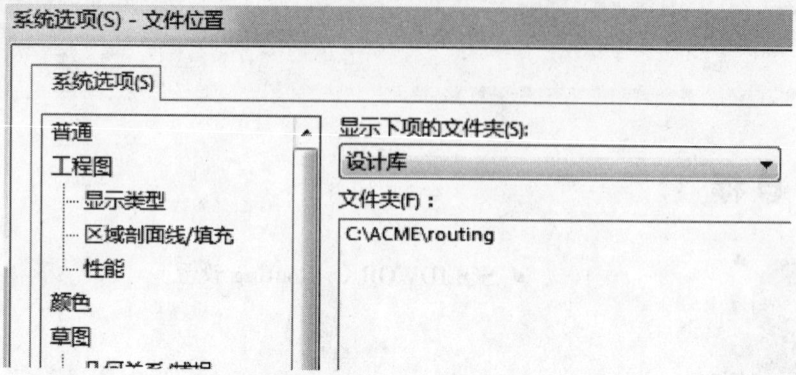

图 D-2 添加文件夹到设计库

（4）设置文件库的路径：【工具】/【选项】/【系统选项】/【文件位置】/【参考文件】，如图 D-3 所示。

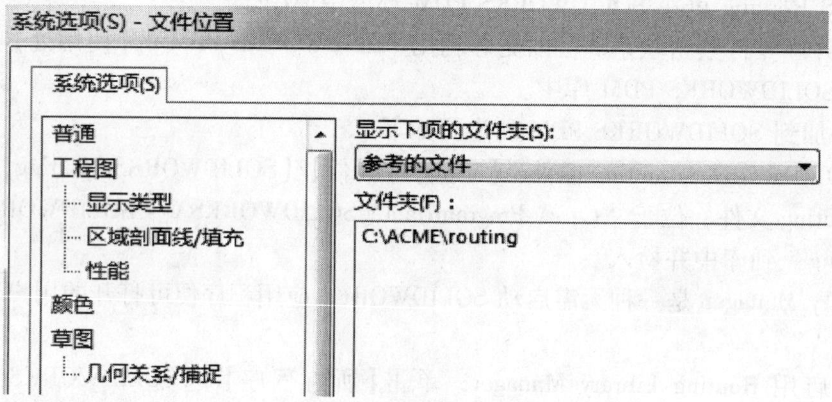

图 D-3 设置文件库路径

（5）Routing 零部件通常设置为只读，避免文件的版本管理。设置：【工具】/【选项】/【系统选项】/【外部参考】/【不提示保存只读参考文件】，如图 D-4 所示。

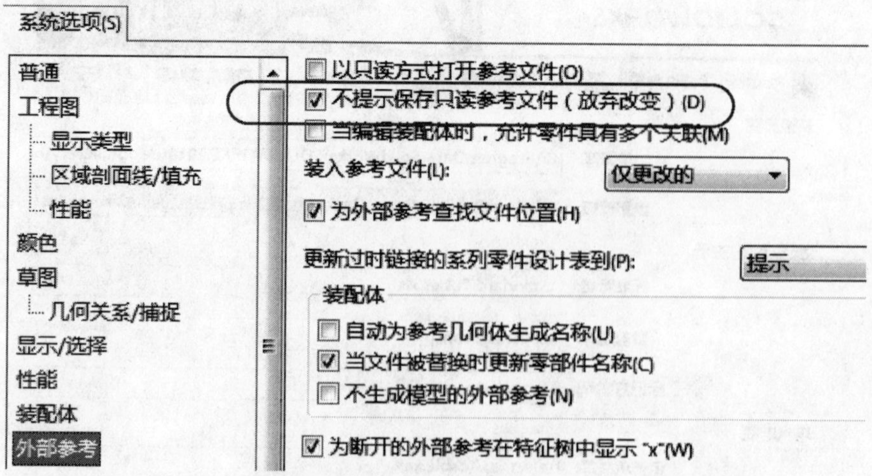

图 D-4 设置 Routing 零部件为只读

（6）SOLIDWORKS PDM 中，用户权限设置为只读，如图 D-5 所示。

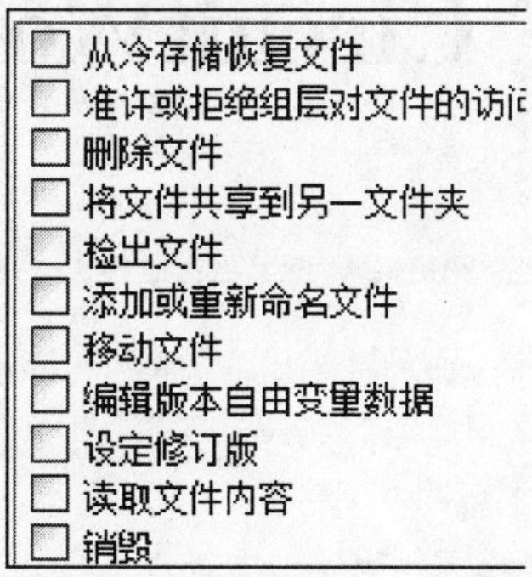

图 D-5　设置用户权限

1）读取文件内容。

2）显示文件工作版本。

提示：用户通常只有设计库的“只读”权限。只有管理员拥有设计库“写”的权限。

- 设置用户工作流程权限。
- 用户在当地缓存必须有库文件，在库文件夹选择【获取最新版本】。用户必须时时更新当地缓存。最佳方式是在打开的用户或组的属性对话框中设置【缓存选项】。
- 确保所有用户使用的是同一个 Routing Library 。
- 确保每一个库文件只有一个版本。
- 文件夹“electrical”下有子文件夹“harnessing”。其中包含许多用来创建 xml 的文件。移动“electrical”文件夹到新的位置的同时也要移动“harnessing”文件夹。

附录 E　CircuitWorks 设置

学习目标

- 设置 CircuitWorks

通过 CircuitWorks 可以使用由大多数电气计算机辅助设计（ECAD）系统写入的文件格式来创建 3D 模型。电子和机械工程师可以合作设计适合并用于 SOLIDWORKS 装配体中的印制电路板（PCB）。

CircuitWorks 与 SOLIDWORKS PDM 集成确保 CircuitWorks 能够搜索到库中零部件的最新版本。CircuitWorks 可以在 SOLIDWORKS PDM 库中搜索零部件，以在创建的装配体中使用。

知识卡片	工作原理	无论有无 SOLIDWORKS PDM，CircuitWorks 始终都会在创建装配体时在零部件库中搜索零部件。

1. 无 SOLIDWORKS PDM 时搜索零部件的步骤　如果没在零部件库中找到零部件，CircuitWorks 会创建零部件并将其添加到零部件库以便将来使用，如图 E-1 所示。

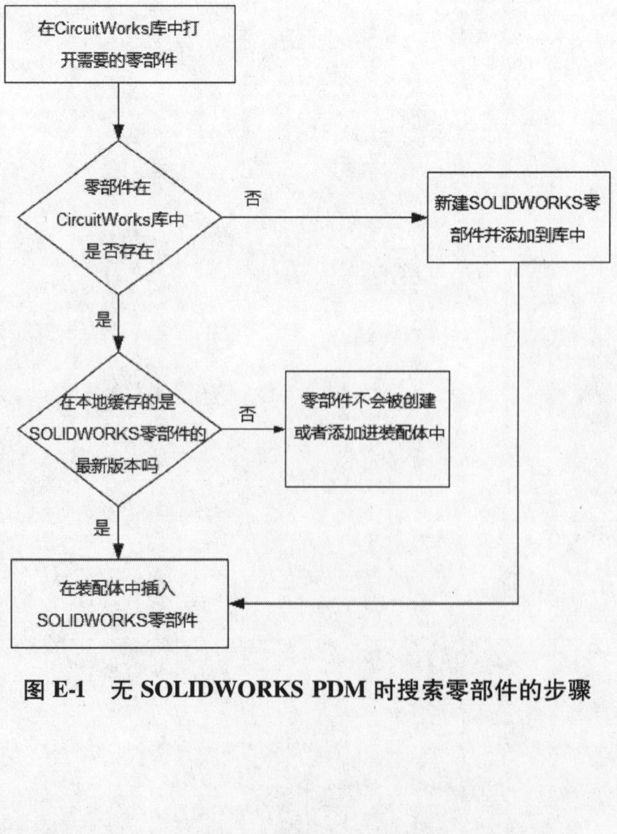

图 E-1　无 SOLIDWORKS PDM 时搜索零部件的步骤

2. 有 SOLIDWORKS PDM 时搜索零部件的步骤 CircuitWorks 搜索库中的零部件文件，而且零部件库零部件文件夹指向该处。SOLIDWORKS PDM 包含最先的版本，除非该文件已经在用户本地缓存区，如图 E-2 所示。

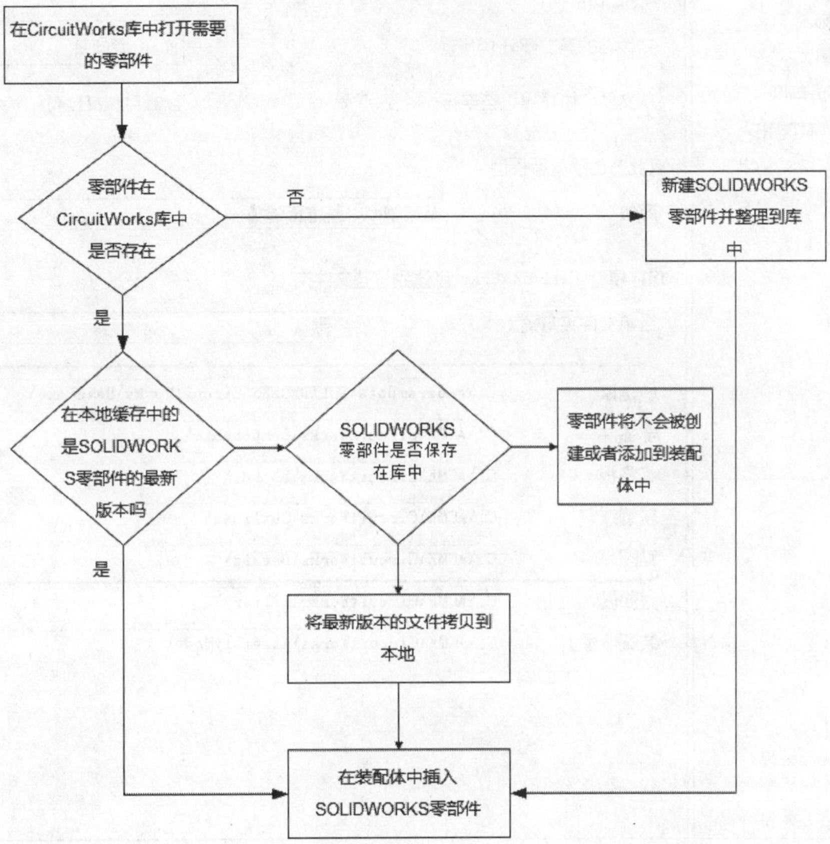

图 E-2 有 SOLIDWORKS PDM 时搜索零部件的步骤

启用 SOLIDWORKS PDM 集成的步骤如下：

（1）打开 CircuitWorks 插件：【工具】/【插件】/【CircuitWorks】。

（2）将 CircuitWorks 零部件文件从原来的零部件位置复制到新的当地库视图位置。

（3）使用 SOLIDWORKS PDM 将零部件文件检入库中。

（4）选择【工具】/【CircuitWorks】/【CircuitWorks 选项】。

- 选择【PDM】/【检阅 SOLIDWORKS PDM 库的最新文件】并指定【库视图名称】。

提示：如果没有库视图名称，本地计算机将会提供默认的库视图名称。如果没有登录 SOLIDWORKS PDM，此时系统会提示登录。

对于每台访问 CircuitWorks 零部件库的机器，SOLIDWORKS PDM 当地库视图的路径必须相同。

在【模型】选项页面上，将零部件库零部件文件夹设定为相应的 SOLIDWORKS PDM 本地库视图文件夹，如图 E-3 所示。

注意：零部件库数据库必须位于外库的共享位置。线路板和轮廓线的位置可以位于库中，具体取决于这些模型是否为共享模型。

图 E-3　设定零部件库零部件文件夹

知识卡片	更多信息	在 SOLIDWORKS 中，选择【帮助】/【SOLIDWORKS 帮助】/【CircuitWorks】。